中等职业教育土木类专业规划教材

土木工程施工概论

TUMU GONGCHENG SHIGONG GAILUN

主　编　朱军军　程达峰

主　审　张修身

内 容 提 要

本书是一本为土木工程类专业及相关学科的学生提供帮助其了解所学专业和未来从事本行业工作的概论性教材。全书共12单元,包括:土方工程施工、地基处理和桩基础施工、砌筑工程施工、钢筋混凝土结构工程施工、预应力混凝土结构工程施工、建筑结构工程施工、市政管道工程施工、桥梁工程施工、道路工程施工、隧道及地下工程施工、高速铁路工程概述、施工组织概论。内容简要、实用,每单元均配有大量图片,附"知识拓展"、"思考与练习题"。

本书为"中等职业教育土木类专业规划教材",适合作为广大职业教育土木类专业师生的教学用书,也可作为相关专业工程技术人员的参考资料。

图书在版编目(CIP)数据

土木工程施工概论/朱军军,程达峰主编.—北京:人民交通出版社,2011.8

ISBN 978-7-114-09234-3

Ⅰ.①土… Ⅱ.①朱…②程… Ⅲ.①土木工程—工程施工 Ⅳ.①TU74

中国版本图书馆CIP数据核字(2011)第129613号

中等职业教育土木类专业规划教材

书 名:土木工程施工概论
著 作 者:朱军军 程达峰
责任编辑:刘彩云
出版发行:人民交通出版社股份有限公司
地 址:(100011)北京市朝阳区安定门外外馆斜街3号
网 址:http://www.ccpress.com.cn
销售电话:(010)59757973
总 经 销:人民交通出版社股份有限公司发行部
经 销:各地新华书店
印 刷:北京市密东印刷有限公司
开 本:787×1092 1/16
印 张:15.5
字 数:357千
版 次:2011年8月 第1版
印 次:2022年8月 第8次印刷
书 号:ISBN 978-7-114- 09234- 3
定 价:29.50元

中等职业教育土木类专业规划教材
编 审 委 员 会

中等职业教育土木类专业规划教材
出 版 说 明

近年来,国家大力发展中等职业教育,中职教育获得了前所未有的发展,而且随着社会需求的不断变化,以及中职教育改革的不断深化,中职教育也面临着新的机遇和挑战;同时,随着我国城市化的推进和交通基础设施建设的蓬勃发展,公路、铁路、城市轨道交通等领域的大规模建设,对技能型人才的需求非常强烈,为土木类中职教育的发展提供了难得的契机。

为贯彻落实《国家中长期教育改革和发展规划纲要(2010—2020年)》以及《中等职业教育改革创新行动计划(2010—2012年)》等一系列文件的精神和要求,加快培养具有良好职业道德、必要文化知识、熟练职业技能等综合职业能力的高素质劳动者和技能型人才,人民交通出版社在有关学会和专家的指导下,组织全国十余所土木类重点中职院校,通过深入研讨,确立面向"十二五"的新型教材开发指导思想,共同编写出版本套中职土木类专业规划教材,意在为广大土木类中职院校提供一套具有鲜明中职教育特点、体现行业教育特色、适用且好用的高品质教材,以不断推进中职教学改革,全面提高中职土木类专业教育教学质量。

本套教材主要特色如下:

(1)面向"十二五",积极适应当前的职业教育教学改革需要,确保创新性和高质量。

(2)充分体现行业特色,重点突出教材与职业标准的深度对接,以及铁道、公路、城市轨道交通知识体系的深入交叉、整合、渗透,以满足教学培养和就业需要。

(3)立体化教材开发,教材配套完善——以"纸质教材+多媒体课件"为主体,配套实训用书,建设网络教学资源库,形成完整的教学工具和教学支持服务体系。

(4)纸质教材编写上,突出简明、实务、模块化,着重于图解和工程案例教学,确保教材体现较强的实践性,适合中职层次的学生特点和学习要求;当前高速公路、高速铁路、城市地铁、隧道工程建设发展迅速,技术更新较快,邀请企业人员与高等院校专家全程参与教材编写与审定,提供最新资料,确保所涉及技术和资料的先进性和准确性;结合双证书制进行教材编写,以满足目前职业院校学生培养中的双证书要求。

本套教材开发依据教育部新颁中等职业学校专业目录中的土木类铁道施工与养护、道路与桥梁工程施工、工程测量、土建工程检测、工程造价、工程机械运用与维修等专业要求，最新修订的全国技工院校专业目录中的公路施工与养护、桥梁施工与养护、公路工程测量、建筑施工等专业，以及公路、铁路、隧道及地下工程等土建领域的相关专业要求，面向上述领域的各职业和岗位，知识相互兼容与涵盖。本套教材可供上述各专业使用，其他相关专业以及相应的继续教育、岗位培训亦可选择使用。

人民交通出版社
中等职业教育土木类专业规划教材编审委员会
2011 年 6 月

前　言

本书依据土木工程类专业指导性教学计划及教学大纲的要求，根据国家现行标准、规范，针对土木工程施工的特点，结合教学、生产实践经验编写而成。全书体现中等职业教育教学特点，通过大量图片展现土木工程施工过程，内容简练、实用。

本书共分12个单位，由中铁二十局集团有限公司技工学校朱军军（一级建造师）和中铁十八局集团有限公司技工学校程达峰主编。具体编写分工如下：中铁十八局集团有限公司技工学校程达峰编写单元1～单元3及单元9，中铁二十局集团有限公司技工学校程秀娟编写单元4，中铁二十局集团有限公司技工学校朱军军编写单元5、单元6，中铁二十局集团有限公司技工学校朱军军及哈尔滨铁道职业技术学院郭喜春、李曦明编写单元8、单元10、单元12，中铁二十局集团有限公司技工学校何帆编写单元7，中铁二十局集团第六工程有限公司王雷编写单元11。全书由朱军军统稿，陕西铁路工程职业技术学院张修身教授主审。

本书在编写的过程中，得到了人民交通出版社刘彩云、中铁二十局集团有限公司技工学校的领导和同事们的精心指导和大力支持，在此一并表示衷心的感谢！

限于编者水平，加之技术进步日新月异，疏漏、不足之处在所难免，恳请有关专家和读者提出宝贵建议，以便进一步完善。

编　者

2011年6月

目　　录

单元1 土方工程施工

1.1 概述

1.1.1 土方工程的施工特点

常见的土方工程包括场地平整,土方的开挖、填筑和运输,降、排水,土壁边坡支护,以及土方回填与压实。

土方工程施工要求高程准确,断面合理,土体有足够的强度和稳定性,土方量少,工期短,费用省。但土方工程具有工程量大、施工工期长、劳动强度大的特点。而其另一个特点是施工条件复杂又多为露天作业,受气候、水文、地质和邻近建(构)筑物等条件的影响较大,且天然或人工填筑形成的土石成分复杂,难以确定的因素较多。

1.1.2 土的工程分类与现场鉴别方法

土的种类繁多,其分类方法各异。土方工程施工中,一般把土按开挖难易程度分为八类。一~四类为土,五~八类为岩石。在选择施工挖掘机械和套用建筑安装工程劳动定额时,要依据土的工程类别,具体选用。

1.1.3 土的基本性质

1)土的天然含水率

土的含水率 w(%)是土中水的质量与固体颗粒质量之比的百分率,即

$$w = \frac{m_w}{m_s} \times 100\% \tag{1-1}$$

式中:m_w——土中水的质量(g 或 kg);

m_s——土中固体颗粒的质量(g 或 kg)。

2)土的天然密度和干密度

土在天然状态下单位体积的质量,称为土的天然密度,用 ρ(g/cm^3 或 kg/m^3)表示。

$$\rho = \frac{m}{V} \tag{1-2}$$

式中:m——土的总质量(g 或 kg);

V——土的天然体积(cm^3 或 m^3)。

单位体积中土的固体颗粒的质量,称为土的干密度,用 ρ_d(g/cm^3 或 kg/m^3)表示。

$$\rho_d = \frac{m_s}{V} \tag{1-3}$$

式中：m_s——土中固体颗粒的质量(g 或 kg)；

V——土的天然体积(cm^3 或 m^3)。

土的干密度越大，表示土越密实。工程上常把土的干密度作为评定土体密实程度的标准，以控制填土工程的压实质量。土的干密度 ρ_d 与土的天然密度 ρ 之间有如下关系：

$$\rho = \frac{m}{V} = \frac{m_s + m_w}{V} = \frac{m_s + wm_s}{V} = (1 + w)\frac{m_s}{V} = (1 + w)\rho_d \tag{1-4}$$

即

$$\rho_d = \frac{\rho}{1 + w} \tag{1-5}$$

3)土的可松性

土具有可松性，即自然状态下的土经开挖后，其体积因松散而增大，以后虽经回填压实仍不能恢复其原来体积的一种性质。土的可松程度用可松性系数表示，即

$$K_s = \frac{V_{松散}}{V_{原状}} \tag{1-6}$$

$$K_s' = \frac{V_{压实}}{V_{原状}} \tag{1-7}$$

式中：K_s——土的最初可松性系数；

K_s'——土的最终可松性系数；

$V_{原状}$——土在天然状态下的体积(m^3)；

$V_{松散}$——土挖出后在松散状态下的体积(m^3)；

$V_{压实}$——土经回填压(夯)实后的体积(m^3)。

土的可松性对确定场地设计高程、土方量的平衡调配、计算运土机具的数量和弃土坑的容积，以及计算填方所需的挖方体积等均有很大影响。

4)土的渗透性

土的渗透性指水流通过土中孔隙的难易程度，水在单位时间内穿透土层的深度称为渗透系数，用 k 表示，单位为米每天(m/d)。

1.2 土方调配量计算

1.2.1 基坑、基槽土方量计算

在开挖基坑、沟槽或填筑路堤时，为了防止塌方，保证施工安全及边坡稳定，其边沿应考虑放坡。土方边坡的坡度为高度 H 与底宽 B 之比，即

$$土方边坡坡度 = \frac{H}{B} = \frac{1}{\frac{B}{H}} = 1:m$$

式中，$m = B/H$，称为坡度系数。其意义为：当边坡高度已知为 H 时，其边坡宽度 B 则等于 mH，见图 1-1。

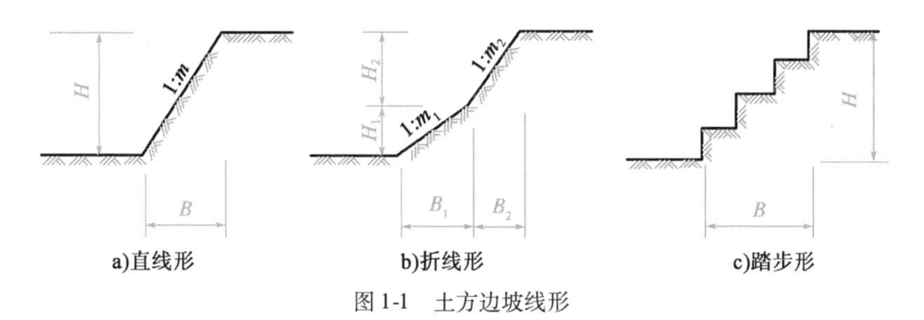

图1-1　土方边坡线形

基坑土方量可按立体几何中的拟柱体体积公式计算，拟柱体即由两个平行的平面做底的一种多面体，见图1-2a)。

$$V = \frac{H}{6}(A_1 + 4A_0 + A_2) \tag{1-8}$$

式中：H——基坑深度(m)；

A_1、A_2——基坑上、下底面积(m^2)；

A_0——基坑中间位置的截面面积(m^2)。

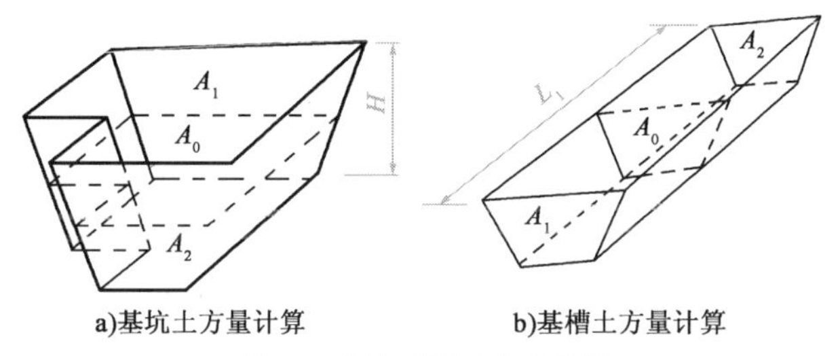

图1-2　基坑、基槽土方计算图

基槽[见图1-2b)]和路堤的土方量可以沿长度方向分段后，再用同样方法计算。

$$V_1 = \frac{L_1}{6}(A_1 + 4A_0 + A_2) \tag{1-9}$$

式中：V_1——第一段的土方量(m^3)；

L_1——第一段的长度(m)。

将各段土方量相加，即得总土方量。

$$V = V_1 + V_2 + V_3 + \cdots + V_n \tag{1-10}$$

式中：V_1、V_2、V_3、…、V_n——各分段的土方量(m^3)。

1.2.2　场地平整土方量计算

对较大面积场地的平整，合理地确定场地的设计高程，对减少土方量和加快工程进度具有重要的意义。一般来说，应考虑以下因素：①满足生产工艺和运输的要求；②尽量利用地形，分区或分台阶布置，分别确定不同的设计高程；③场地内挖填方平衡，土方运输量最少；④要有一定的泄水坡度(≥0.2%)，使之能满足排水要求；⑤考虑最高洪水位的影响。

场地设计高程一般应在设计文件上规定，若设计文件对场地设计高程没有规定时，可按下述步骤来确定。

1)初步确定场地设计高程

假定整平后场地是水平的,不考虑边坡、泄水坡,利用平整前总土方量=平整后总土方量的原则,初步计算场地设计高程。

首先将场地地形图,根据要求的精度划分为长10~40m的方格网,见图1-3,然后求出各方格角点的地面高程。地形平坦时,可根据地形图相邻两等高线的高程,用插入法求得;地形不平坦时,用插入法有较大误差,可在地面上用木桩打好方格网,然后用仪器直接测出。

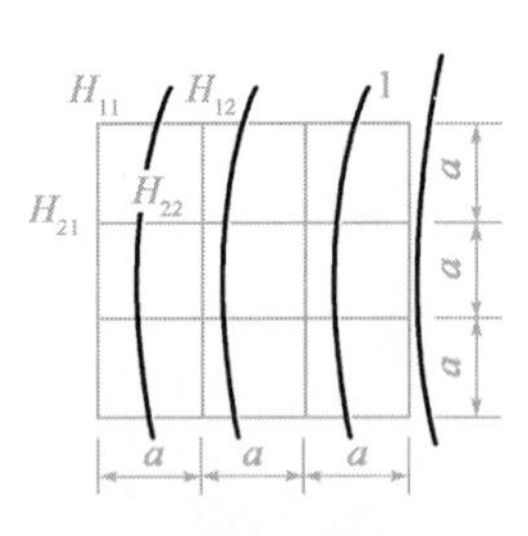

a)地形图方格网

b)设计高程示意图

图1-3 地形图与高程图

1-等高线;2-自然地面;3-设计地面

2)场地设计高程的调整

按上述计算的场地设计高程 H_0 系一理论值,还需要考虑以下因素。

(1)土的可松性影响

由于土具有可松性,按理论计算的高度 H_0 施工,若回填土有剩余,则要适当提高设计高程。

(2)借土或弃土的影响

在场地内修筑路堤等需要土方时,若按 H_0 施工,会出现用土不足的情况,为了保证有足够的土,则需降低设计高程。

在场地内若有大型基坑开挖,会有多余土方,为了防止余土外运,则需提高设计高程。

(3)考虑泄水坡度对设计高程的影响

平整场地的坡度,一般标明在图纸上,如设计无要求,一般取不小于0.2%的坡度。根据设计图纸或现场情况,泄水坡度分单向泄水和双向泄水。

场地向一个方向排水,称为单向泄水。单向泄水时,场地设计高程计算,是将已调整的设计高程作为场地中心线的高程。

场地向两个方向排水,称为双向泄水。双向泄水时,设计高程计算,是将已调整的设计高程作为场地纵横方向的中心点。

3)计算零点标出零线

(1)计算各方格角点的施工高度

在实际施工中,每一个方格是挖方还是填方呢?若为挖方,应挖多少?若为填方,应填多少？这就是施工高度问题。所谓施工高度，就是每一个方格角点的挖填高度。当地形平坦时，按地形图用插入法求得；当地面坡度变化起伏较大时，用经纬仪测出。

(2)计算零点标出零线

当同一方格的四个角点的施工高度全为"+"或全为"-"时，说明该方格内的土方则全部为填方或全部为挖方。如果一个方格中一部分角点的施工高度为"+"，而另一部分为"-"时，说明此方格中的土方一部分为填方，而另一部分为挖方，这时必定存在不挖不填的点，这样的点叫零点，见图1-4，点O即为零点，H_2部分为填方段，H_1部分为挖方段。把一个方格中的所有零点都连接起来形成直线或曲线，这道线叫零线，即挖方与填方的分界线。

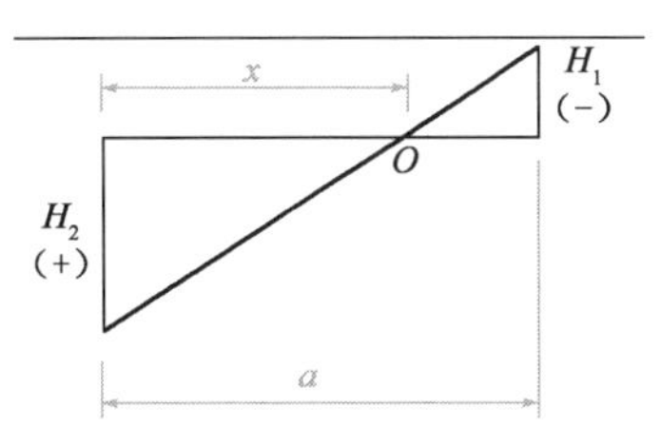

图1-4　零点计算示意图

4)计算土方工程量

(1)四棱柱法

①方格四个角点全部为挖方或填方时，见图1-5a)，其挖方或填方体积为

$$V = \frac{a^2}{4}(h_1 + h_2 + h_3 + h_4) \tag{1-11}$$

式中：h_1、h_2、h_3、h_4——方格四个角点挖或填的施工高度，以绝对值代入(m)；

a——方格边长(m)。

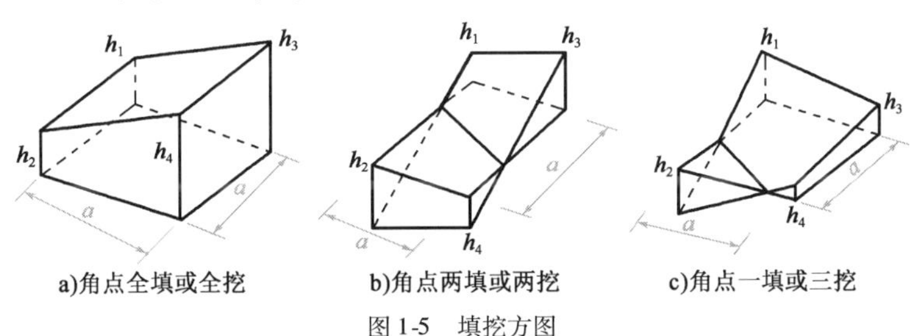

图1-5　填挖方图

②方格四个角点中，部分是挖方，部分是填方时，见图1-5b)，其挖方或填方体积分别为

$$V_{挖} = \frac{a^2}{4}\left(\frac{h_1^2}{h_2 + h_4} + \frac{h_2^2}{h_2 + h_3}\right) \tag{1-12}$$

$$V_{填} = \frac{a^2}{4}\left(\frac{h_3^2}{h_2 + h_3} + \frac{h_2^2}{h_1 + h_4}\right) \tag{1-13}$$

③方格三个角点为挖方，另一个角点为填方时，见图1-5c)，其填方体积为

$$V_4 = \frac{a^2}{6}\left[\frac{h_4^3}{(h_1 + h_4)(h_3 + h_4)}\right] \tag{1-14}$$

其挖方体积为

$$V_{1、2、3} = \frac{a^2}{6}(2h_1 + h_2 + 2h_3 - h_4) + V_4 \tag{1-15}$$

(2)断面法

在地形起伏变化较大的地区，或挖填深度较大，断面又不规则的地区，采用断面法计算土方工程量比较方便。

方法：沿场地取若干个相互平行的断面（可利用地形图定出或实地测量定出），将所取的每个断面（包括边坡断面）划分为若干个三角形和梯形，见图 1-6。

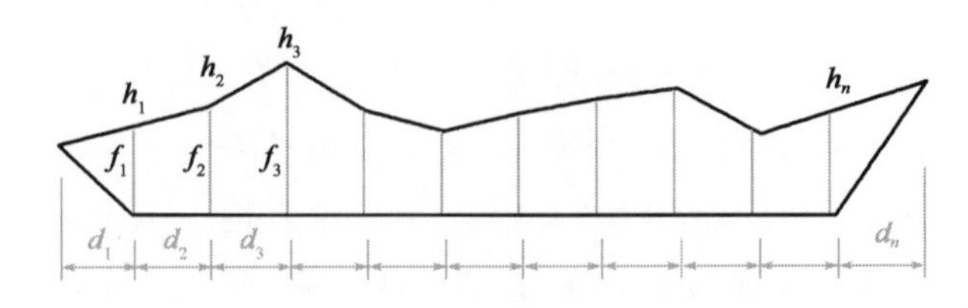

图 1-6　断面法

断面面积求出后，即可计算土方体积。设各断面面积分别为 f_1、f_2、…、f_n，相邻两断面间的距离依次为 d_1、d_2、…、d_{n-1}，则所求土方体积为

$$V = \frac{1}{2}(f_1 + f_2)d_1 + \frac{1}{2}(f_2 + f_3)d_2 + \cdots + \frac{1}{2}(f_{n-1} + f_n)d_{n-1} \tag{1-16}$$

5）边坡土方量计算

图 1-7 为场地边坡的平面示意图，从图中可以看出，边坡的土方量可以划分为两种近似的几何形体进行计算，一种为三角形棱锥体（如图中①、②、③…），另一种为三角形棱柱体（如图中的④）。

（1）三角形棱锥体边坡体积

则①体积为

$$V = \frac{1}{3}F_1L_1 \tag{1-17}$$

$$F_1 = \frac{1}{2}mh_2h_2 = \frac{1}{2}mh_2^2 \tag{1-18}$$

式中：L_1——边坡①的长度（m）；

F_1——边坡①的断面面积（m^2）；

h_2——角点的挖土高度（m）；

m——边坡的坡度系数。

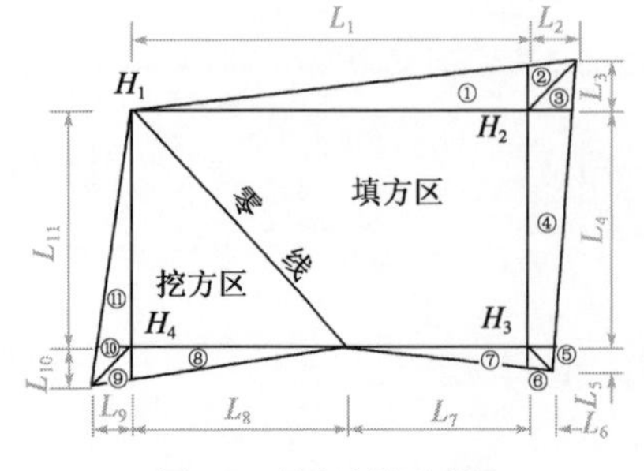

图 1-7　场地边坡示意图

（2）三角形棱柱体边坡体积

如图中④，其体积为

$$V_4 = \frac{F_3 + F_4}{2}L_4 \tag{1-19}$$

当两端横断面面积相差很大时：

$$V_4 = \frac{L_4}{6}(F_3 + 4F_0 + F_5) \tag{1-20}$$

式中：　L_4——边坡④的长度(m)；

F_3、F_0、F_5——边坡④的两端及中部横断面面积(m^2)。

1.2.3　土方调配

土方工程量计算完成后,即可着手对土方进行平衡与调配。土方的平衡与调配是土方规划设计的一项重要内容,是对挖土的利用、堆弃和填土的取得这三者之间的关系进行综合平衡处理,以达到土方运输费用最小而又能方便施工的目的。

应力求达到挖、填平衡和运输量最小,这样可以降低土方工程的成本。然而,仅限于场地范围的平衡,往往很难满足运输量最小的要求。因此还需根据场地及其周围地形条件综合考虑,必要时可在填方区周围就近借土,或在挖方区周围就近弃土,而不是只局限于场地以内的挖、填平衡,这样才能做到经济合理。

进行土方调配,必须根据现场的具体情况、有关技术资料、工期要求、土方机械与施工方法予以综合考虑,从而做出经济合理的调配方案。

1.3　土方工程施工要点

1.3.1　施工准备

土方工程施工前通常需完成下列准备工作:①施工场地的清理;②地面水排除;③临时道路修筑;④油燃料和其他材料的准备;⑤供电与供水管线的敷设;⑥临时停机棚和修理间等的搭设;⑦土方工程的测量放线和编制施工组织设计等。

1)场地清理

场地清理包括清理地面及地下各种障碍。在施工前应拆除旧有房屋和古墓,拆迁或改建通信和电力设备、下水道以及地下建筑物,迁移树木,去除耕植土及河塘淤泥等。

2)排除地面水

场地内低洼地区的积水必须排除,同时应注意雨水的排除,使场地保持干燥,以利于土方施工。地面水的排除一般采用排水沟、截水沟、挡水土坝等措施。

应尽量利用自然地形来设置排水沟,使水直接排至场外,或流向低洼处再用水泵抽走。主排水沟最好设置在施工区域的边缘或道路的两旁,其横断面和纵向坡度应根据最大流量确定。场地平整过程中,要注意排水沟保持畅通,必要时应设置涵洞。山区的场地平整施工,应在较高一面的山坡上开挖截水沟。在低洼地区施工时,除开挖排水沟外,必要时应修筑挡水土坝,以阻挡雨水的流入。

3)修筑临时设施

修筑好临时道路及供水、供电等临时设施,做好材料、机具及土方机械的进场工作。

4)土方工程的测量和放灰线

放灰线时,可用装有石灰粉末的长柄勺靠着木质板侧面,边撒、边走,在地上撒出灰线,标出基础挖土的界线。

1.3.2 土方边坡与土壁支撑

土壁的稳定，主要是由土体内的摩擦阻力和黏结力来保持，一旦土体失去平衡，土体就会塌方，这不仅会造成人身安全事故，同时亦会影响工期，有时还会危及附近的建筑物。

造成土壁塌方的原因主要有：①边坡过陡，使土体的稳定性不足导致塌方，尤其是在土质差、开挖深度大的坑槽中；②雨水、地下水渗入土中泡软土体，从而增加土的自重同时降低土的抗剪强度，这是造成塌方的常见原因；③基坑上口边缘附近大量堆土或停放机具、材料，或由于行车等动荷载作用，使土体中的剪应力超过土体的抗剪强度；④土壁支撑强度破坏失效或刚度不足，导致塌方。

可采用如下措施，控制塌方发生：

1）放足边坡

土方边坡坡度大小的留设应根据土质、开挖深度、开挖方法、施工工期、地下水水位、坡顶荷载及气候条件等因素确定。一般情况下，黏性土的边坡可陡些，砂性土则应平缓些。当基坑附近有重要建筑物时，边坡应取1:1.0～1:1.5。

现行《建筑地基基础工程施工质量验收规范》（GB 50202—2002）规定，临时性挖方的边坡值应符合表1-1的规定。

临时性挖方边坡值 表1-1

土的类别		边坡值(高:宽)
砂土(不包括细砂、粉砂)		1:1.25～1:1.50
一般黏性土	硬	1:0.75～1:1.00
	硬、塑	1:1.00～1:1.25
	软	1:1.50或更缓
碎石类土	充填坚硬、硬塑黏性土	1:0.50～1:1.00
	充填砂土	1:1.00～1:1.50

注：1. 设计有要求时，应符合设计标准。

2. 如采用降水或其他加固措施，可不受本表限制，但应计算复核。

3. 开挖深度，软土不应超过4m，硬土不应超过8m。

2）设置支撑

为了缩小施工面，减少土方，或受场地的限制不能放坡时，则可设置土壁支撑。一般浅基坑，主要采用结合上端放坡并加以拉锚等单支点板桩或悬臂式板桩支撑，或采用重力式支护结构支撑，如水泥搅拌桩。深基坑则主要采用多支点板桩支撑。

1.3.3 施工排水与降水

在开挖基坑或沟槽时，土壤的含水层常被切断，地下水将会不断地渗入坑内。雨季施工时，地面水也会流入坑内。为了保证施工的正常进行，防止边坡塌方和地基承载能力的下降，必须做好基坑降水工作。降水方法可分为明排水法和人工降低地下水位法两种。

1）明排水法

现场常采用的方法是截流、疏导、抽取。截流,即是将流入基坑的水流截住;疏导,即将积水疏干;抽取,是在基坑或沟槽开挖时,在坑底设置集水井,并沿坑底的周围或中央开挖排水沟,使水由排水沟流入集水井内,然后用水泵抽出坑外。如图1-8所示。

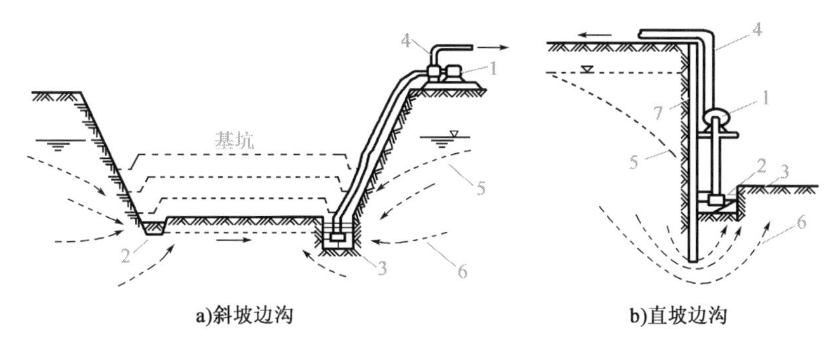

图1-8 基坑排水示意图

1-水泵;2-排水沟;3-集水井;4-压力水管;5-降落曲线;6-水流曲线;7-板桩

2)人工降低地下水位法

人工降低地下水位就是在基坑开挖前,预先在基坑四周埋设一定数量的滤水管(井),在基坑开挖前和开挖过程中,利用真空原理,不断抽出地下水,使地下水位降低到坑底以下,从根本上解决地下水涌入坑内的问题。如图1-9所示为井点降水的几种作用。

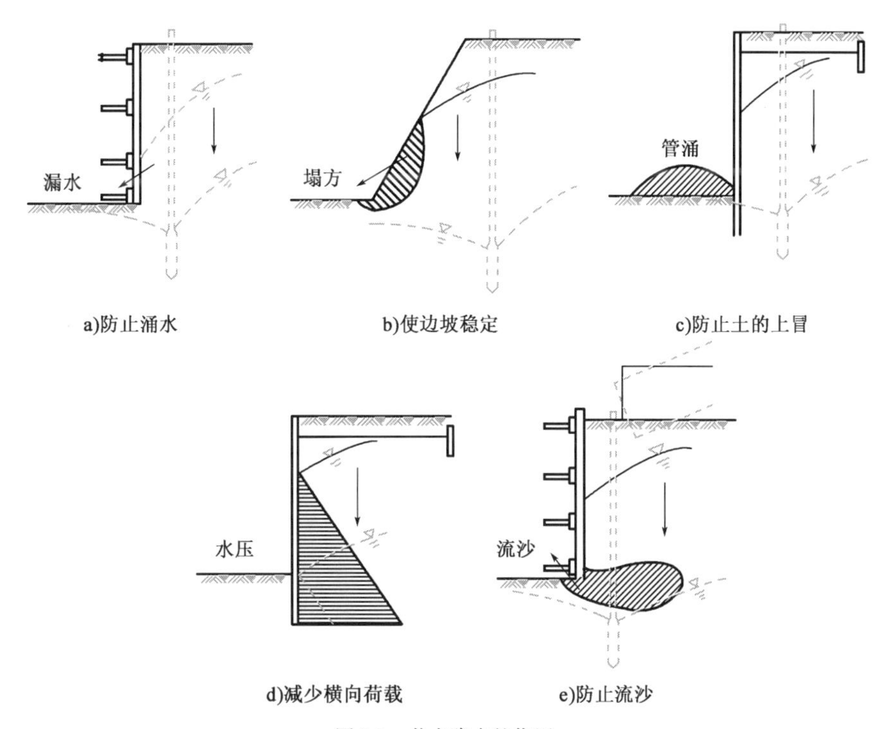

图1-9 井点降水的作用

上述几种作用中,防治流沙现象是井点降水的主要目的。流沙现象是水在土中渗流时所产生的动水压力对土体作用的结果。

防治流沙的方法主要有水下挖土法、打板桩法、抢挖法、地下连续墙法、枯水期施工法及井点降水法等。

以上这些方法都有较大的局限，应用范围狭窄。采用井点降水法降低地下水位到基坑底以下，使动水压力方向朝下，增大土颗粒间的压力，则不论细砂、粉砂都一劳永逸地消除了流沙现象。井点降水法是避免流沙危害的最常用的方法。

3）井点降水的种类

井点降水有两类：一类为轻型井点，包括电渗井点与喷射井点；一类为管井井点，包括深井泵。各种井点降水法一般根据土的渗透系数、降水深度、设备条件及经济性选用，其中轻型井点应用最为广泛。

4）轻型井点

轻型井点设备由管路系统和抽水设备组成，管路系统包括滤管、井点管、弯联管及总管等。抽水设备常用的有真空泵、射流泵和隔膜泵井点设备。

1.4 土方工程的机械化施工

1.4.1 常用土方施工机械

土方工程的施工过程包括土方开挖、运输、填筑与压实等。由于土方工程量大、劳动繁重，施工时应尽可能采用机械化、半机械化施工，以减轻繁重的体力劳动，加快施工进度，降低工程造价。

1）推土机

推土机是土方工程施工的主要机械之一，是在履带式拖拉机上安装推土铲刀等工作装置而成的机械。按铲刀的操纵机构不同，推土机分为索式和液压式两种。索式推土机的铲刀借本身自重切入土中，在硬土中切土深度较小。液压式推土机由于用液压操纵，能使铲刀强制切入土中，切入深度较大。同时，液压式推土机铲刀还可以调整角度，具有更大的灵活性，是目前常用的一种推土机，见图1-10。

2）铲运机

铲运机是一种能够独立完成铲土、运土、卸土、填筑、整平的土方机械。按行走机构可分为拖式铲运机（图1-11）和自行式铲运机（图1-12）两种。拖式铲运机由拖拉机牵引，自行式铲运机的行驶和作业都靠本身的动力设备。

图1-10 液压式推土机

图1-11 拖式铲运机

3）单斗挖掘机

单斗挖掘机是基坑（槽）土方开挖常用的一种机械。按其行走装置的不同，分为履带式和轮胎式两类。根据工作的需要，其工作装置可以更换。依其工作装置的不同，分为正铲、反铲、拉铲和抓铲四种。

（1）正铲挖掘机

正铲挖掘机如图1-13所示，其挖土特点是：前进向上，强制切土。它适用于开挖停机面以上的一、二、三类土，且需与运土汽车配合完成整个挖运任务，其挖掘力大，生产率高。开挖大型基坑时需设坡道，挖掘机在坑内作业，因此适宜在土质较好、无地下水的地区工作；当地下水位较高时，应采取降低地下水位的措施，把基坑土疏干。

图1-12　自行式铲运机

图1-13　正铲挖掘机

（2）反铲挖掘机

反铲挖掘机如图1-14所示，其挖土特点是：后退向下，强制切土。其挖掘力比正铲小，能开挖停机面以下的一、二、三类土（机械传动反铲只宜挖一、二类土）。不需设置进出口通道，适用于一次开挖深度在4m左右的基坑、基槽、管沟，亦可用于地下水位较高的土方开挖。在深基坑开挖中，依靠止水挡土结构或井点降水，反铲挖掘机通过下坡道，采用台阶式接力方式挖土也是常用方法。反铲挖掘机可以与自卸汽车配合，装运土方，也可弃土于坑槽附近。

（3）拉铲挖掘机

如图1-15所示，拉铲挖掘机的土斗用钢丝绳悬挂在挖掘机长臂上，挖土时土斗在自重作用下落到地面切入土中。其挖土特点是：后退向下，自重切土。其挖土深度和挖土半径均较大，能开挖停机面以下的一、二类土，但不如反铲动作灵活准确。适用于开挖较深、较大的基坑（槽）、沟渠，挖取水中泥土以及填筑路基、修筑堤坝等。

图1-14　反铲挖掘机

图1-15　拉铲挖掘机

(4)抓铲挖掘机

如图1-16所示,抓铲挖掘机是在挖掘机臂端用钢丝绳吊装一个抓斗。其挖土特点是:直上直下,自重切土。其挖掘力较小,能开挖停机面以下的一、二类土。适用于开挖软土地基基坑,特别是窄而深的基坑、深槽、深井,采用抓铲效果理想。抓铲还可用于疏通旧有渠道以及挖取水中淤泥等,或用于装卸碎石、矿渣等松散材料。抓铲也有采用液压传动操纵抓斗作业,其挖掘力和精度优于机械传动抓铲挖掘机。

1.4.2 土方挖运机械选择和机械挖土注意事项

应根据工程地下水位、施工机械条件、进度要求等合理选用土方施工机械,以充分发挥机械效率,节省机械费用,加快工程进度。一般深度在2m以内、基坑不太长时的土方开挖,宜采用推土机或装载机推土和装车;深度在2m以内、长度较大的基坑,可用铲运机铲运土或加助铲铲土。对面积大且深,并有地下水或土的湿度大的基坑,当基坑深度不大于5m时,可采用液压反铲挖掘机在停机面一次开挖;当基坑深5m以上时,通常采用反铲分层开挖。如土质好且无地下水时也可开沟道,用正铲挖掘机对基坑进行分层开挖,多采用0.5m^{3}或1.0m^{3}斗容量的液压正铲挖掘机。在地下、水中挖土可用拉铲或抓铲,效率较高。

图1-16 抓铲挖掘机

土方开挖应绘制土方开挖图,确定开挖路线、顺序、范围、基底高程、边坡坡度、排水沟、集水井位置以及挖出的土方堆放地点。

机械挖土施工工艺流程:分段分层平均下挖,确定开挖的顺序和坡度,修边和清底。

1.4.3 基坑土方开挖方式

基坑开挖分两种情况:一是无支护结构基坑的放坡开挖,二是有支护结构基坑的开挖。见图1-17。

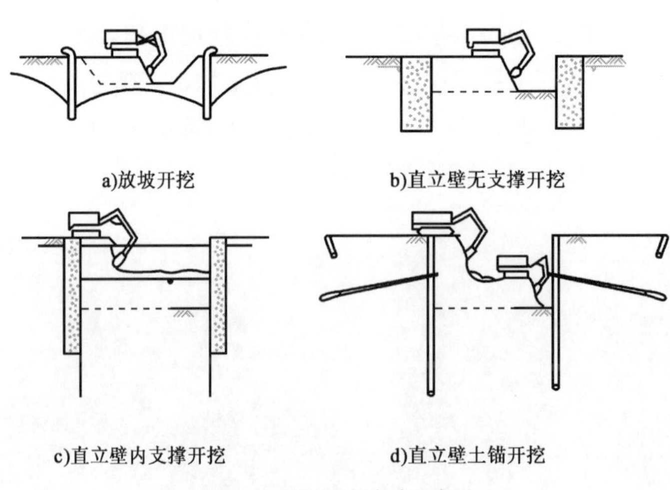

图1-17 基坑开挖方式示意图

1)无支护结构基坑放坡开挖

采用放坡开挖时[图1-17a)],一般基坑深度较浅,挖掘机可以一次开挖至设计高程,所以在地下水位高的地区,软土基坑采用反铲挖掘机配合运土汽车在地面作业。如果地下水位较低,坑底坚硬,也可以让运土汽车下坑,配合正铲挖掘机在坑底作业。当开挖基坑深度超过4m时,若土质较好,地下水位较低,场地允许,有条件放坡时,边坡宜设置阶梯平台,分阶段、分层开挖,每级平台宽度不宜小于1.5m。

在采用放坡开挖时,要求基坑边坡在施工期间保持稳定。基坑边坡坡度应根据土质、基坑深度、开挖方法、留置时间、边坡荷载、排水情况及场地大小确定。放坡开挖应有降低坑内水位和防止坑外水倒灌的措施,若土质较差且基坑施工时间较长,边坡坡面可采用钢丝网喷浆进行护坡,以保持基坑边坡稳定。

2)有支护结构基坑开挖

支护结构基坑的开挖按其坑壁结构,可分为直立壁无支撑开挖、直立壁内支撑开挖和直立壁拉锚(或土钉、土锚杆)开挖,见图1-17b)~d)。有支护结构基坑开挖的顺序、方法必须与设计工况相一致,并遵循"开槽支撑,先撑后挖,分层开挖,严禁超挖"和"分层、分段、对称、限时"的原则。

3)基坑土方开挖注意事项

①支护结构与挖土应紧密配合,遵循先撑后挖、分层分段、对称、限时的原则。

挖土与坑内支撑安装要密切配合,每次开挖深度不得超过将要加支撑位置以下500mm,防止立柱及支撑失稳;每次挖土深度与所选用的施工机械有关;挖掘机械不得在支撑上作业或行走。

②要重视打桩效应,防止桩位移和倾斜。

对一般先打桩、后挖土的工程,如果打桩后紧接着开挖基坑,由于开挖时地基卸土,打桩时积聚的土体应力释放,再加上挖土高差形成侧向推力,土体易产生一定的水平位移,使先打设的桩易产生水平位移和倾斜,所以打桩后应有一段停歇时间,待土体应力释放、重新固结后再开挖,同时挖土要分层、对称,尽量减少挖土时的压力差,保证桩位正确。对于打预制桩的工程,必须先打工程桩再施工支护结构,否则也会由于打桩挤土效应,引起支护结构位移变形。

③注意减少坑边地面荷载,防止开挖完的基坑暴露时间过长。

基坑开挖过程中,不宜在坑边堆置弃土、材料和工具、设备等,尽量减轻地面荷载,严禁超载。基坑开挖完成后,应立即验槽,并及时浇筑混凝土垫层,封闭基坑,防止暴露时间过长。如发现基底土超挖,应用素混凝土或砂石回填夯实,不能用素土回填。

④当挖土至坑槽底50cm左右时,应及时抄平。

一般在坑槽壁各拐角处和坑槽壁每隔2~4m处测设一水平小木桩或竹片桩,作为清理坑槽底和打基础垫层时控制高程的依据,见图1-18、图1-19。

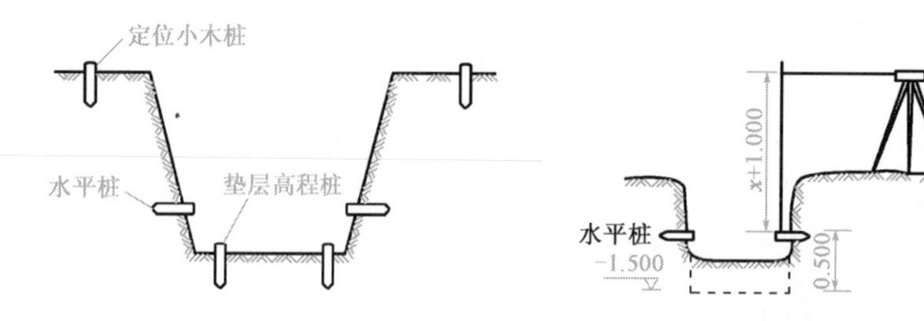

图 1-18　基坑定位高程测设示意图　　图 1-19　基槽底抄平水准测量示意图

⑤在基坑开挖和回填过程中应保持井点降水工作的正常进行。

土方开挖前应先做好降水、排水施工，待降水运转正常并符合要求后，方可开挖土方。

⑥开挖前要编制包含安全技术措施的基坑开挖施工方案，以确保施工安全。

4）基坑支护工程现场监测

在深基坑施工、使用过程中，出现荷载、施工条件变化的可能性较大，设计计算值与支护结构的实际工作状况往往不很一致。因此在基坑开挖过程中必须进行系统监控，以防不测。基坑工程事故调查结果表明，在发生重大事故前，或多或少都有预兆，如果能切实做好基坑监测工作，及时发现事故预兆并采取适当措施，则可避免许多重大基坑事故的发生，减少基坑事故所带来的经济损失和社会影响。目前，开展基坑现场监测可以避免基坑事故的发生已形成共识。《建筑基坑支护技术规程》（JGJ 120—99）已明确规定，在基坑开挖过程中，必须开展基坑工程监测，对于基坑工程监测项目，要结合基坑工程的具体情况，如工程规模大小、开挖深度、场地条件、周边环境保护要求等，可按表 1-2 进行选择。

基坑监控项目表　　表 1-2

监测项目 \ 基坑侧壁安全等级	一级	二级	三级
支护结构水平位移	应测	应测	应测
周围建筑物、地下管线变形	应测	应测	宜测
地下水位	应测	应测	宜测
桩、墙内力	应测	宜测	可测
锚杆拉力	应测	宜测	可测
支撑轴力	应测	宜测	可测
立柱变形	应测	宜测	可测
土体分层竖向位移	应测	宜测	可测
支护结构界面上侧向压力	宜测	可测	可测

1.5 土方填筑与压实

1.5.1　土料选择与填筑要求

为了保证填土工程的质量，必须正确选择土料和填筑方法。

对填方土料应按设计要求验收后方可填入，如设计无要求，一般按下述原则进行。

碎石类土、砂土（使用细、粉砂时应取得设计单位同意）和爆破石渣，可用作表层以下的填料；含水率符合压实要求的黏性土，可用作各层填料；碎块草皮和有机质含量大于8%的土，仅用于无压实要求的填方。含有大量有机物的土，容易降解变形而降低承载能力；含水溶性硫酸盐大于5%的土，在地下水的作用下，硫酸盐会逐渐溶解消失，形成孔洞，影响密实性；因此前述两种土以及淤泥和淤泥质土、冻土、膨胀土等均不应作填土。

填土应分层进行，并尽量采用同类土填筑。如采用不同土填筑时，应将透水性较大的土层置于透水性较小的土层之下，不能将各种土混杂在一起使用，以免填方内形成水囊。

碎石类土或爆破石渣作填料时，其最大粒径不得超过每层铺土厚度的2/3。使用振动碾时，不得超过每层铺土厚度的3/4。铺填时，大块料不应集中，且不得填在分段接头或填方与山坡连接处。

当填方位于倾斜的山坡上时，应将斜坡挖成阶梯状，以防填土横向移动。

回填基坑和管沟时，应从四周或两侧均匀地分层进行，以防基础和管道在土压力作用下产生偏移或变形。

回填以前，应清除填方区的积水和杂物，如遇软土、淤泥，必须进行换土回填。在回填时，应防止地面水流入，并预留一定的下沉高度（一般不得超过填方高度的3%）。

1.5.2　填土压实方法

填土的压实方法一般有碾压、夯实、振动压实以及利用运土工具压实。对于大面积填土工程，多采用碾压和利用运土工具压实；对较小面积的填土工程，则宜用夯实机具进行压实。

1）碾压法

碾压法是利用机械滚轮的压力压实土料，使之达到所需的密实度。碾压机械有平碾、羊足碾和气胎碾。

平碾又称光碾压路机，是一种以内燃机为动力的自行式压路机，见图1-20。按重量等级分为轻型（30～50kN）、中型（60～90kN）和重型（100～140kN）三种，适于压实砂类土和黏性土，适用土类范围较广。轻型平碾压实土层的厚度不大，但土层上部变得较密实，当用轻型平碾初碾后，再用重型平碾碾压松土，就会取得较好的效果。如直接用重型平碾碾压松土，则由于强烈的起伏现象，其碾压效果较差。

羊足碾见图1-21，一般无动力，靠拖拉机牵引，有单筒、双筒两种。根据碾压要求，可分为空筒及装砂、注水等三种。羊足碾虽然与土接触面积小，但单位面积的压力比较大，对土的压实效果好。羊足碾只能用来压实黏性土。

气胎碾又称轮胎压路机，它的前后轮分别密排着四个、五个轮胎，既是行驶轮，也是碾压轮，见图1-22。由于轮胎弹性大，在压实过程中，土与轮胎都会发生变形，而随着几遍碾压后铺土密实度的提高，沉陷量逐渐减少，因而轮胎与土的接触面积逐渐缩小，但接触应力则逐渐增大，最后使土料得到压实。由于在工作时轮胎是弹性体，其压力均匀，填土质量较好。

碾压法主要用于大面积的填土，如场地平整、路基、堤坝等工程。

2）夯实法

夯实法是利用夯锤自由下落的冲击力来夯实土料，主要用于小面积的回填土或作业面受到限制的环境中。夯实法分人工夯实和机械夯实两种。人工夯实所用的工具有木夯、石夯等；常用的夯实机械有夯锤、内燃夯土机、蛙式打夯机和利用挖掘机或起重机装上夯板后的夯土机等，其中蛙式打夯机（图1-23）轻巧灵活，构造简单，在小型土方工程中应用最广。

图1-20　光碾压路机

图1-21　羊足碾

图1-22　轮胎压路机

图1-23　蛙式打夯机工作图

3）振动压实法

振动压实法是将振动压实机放在土层表面，借助振动机使压实机振动土颗粒，土的颗粒发生相对位移而达到紧密状态，用这种方法振实非黏性土效果较好。

1.6　土方工程质量标准与安全技术要求

1.6.1　土方开挖、回填质量标准

①平整场地的表面坡度应符合设计要求，如设计无要求时，排水沟方向的坡度不应小于0.2%。平整后的场地表面应逐点检查。检查点为每100～400m^2取1点，但不应少于10点；长度、宽度和边坡均为每20m取1点，每边不应少于1点。

②施工过程中应检查平面位置、水平高程、边坡坡度、压实度、排水、降低地下水位系统，并随时观测周围的环境变化。

③土方开挖工程的质量检验标准应符合相关标准与规范。

④柱基、基坑、基槽和管沟基底的土质，必须符合设计要求，并严禁扰动。

⑤填方的基底处理，必须符合设计要求或建筑地基基础工程施工质量验收规范规定。

⑥填方柱基、基坑、基槽、管沟回填的土料应按设计要求验收后方可填入。

⑦填方施工结束后，应检查高程、边坡坡度、压实度等，检验标准应符合相关标准与规范。

⑧密实度检验中的分层压实，填方压实后，应具有一定的密实度。

1.6.2 安全技术

①基坑开挖时，两人操作间距大于2.5m，多台机械开挖，挖掘机间距应大于10m。挖土应由上而下，逐层进行，严禁采用先挖底脚(挖神仙土)的施工方法。

②基坑开挖应严格按要求放坡。操作时应随时注意土壁变动情况，如发现有裂纹或部分坍塌现象，应及时进行支撑或放坡，并注意支撑的稳固和土壁的变化。

③基坑(槽)挖土深度超过3m以上，应使用吊装设备吊土。起吊后，坑内操作人员应立即离开吊点的垂直下方，起吊设备距坑边一般不得少于1.5m，坑内人员应戴安全帽。

④用手推车运土，应先平整好道路。卸土回填，不得放手让车自动翻转。用翻斗汽车运土，运输道路的坡度、转弯半径应符合有关安全规定。

⑤深基坑上下应先挖好阶梯或设置靠梯，或开斜坡道，采取防滑措施，禁止踩踏支撑上下。坑四周应设安全栏杆或悬挂危险标志。

⑥基坑(槽)设置的支撑应经常检查是否有松动变形等不安全迹象，特别是雨后，更应加强检查。

⑦回填管沟时，应采用人工先在管子周围填土夯实，并应从管道两边同时对称进行，高差不超过0.3m。管顶0.5m以上，在不损坏管道的情况下，可采用机械回填和压实。

【知识拓展】

深基坑施工

深基坑支护的设计、施工、监测技术是近十年来在我国逐渐涉及的技术难题。深基坑的护壁，不仅要求保证基坑内正常作业安全，而且要防止基坑及坑外土体移动，保证基坑附近建筑物、道路、管线的正常运行。见图1-24。

图1-24 深基坑施工示意图

对于深基坑支护，新的完善的支护结构的土压力理论还没有正式提出，要精确地加以确定是不可能的。而且由于土质比较复杂，土压力的计算还与支护结构的刚度和施工方法等有关，要精确地确定也是比较困难的。目前，土压力的计算，仍然是简化后按库仑公式或朗肯公式进行。

思考与练习

1-1　土的可松性在工程中有哪些应用?

1-2　影响边坡稳定的因素有哪些? 并说明原因。

1-3　降水方法有哪些? 各自的适用范围是什么?

1-4　简述流沙产生的原因及防治措施。

1-5　单斗挖掘机有几种形式,分别适用开挖何种土方?

1-6　叙述影响填土压实的主要因素。

1-7　雨季施工为什么易塌方?

单元2　地基处理和桩基础施工

2.1 基坑验槽

基槽(坑)挖至基底设计高程后,必须通知勘察、设计、监理、建设部门会同验槽,经验槽合格后签证,再进行基础工程施工,这是确保工程质量的关键程序之一。验槽的目的在于检查地基是否与勘察设计资料相符。

一般设计依据的地质勘察资料取自建筑物基础的有限几个点,无法反映钻孔之间的土质变化,只有在开挖后才能确切地了解。如果实际土质与设计地基土不符,则应由结构设计人员提出地基处理方案,处理并经有关单位签署后归档备查。

验槽主要靠施工经验以观察为主,而对于基底以下的土层不可见部位,要辅以钎探、夯实配合共同完成。

1)观察验槽

主要观察基槽基底和侧壁土质情况,土层构成及其走向,是否有异常现象,以判断是否达到设计要求的土层。

2)钎探

对基槽底以下2~3倍基础宽度的深度范围内,土的变化和分布情况,以及是否有空穴或软弱土层,需要用钎探探明,见图2-1。

图2-1　基坑钎探工作图

钎探,即将一定长度的钢钎打入槽底以下的土层内,根据每打入一定深度的锤击次数,间接地判断地基土质的情况。打钎分人工和机械两种方法。

(1)钢钎的规格和数量

人工打钎时,钢钎用直径为22~25mm的钢筋制成,钎尖为60°尖锥状,钎长为1.8~2.0m。打钎用的锤质量为3.6~4.5磅(1磅=0.45359237kg),举锤高度为50~70cm,将钢钎垂直打入土中,并记录每打入土层30cm的锤击数。用打钎机打钎时,其锤质量约为10kg,锤的落距为50cm，钢钎直径为25mm，长为1.8m。

(2)钎孔布置和钎探深度

钎孔布置和钎探深度见表2-1。

钎孔布置和钎探深度　　表2-1

槽　宽　(cm)	排 列 方 式	间　距　(m)	钎探深度(m)
小于80	中心一排	1~2	1.2
80~200	两排错开	1~2	1.5
大于200	梅花形	1~2	2.0
柱基	梅花形	1~2	大于或等于1.5m，并不浅于短边宽度

注：对于较软弱的新近沉积黏性土和人工杂填土的地基，钎孔间距应不大于1.5m。

(3)钎探记录和结果分析

先绘制基槽平面图，在图上根据要求确定钎探点的平面位置，并依次编号制成钎探平面图。钎探时按钎探平面图标定的钎探点顺序进行，最后整理成钎探记录表。全部钎探完毕后，逐层地分析研究钎探记录，逐点进行比较，将锤击数明显过多或过少的钎孔在钎探平面图上做上记号，然后再在该部位进行重点检查，如有异常情况，要认真进行处理，见表2-2。

钎 探 记 录 表　　表2-2

探孔号	打入长度(m)	每30cm锤击数								总锤击数	备注
		1	2	3	4	5	6	7	8		
打钎者		施工员					质检员				

3)夯探

夯探较钎探，操作方法更为简便，夯探时用铁夯或蛙式打夯机对基槽进行夯击，凭夯击时的声响来判断地基强弱或是否有土洞或暗穴。

2.2 地基加固处理

2.2.1 地基加固处理的原理

当工程结构的荷载较大，地基土质又较软弱(强度不足或压缩性大)，不能作为天然地基时，可针对不同情况，采取各种人工加固处理的方法，以改善地基性质，提高承载力，增加稳定性，减少地基变形和基础埋置深度。

地基加固的原理：利用换填、夯实、挤密、排水、胶结、加筋和热学等方法，“将土质由松变实”，“将土的含水率由高变低”，即可达到地基加固的目的。

地基处理的目的及意义主要有下面五点：

1)提高地基土的抗剪强度

地基的剪切破坏表现在：建筑物的地基承载力不够；由于偏心荷载及侧向土压力的作用，使结构物失稳；由于填土或建筑物荷载，使邻近地基产生隆起；土方开挖时边坡失稳；基坑开挖时坑底隆起。地基的剪切破坏反映了地基土的抗剪强度不足。因此，为了防止剪切破坏，就需要采取一定措施以增加地基土的抗剪强度。

2）降低地基土的压缩性

地基土的压缩性表现在：建筑物的沉降和差异沉降大；由于有填土或建筑物荷载，使地基产生固结沉降；作用于建筑物基础的负摩擦力引起建筑物的沉降；大范围地基的沉降和不均匀沉降；基坑开挖引起邻近地面沉降；由于降水，地基产生固结沉降。地基的压缩性反映在地基土的压缩模量指标的大小。因此，需要采取措施以提高地基土的压缩模量，借以减少地基的沉降或不均匀沉降。

3）改善地基土的透水特性

地基土的透水性表现在：堤坝等基础产生的地基渗漏；基坑开挖过程中，因土层内夹薄层粉砂或粉土而产生流沙和管涌。这两种情况都是地下水运动产生的问题。因此，必须采取措施使地基土透水性降低或使其水压力减小。

4）改善地基土的动力特性

地基土的动力特性表现在：地震时饱和松散粉细砂（包括部分粉土）将产生液化，由于交通荷载或打桩等原因，使邻近地基产生振动下沉。因此，需要采取措施防止地基液化，并改善其振动特性，以提高地基的抗振性能。

5）改善特殊土的不良地基特性

主要是消除或减少黄土的湿陷性和膨胀土的胀缩性等。

2.2.2　地基处理方法

1）换土加固

换土加固是处理浅层地基的方法之一。该法是将软弱土层挖除，换填结构较好的土、灰土、中（粗）砂、碎（卵）石、石屑、煤渣或其他工业废粒料等材料，制作素土地基（土垫层）、灰土地基或砂垫层和砂石垫层地基等。其施工程序基本相同——基坑（槽）开挖、验槽、分层回填、夯（压）实或振实，以达到设计的密实度和夯实深度。

（1）基坑（槽）坍塌

施工中必须按规定放坡。当土具有天然湿度、构造均匀、水文地质条件良好且无地下水时，深度在 5m 以内，不加支撑的基坑（槽）和管沟，其边坡的最大允许坡度按规范放坡。如简易支撑无法消除边坡滑动及土方坍塌，可采用打板桩防护。如图 2-2 所示为某基坑坍塌后现场。

（2）基坑（槽）底出现"流沙"

当基坑（槽）开挖超过地下水位 0.5m 时，坑内采用集水井排水，坑（槽）底发现冒沙，边挖边冒，无法挖深，这种现象称为"流沙"，见图 2-3。

施工前必须了解天然地基土层情况。如基坑（槽）底在地下水位以下超过 0.5m，并正处于粉砂层中，则应预先采用井点降水，将水位降低，以消除坑（槽）内外的动水压力。

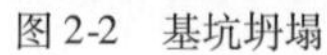

图 2-2　基坑坍塌

图 2-3　基槽“流沙”

(3)地基密实度达不到要求

换土后的地基,经夯击、碾压后,达不到设计要求的密实度时,砂垫层和砂石垫层地基宜采用质地坚硬的中砂、粗砂、砾砂、卵石或碎石,以及石屑、煤渣或其他工业废粒料。如采用细砂,宜同时掺入一定数量的卵石或碎石。砂石材料不能含有草根、垃圾等杂质。

素土地基必须采用最佳含水率。灰土经拌和后,如水分过多或不足时,可晾干或洒水润湿。一般可在现场按经验直接判断,其方法为:手握灰土成团,两指轻捏即碎。此时灰土基本上接近最佳含水率。砂垫层和砂石垫层施工可按所采用的捣实方法,分别选用最佳含水率。

2)重力夯实加固地基

重力夯实适用于地下水位以上稍湿的黏性土、砂土、湿陷性黄土、杂填土和分层填土地基的加固。如图 2-4 所示为人工打夯机夯实作业。

试夯结果应达到设计的密实度和夯实深度。如不能满足设计要求,可适当提高落距,增加夯击遍数,必要时可增加锤重再行试夯。施工时的夯击遍数,应按试夯确定的最少夯击遍数增加 1 ~ 2 遍,夯击遍数一般为 6 ~ 8 遍(同一夯位夯击一下即为一遍)。

地基夯实时应避免以下问题:

(1)夯成“橡皮土”

填土受夯击(碾压)后,基土发生颤动,受夯击(碾压)处下陷,四周鼓起,形成软塑状态,而体积并没有压缩,人踩上去有一种颤动感觉。在人工填土地基内,成片出现这种现象,见图 2-5。

图 2-4　人工夯实

图 2-5　橡皮土

橡皮土(又称弹簧土),将使地基的承载力降低,变形加大,地基长时间不能得到稳定。

夯(压)实填土时,应适当控制填土的含水率,土的最佳含水率可通过击实试验确定。

(2)夯击不密实

夯实过程中无法达到试夯时确定的最少夯击遍数和总下沉量,不能夯击密实。

地基夯实时,应使土保持在最佳含水率的范围内,如土太干,可适当加水,加水后应待水全部渗入土中一昼夜后,并检验土的含水率已符合要求,方可进行夯打。若地基土的含水率过大,可铺设吸水材料,如干土、碎砖、生石灰等,或采取换土等其他有效措施。

3)强力夯实加固地基

强夯法(强力夯实法),通过利用不同重量的夯锤,从不同的高度自由落下,产生很大的冲击力来处理地基,是一种软弱地基深层加固方法,其有效加固深度随夯击能量增大而加深。它适用于砂质土、黏性土及碎石、砾石、砂土、黏土等的回填土。强夯施工示意见图2-6、图2-7。

图2-6　强夯施工图

图2-7　夯锤落地瞬间

(1)地面隆起及翻浆

采用强夯法时,夯击过程中地面易出现隆起和翻浆现象,见图2-8。此时,应调整夯点间距、落距、夯击数等,使之不出现地面隆起和翻浆为准。施工前要进行试夯,以便确定:各夯点相互干扰的数据,各夯点压缩变形的扩散角,各夯点达到要求效果的夯击遍数,每夯一遍空隙水压力消散完的间歇时间。

图2-8　路面翻浆

尽量避免雨期施工。必须雨期施工时,要挖排水沟,设集水井,地面不得有积水,减少夯击数,增加空隙水的消散时间。

(2)夯击效果

若夯击方法不当,将难以达到设计要求深度内的密实度。

冬期施工土层表面受冻,强夯时冻块夯入土中,既消耗了夯击能量又使未经压缩的土块夯入土中。雨期施工地表积水或地下水位高,影响夯实效果。夯击时在土中产生了较大的冲击波,破坏了原状土,使之产生液化(可液化的土层)。遇有淤泥或淤泥质土,强夯无效果,虽然有裂隙出现，但空隙水压不易消散掉。

在正式施工前，应通过试夯和静载试验确定有关参数。夯击遍数应根据地质情况确定。

(3)土层中有软弱土

土层中存在黏土夹层，不利于加固效果。

软黏土弱夹层位于加固范围之内，则加固只能达到弱夹层表面，而在软弱夹层下面的土层则很难得到加固，这是由于夯击能量被吸收，难于向下传递。

尽量避免在软黏土弱夹层地区采用强夯法加固地基。

4)振冲加固地基

振冲法加固地基最初仅用于松散砂土的挤密，现已在黏性土、软黏土、杂填土以及饱和黄土地基上广泛应用。振冲法对砂土是挤密作用，对黏性土是置换作用，加固后桩体与原地基土共同组成复合地基。振冲施工前，应在现场进行制桩试验，确定有关的设计参数以及振冲水压、水量、填料方法与用量等。图2-9为振冲地基处理示意图。

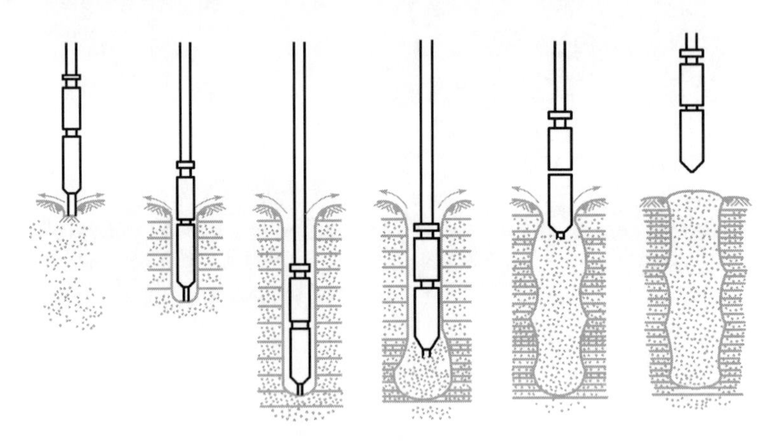

图2-9 振冲地基处理示意

(1)桩体缩颈或断桩

碎石桩桩体个别区段由于桩孔回缩或遇硬土层扩孔不足，而使桩孔直径偏小，导致填料困难，甚至产生桩体断续出现断桩现象。

在软黏土地基中施工时，应经常上下提升振冲器进行清孔，如土质特别软，可在振冲器下沉到第一层软弱层时，就在孔中填料，进行初步挤振，使这些填料挤到该软弱层的周围，起到保护此段孔壁的作用。然后再继续按常规向下进行振冲，直至达到设计深度为止。

如遇硬土层时，应将振冲器在硬土层区段上下提升，并适当加大水压进行扩孔。

(2)加固效果差

加固效果差的情况，如砂土地基经振冲后，通过检验达不到要求的密实度；黏性土地基经振冲后，通过荷载试验检验，复合地基的承载力与刚度均未能达到设计要求。

在砂土地基中施工时，应严格控制水量，当振冲器水管供水未能使地基达到饱和时，可在孔口另外加水管灌水，也可在加固区预先浸水后再施工。但要注意水量不可过大，以免将地基中的部分砂砾冲走，影响地基密实度。

2.3 桩基工程

桩基础是高层建筑物和重要建筑物工程中被广泛采用的基础形式。桩基础的作用是将上部结构较大的荷载通过桩穿过软弱土层传递到较深的坚硬土层上，以解决浅基础承载力不足和变形较大的地基问题。

桩基础具有承载力大、沉降量小而均匀、沉降速率缓慢等特点。它能承受垂直荷载、水平荷载、上拔力以及机器的振动或动力作用，已广泛用于房屋、桥梁、水利等工程中。

2.3.1 桩基础的分类

工程中的桩基础，往往由数根桩组成，桩顶设置承台，把各桩连成整体，并将上部结构的荷载均匀传递给桩。

1）按承台位置的高低分类

高承台桩基础——承台底面高于地面。

低承台桩基础——承台底面低于地面。

2）按承载性质不同分类

端承桩——穿过软弱土层并将建筑物的荷载通过桩传递到桩端坚硬土层或岩层上。

摩擦桩——沉入软弱土层一定深度，通过桩侧土的摩擦作用，将上部荷载传递扩散于桩周围土中，桩端土也起一定的支承作用，桩尖支承的土不甚密实，桩相对于土有一定的相对位移时，即具有摩擦桩的作用。

3）按桩身的材料不同分类

钢筋混凝土桩——可以预制也可以现浇。根据设计，桩的长度和截面尺寸可任意选择。

钢桩——常用的有直径250～1200mm的钢管桩和宽翼工字形钢桩。钢桩的承载力较大，起吊、运输、沉桩、接桩都较方便，但消耗钢材多，造价高。

木桩——目前已很少使用，只在某些加固工程或能就地取材临时工程中使用。在地下水位以下时，木材有很好的耐久性，但在干湿交替的环境下，极易腐蚀。

砂石桩——主要用于地基加固，挤密土壤。

灰土桩——主要用于地基加固。

4）按桩的使用功能分类

按使用功能，桩可分为竖向抗压桩、竖向抗拔桩、水平荷载桩、复合受力桩。

5）按桩直径大小分类

按直径大小，桩可分为小直径桩（$d \leqslant 250$mm）、中等直径桩（250mm $< d <$ 800mm）、大直径桩（$d \geqslant 800$mm）。

6）按成孔方法分类

按成孔方法，可分为非挤土桩、部分挤土桩和挤土桩。

(1)非挤土桩

非挤土桩是指成桩过程中桩周土体基本不受挤压的桩。在成桩过程中,将与桩体积相同的土挖出,因而桩周围的土很少受到扰动。这类桩主要有干作业法、泥浆护壁法和套管护壁法钻挖孔灌注桩,或钻孔桩、井筒管桩和预钻孔埋桩等。

(2)部分挤土桩

这类桩在设置过程中,由于挤土作用轻微,故桩周土的工程性质变化不大。这类桩主要有打入的截面厚度不大的工字型和H型钢桩、开口钢管桩和螺旋钻成孔桩等。

(3)挤土桩

在成桩过程中,桩周围的土被挤密或挤开,使桩周围的土受到严重扰动,土的原始结构遭到破坏,土的工程性质发生很大变化。挤土桩主要有打入或压入的混凝土方桩、预应力管桩、钢管桩和木桩,另外沉管式灌注桩也属于挤土桩。

7)按制作工艺分类

预制桩——一般为钢筋混凝土预制桩,在工厂或施工现场预制,用锤击打入、振动沉入等方法,使桩沉入地下。

灌注桩——又叫现浇桩,直接在设计桩位的地基上成孔,在孔内放置钢筋笼或不放钢筋,后在孔内灌注混凝土而成桩。

与预制桩相比,灌注桩可节省钢材,在持力层起伏不平时,灌注桩桩长可根据实际情况设计。

8)按截面形式分类

方形截面桩——制作、运输和堆放方便,截面边长一般为250~550mm。

圆形空心桩——用离心旋转法在工厂中预制,具有用料省、自重小、表面积大等特点。

2.3.2 预制桩施工

1)锤击沉桩(打入桩)施工

预制桩的打入法施工,就是利用锤击的方法把桩打入地下,是预制桩最常用的沉桩方法,见图2-10。

(1)打桩机具及选择

图2-10 锤击沉桩施工图

打桩机具主要有打桩机及辅助设备。打桩机则由桩锤、桩架和动力装置三部分组成。

①桩锤对桩施加冲击力,将桩打入土中。按动力作用分为落锤、单动汽锤、双动汽锤、柴油锤、液压锤。

②桩架支持桩身和桩锤,将桩吊到打桩位置,并在打入过程中引导桩的方向,保证桩锤沿着所要求的方向冲击。

常用的桩架形式有三种,即滚筒式桩架、多功能桩架、履带式桩架。

③动力装置包括驱动桩锤用的动力设施，如卷扬机、锅炉、空气压缩机及管道、绳索、滑轮等。

(2)打桩前的准备工作

处理障碍物；平整场地，材料、机具的准备；接通水、电源；进行打桩试验；确定打桩顺序；抄平放线；定桩位，设标尺、垫木、桩帽和送桩。

(3)打桩

打桩开始时，应先采用小的落距(0.5～0.8m)做轻的锤击，使桩正常沉入土中1～2m后，经检查桩尖不发生偏移，再逐渐增大落距至规定高度，继续锤击，直至把桩打到设计要求的深度。打桩有轻锤高击和重锤低击两种方式。重锤低击的落距小，因而可提高锤击频率，打桩效率也高，正因为桩锤频率较高，对于较密实的土层，如砂土或黏性土也能较容易地穿过，所以打桩宜采用重锤低击。

(4)打桩注意事项

打桩属隐蔽工程，为确保工程质量，打桩时，必须对每根桩的施打进行必要的数值测定，并做好详细记录。其次，应分析处理打桩过程中出现的质量事故，为工程质量验收提供必要的依据。

(5)打桩质量要求与验收

打桩质量评定包括两个方面：一是能否满足设计规定的贯入度或高程要求；二是桩打入后的偏差是否在施工规范允许的范围内。

(6)接桩

当桩的长度较大时，由于桩架高度以及制作运输等条件限制，往往需要分段制作和运输。沉桩时，分段之间就需要接头。

桩的接头应有足够的强度，能传递轴向力、弯矩和剪力，接桩方法有法兰连接、角钢连接及浆锚法。图2-11为法兰连接时用的法兰盘。

2)静力压桩施工

打桩机打桩施工噪声大，特别是在城市人口密集地区打桩，将影响居民休息。为了减少噪声，可采用静力压桩。静力压桩是在软弱土层中，利用静压力(压桩机自重及配重)将预制桩逐节压入土中的一种沉桩法，见图2-12。

图2-11　法兰盘

图2-12　静力压桩

静力压桩时,一般情况下是分段预制,逐段压入的。逐段接长每节桩的长度取决于桩架高度,通常6m左右。压桩桩长可达30m以上,桩断面为400mm×400mm。接桩方法可采用焊接法、硫黄胶泥锚接法等。

3)振动沉桩施工

振动沉桩是利用固定在桩顶部的振动器所产生的激振力,通过桩身使土颗粒受迫振动,使其改变排列组织,产生收缩和位移,这样桩表面与土层间的摩擦力就减少,桩在自重和振动力共同作用下沉入土中,见图2-13。

振动沉桩设备简单,不需要其他辅助设备,重量轻,体积小,搬运方便,费用低,工效高,适用于在黏土、松散砂土、黄土及软土中沉桩,更适合于打钢板桩,同时借助起重设备可以拔桩。

2.3.3 混凝土灌注桩施工

1)钻孔灌注桩施工

(1)钻孔机械设备

目前常见的钻孔机械有全叶螺旋钻孔机、回转钻孔机、潜水钻机、钻扩机、全套管钻机(即贝诺特钻机)。

①全叶螺旋钻孔机,如图2-14所示,由主机、滑轮组、螺旋钻杆、钻头、滑动支架、出土装置等组成,用于地下水位以上的黏土、粉土、中密以上的砂土或人工填土土层的成孔。成孔孔径为300~800mm,钻孔深度为8~12m。配有多种钻头,以适应不同的土层。

图2-13 振动沉桩

图2-14 全叶螺旋钻孔机

②回转钻孔机,如图2-15所示,由机械动力传动,配以笼头式钻头,可以多挡调速或液压无级调速,在泥浆护壁条件下,慢速钻进排渣成孔,灌注混凝土成桩。设备性能可靠,噪声振动小,钻进效率高,钻孔质量好。该机的最大钻孔直径可达2.5m,钻进深度可达50~100m,适用于碎石类土、砂土、黏性土、粉土、强风化岩、软质与硬质岩层等多种地质条件。

③潜水钻机,如图2-16所示,以潜水电动机作动力,工作时动力装置潜在孔底,耗用动力小,钻孔效率高。电动机防水性能好,运转时温升较低,过载能力强。钻架对场地承载力要求

低，可采用正循环、反循环两种方式排渣。缺点是：钻孔时采用泥浆护壁，易造成现场泥泞；采用反循环钻孔时，如土体中有较大石块，则容易卡管；容易产生桩侧周围土层和桩尖土层松散，使桩径扩大、灌注混凝土超量。适用于黏性土、黏土、淤泥、淤泥质土、砂土、强风化岩、软质岩层，不宜用于碎石土层中。

图2-15　回转钻孔机

图2-16　潜水钻机

④钻扩机，是钻孔扩底灌注桩的成孔机械。常用钻扩机是双管螺旋钻扩机，其主要部分为两根并列的开口套管组成的钻杆和钻头，钻头上装有钻孔刀和扩孔刀，用液压操纵，可使钻头并拢或张开。开始钻孔时，钻杆和钻头顺时针方向旋转钻进土中，切下的土由套管中的螺旋叶片送至地面。当钻孔达到设计深度时，操纵液压阀使钻头徐徐撑开，边旋转边扩孔，切下的土也由套管内叶片输送到地面，直到达到设计要求为止。

⑤全套管钻机，如图2-17所示，该机由法国贝诺特公司研制，故又称为贝诺特钻机，它在成孔和混凝土浇注过程中完全依靠套管护壁。钻孔直径最大可达2.5m，钻孔深度可达40m，拔管能力最大达到5000kN。

全套管钻机施工具有以下优点：除了岩层以外，任何土层均适用；挖掘时可确切地分清持力层土质，因此可随时确定混凝土桩的深度；在软土中，由于有套管护壁，不会引起塌方；可钻斜孔，用于斜桩。

(2)钻孔灌注桩施工工艺

钻孔灌注桩是先成孔，然后吊放钢筋笼，再浇注混凝土而成。依据地质条件不同，分为干作业成孔和泥浆护壁(湿作业)成孔两类。

①干作业成孔灌注桩施工。成孔时若无地下水或地下水很小，基本上不影响工程施工时，称为干作业成孔，见图

图2-17　全套管钻机

2-18。主要适用于北方地区和地下水位低的土层。

施工工艺流程：场地清理→测量放线定桩位→桩机就位→钻孔，取土成孔→清除孔底沉渣→成孔质量检查验收→吊放钢筋笼→浇注孔内混凝土。

②泥浆护壁成孔灌注桩施工。泥浆护壁成孔灌注桩是利用泥浆护壁，钻孔时通过循环泥浆将钻头切削下的土渣排出孔外而成孔，而后吊放钢筋笼，水下灌注混凝土而成桩。成孔方式有正（反）循环回转钻成孔、正（反）循环潜水钻成孔、冲击钻成孔、冲抓锥成孔、钻斗钻成孔等。图2-19为钻孔护壁泥浆池。

图2-18　人工干孔作业

图2-19　泥浆池

（3）成孔方法

①回转钻成孔：是国内灌注桩施工中最常用的方法之一。按排渣方式不同，分为正循环回转钻成孔和反循环回转钻成孔两种。

正循环回转钻成孔由钻机回转装置带动钻杆和钻头回转切削破碎岩土，由泥浆泵往钻杆输进泥浆，泥浆沿孔壁上升，从孔口溢浆孔溢出流入泥浆池，经沉淀处理返回循环池。

反循环回转钻成孔由钻机回转装置带动钻杆和钻头回转切削破碎岩土，利用泵吸、气举、喷射等措施抽吸循环护壁泥浆，携带钻渣从钻杆内腔抽吸出孔外。

②潜水钻成孔：潜水电钻同样使用泥浆护壁成孔，其出渣方式也分为正循环和反循环两种。

潜水钻正循环是利用泥浆泵将泥浆压入空心钻杆并通过中空的电动机和钻头等射入孔底，然后携带钻头切削下的钻渣在钻孔中上浮，由溢浆孔溢出进入泥浆沉淀池，经沉淀处理后返回循环池。

潜水钻反循环有泵吸法、泵举法和气举法三种。若为气举法出渣，开孔时只能用正循环或泵吸式开孔，钻孔有6～7m深时，才可改为反循环气举法出渣。反循环泵吸式用吸浆泵出渣时，吸浆泵可潜入泥浆下工作，因而出渣效率高。

③冲击钻成孔：冲孔是用冲击钻机把带钻刃的重钻头（又称冲锤）提高，靠自由下落的冲击力来削切岩层，排出碎渣成孔。

④抓孔：抓孔即用冲抓锥成孔机将冲抓锥斗提升到一定高度，锥斗内有压重铁块和活动抓片，松开卷扬机制动时，抓片张开，钻头便以自由落体冲入土中。然后开动卷扬机提升钻头，这

时抓片闭合抓土，冲抓锥整体被提升到地面上将土渣卸去，如此循环抓孔。该法成孔直径为450～600mm，成孔深度10m左右，适用于有坚硬夹杂物的黏土、砂卵石土和碎石类土。

(4)清孔

当钻孔达到设计要求深度并经检查合格后，应立即进行清孔。目的是清除孔底沉渣以减少桩基的沉降量，提高承载能力，确保桩基质量。清孔方法有真空吸泥渣法、射水抽渣法、换浆法和掏渣法。

(5)吊放钢筋笼

清孔后应立即安放钢筋笼、浇混凝土。钢筋笼一般都在工地制作，制作时要求主筋环向均匀布置，箍筋直径及间距、主筋保护层、加劲箍的间距等均应符合设计要求。图2-20为起重机吊放钢筋笼。

(6)水下浇注混凝土

泥浆护壁成孔灌注桩的水下混凝土浇注常用导管法，图2-21为导管安装就位后桩孔内图，混凝土强度等级不低于C20，坍落度为18～22cm。其浇注方法如图2-22所示，所用设备有金属导管、承料漏斗和提升机具等。

图2-20　起重机吊放钢筋笼

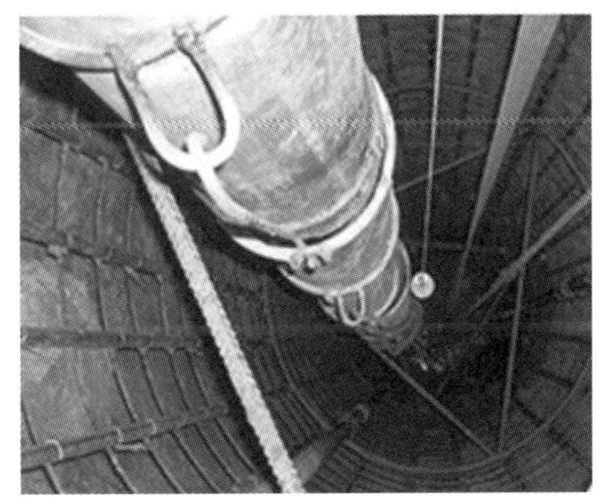

图2-21　导管安装就位后桩孔内图

(7)常见工程质量事故及处理方法

泥浆护壁成孔灌注桩施工时常易发生孔壁坍塌，斜孔、孔底隔层、夹泥、流沙等工程问题。水下混凝土浇注属隐蔽工程，难以观察和补救质量事故，所以应严格遵守操作规程，在有经验的工程技术人员指导下认真施工，并做好隐蔽工程记录，以确保工程质量。

图2-22　浇注混凝土

①孔壁坍塌。指成孔过程中孔壁土层不同程度坍落。主要原因是提升下落冲击锤、掏渣筒或钢筋骨架时碰撞护筒及孔壁；护筒周围未用黏土紧密填实，

孔内泥浆液面下降，孔内水压降低等造成塌孔。塌孔处理方法：一是在孔壁坍塌段用石子、黏土投入，重新开钻，并调整泥浆重度和液面高度；二是使用冲孔机时，填入混合料后低锤密击，待孔壁坚固后，再正常冲击。

②偏孔。指成孔过程中出现孔位偏移或孔身倾斜。偏孔的主要原因是桩架不稳固、导杆不垂直或土层软硬不均。对于冲孔成孔，则可能由于导向不严格或遇到探头石及基岩倾斜引起。处理方法为：将桩架重新安装牢固，使其平稳垂直；如孔的偏移过大，应填入石子、黏土，重新成孔；如有探头石，可用取岩钻将其除去或低锤密击将石击碎；如遇基岩倾斜，可以投入毛石于低处，再开钻或密打。

③孔底隔层。指孔底残留石渣过厚，孔脚涌进泥沙或塌壁泥土落底。造成孔底隔层的主要原因是清孔不彻底，清孔后泥浆浓度减少或浇注混凝土、安放钢筋骨架时碰撞孔壁造成塌孔落土。主要防治方法为：做好清孔工作，注意泥浆浓度及孔内水位变化，施工时注意保护孔壁。

④夹泥或软弱夹层。指桩身混凝土混进泥土或形成浮浆泡沫软弱夹层。其形成的主要原因是浇注混凝土时孔壁坍塌或导管口埋入混凝土高度太小，泥浆被喷翻，渗入混凝土中。防治措施是：注意混凝土表面高程变化和导管下口埋入混凝土表面高程变化，保持导管下口埋入混凝土下的高度，并应在钢筋笼下放孔内4h内浇注混凝土。

⑤流沙。指成孔时发现大量流沙涌塞孔底。流沙产生的原因是孔外水压力比孔内水压力大，孔壁土松散。流沙严重时可抛入碎砖石、黏土，用锤冲入流沙层，防止流沙涌入。

2）沉管灌注桩施工

沉管灌注桩又叫套管成孔灌注桩，是目前采用较为广泛的一种灌注桩。依据使用桩锤和成桩工艺不同，分为锤击沉管灌注桩、振动沉管灌注桩（图2-23）、静压沉管灌注桩、振动冲击沉管灌注桩和沉管夯扩灌注桩等。这类灌注桩的施工工艺是：使用锤击式桩锤或振动式桩锤将带有桩尖的钢管沉入土中，形成桩孔，然后放入钢筋笼、浇注混凝土，最后拔出钢管，形成所需的灌注桩。沉管桩对周围环境有噪声、振动、挤压等影响。

（1）锤击沉管灌注桩施工

锤击沉管灌注桩的机械设备由桩管、桩锤、桩架、卷扬机滑组、行走机构组成。

锤击沉管灌注桩适用于一般黏性土、淤泥质土、砂土和人工填土地基，但不能在密实的砂砾石、漂石层中使用。其施工程序一般为：定位埋设混凝土预制桩尖→桩机就位→锤击沉管→灌注混凝土→边拔管、边锤击、边继续灌注混凝土（中间插入吊放钢筋笼）→成桩，见图2-24。

（2）振动、振动冲击沉管灌注桩施工

振动、振动冲击沉管灌注桩是利用振动桩锤（又称激振器）、振动冲击锤将桩管沉入土中，然后灌注混凝土而成。这两种灌注桩与锤击沉管灌注桩相比，更适合于稍密及中密的砂土地基施工。振动沉管灌注桩和振动冲击沉管灌注桩的施工工艺完全相同，只是前者用振动锤沉桩，后者用振动带冲击的桩锤沉桩。

图2-23　振动沉管灌注桩

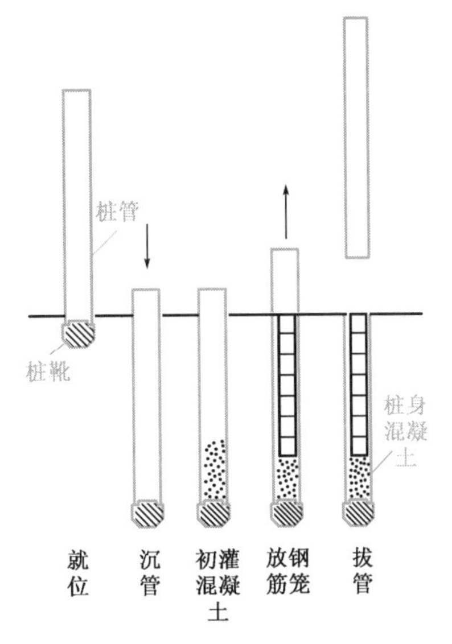

图2-24　锤击沉管灌注桩施工示意图

振动沉管灌注桩可采用单打法、反插法或复打法施工。反插法是在拔管过程中边振边拔，每次拔管0.5～1.0m，再向下反插0.3～0.5m，如此反复并保持振动，直至桩管全部拔出。复打法是在单打法施工完拔出桩管后，立即在原桩位再放置第二个桩尖，再第二次下沉桩管，将原桩位未凝结的混凝土向四周土中挤压，扩大桩径，然后再第二次灌注混凝土和拔管。

(3)沉管灌注桩施工中常见问题的分析与处理

沉管灌注桩施工时易发生断桩、缩颈、桩尖进水或进泥砂、吊脚桩等问题，施工中应加强检查并及时处理。

①断桩。断桩的裂缝为水平或略带倾斜，一般都贯通整个截面，常常出现于地面以下1～3m软硬土层交接处。

布桩应坚持少桩疏排的原则，桩与桩之间的中心距不宜小于3.5倍桩径；桩身混凝土强度较低时，尽量避免振动和外力的干扰，因此要合理确定打桩顺序和桩架行走路线；采用跳打法或控制时间法以减少对邻桩的影响。控制时间法是指在邻桩混凝土初凝以前，必须把影响范围内的桩施工完毕。

②缩颈桩。是指部分桩径缩小、桩截面积不符合设计要求，又称瓶颈桩。

在容易产生缩颈的土层中施工时，要严格控制拔管速度，进行“慢拔密击”；混凝土坍落度要符合要求且管内混凝土必须略高于地面，以保持足够的压力，使混凝土出管扩散正常。

施工时可设专人随时测定混凝土的下落情况，遇有缩颈现象，可采取复打处理。

③桩尖进水、进泥砂。这种情况常见于地下水位高、含水率大的淤泥和粉砂土层，是由于桩管与桩尖接合处的垫层不紧密或桩尖被打破所致。处理时，可将桩管拔出，修复改正桩靴缝隙或将桩管与预制桩尖接合处用草绳、麻袋垫紧后，用砂回填桩孔后重打；如果只受地下水的影响，则当桩管沉至接近地下水位时，用水泥砂浆灌入管内约0.5m作封底，并再灌1m高的混

凝土，然后继续沉桩。

④吊脚桩。即桩底部的混凝土隔空，或混凝土中混进了泥砂而形成松软层。形成吊脚桩的原因是由于混凝土桩尖质量差，强度不足，沉管时被打坏而挤入桩管内，且拔管时冲击振动不够，桩尖未及时被混凝土压出或活瓣未及时张开。

为了防止出现吊脚桩，要严格检查混凝土桩尖的强度（应不小于C30），以免桩尖被打坏而挤入管内。沉管时，用吊砣检查桩尖是否有缩入管内的现象。如果有，应及时拔出纠正并将桩孔填砂后重打。

3）人工挖孔灌注桩施工

人工挖孔灌注桩是指桩孔采用人工挖掘方法进行成孔，然后安放钢筋笼、浇注混凝土而成的桩，见图2-25。图2-26为孔内作业情况。

图2-25　人工挖孔灌注桩

图2-26　孔内凿岩

人工挖孔灌注桩适用于土质较好，地下水位较低的黏土、亚黏土及含少量砂卵石的黏土层等地质条件。可用作高层建筑、公用建筑、水工结构（如泵站、桥墩）的桩基，起支承、抗滑、挡土之用，不宜用于软土、流沙及地下水位较高、涌水量大的土层。

（1）一般构造要求

桩直径一般为800～2000mm，最大直径可达3500mm。桩埋置深度一般在20m左右，最大可达40m。底部采取不扩底和扩底两种方式，扩底直径为1300～3000mm，最大扩底直径可达4500mm。

（2）施工工艺

人工挖孔桩的护壁常采用现浇混凝土护壁，也可采用钢护筒或沉井护壁等。采用现浇混凝土护壁时的施工工艺过程如下：

①测定桩位、放线。

②开挖土方：采用分段开挖，每段高度取决于土壁的直立能力，一般为0.5～1.0m，开挖直径为设计桩径加上2倍护壁厚度。挖土顺序是自上而下，先中间、后孔边。

③支撑护壁模板：模板高度取决于开挖土方每段的高度，一般为1m，由4～8块活动模板组合而成。

④在模板顶放置操作平台：平台可用角钢和钢板制成半圆形，两个合起来即为一个整圆，

用来临时放置混凝土和浇注混凝土用。

⑤浇注护壁混凝土：护壁混凝土的强度等级不得低于桩身混凝土强度等级，应注意浇捣密实。

⑥拆除模板继续下一段的施工：一般在浇注混凝土24h之后便可拆模，若发现护壁有蜂窝、孔洞、漏水现象，应及时补强、堵塞，防止孔外水通过护壁流入桩孔内。

⑦安放钢筋笼、浇注混凝土：孔底有积水时应先排除积水再浇混凝土，当混凝土浇至钢筋的底面设计高程时再安放钢筋笼，继续浇注桩身混凝土。图2-27、图2-28为钢筋笼安装作业图。

图2-27　吊放钢筋笼

图2-28　送放钢筋笼

(3)施工注意事项

①桩孔开挖，当桩净距小于2倍桩径且小于2.5m时，应采用间隔开挖方法。排桩跳挖的最小施工净距不得小于4.5m，孔深不宜大于40m。

②每段挖土后必须吊线，检查中心线位置是否正确。

③防止土壁坍塌及流沙。

④浇注桩身混凝土时，应注意清孔及防止积水，桩身混凝土应一次连续浇注完毕，不留施工缝。

⑤必须制订安全措施。

施工人员进入孔内必须戴安全帽，孔内有人作业时，孔口处必须有人监督防护。

【知识拓展】

桩基检测

桩基是工程结构常用的基础形式之一，属于地下隐蔽工程，施工技术比较复杂，工艺流程相互衔接紧密，施工时稍有不慎极易出现断桩等多种形态复杂的质量缺陷，影响桩身的完整性和桩的承载能力，从而直接影响上部结构的安全。因此，其质量检测成为桩基工程质量控制的重要手段。

根据《建筑桩基检测技术规范》(JGJ 106—2003),目前桩基检测的主要方法有静载试验法、钻芯法、低应变法、高应变法、声波透射法等几种。

1. 钻芯法

这种方法具有科学、直观、实用等特点,在检测混凝土灌注桩方面应用较广。一次完整、成功的钻芯检测,可以得到桩长、桩身混凝土强度、桩底沉渣厚度和桩身完整性的情况,并判定或鉴别桩端持力层的岩土性状。

图 2-29 为桩基钻芯取样,图 2-30 为钻芯取出的芯样。

图 2-29 桩基钻芯取样

图 2-30 钻芯取出的芯样

2. 声波透射法

声波透射法能够进行全面、细致的检测,且基本上无其他限制条件。但其由于存在漫射、透射、反射,对检测结果会造成影响。图 2-31 为声波检测用的导管,图 2-32 为声波透射检测。

图 2-31 声波检测导管

图 2-32 声波透射检测

3. 静载试验法

静载试验法是目前公认的检测基桩竖向抗压承载力最直接、最可靠的试验方法。但在工程实践中发现,基准桩的问题有时会被检测人员所忽视,容易出现基准桩打入深度不足,试验过程产生位移的问题。图 2-33 为桩基静载试验。

图 2-33 桩基静载试验

4. 高应变法

高应变法的主要功能是判定桩竖向抗压承载力是否满足设计要求。高应变法在判定桩身水平整合型缝隙、预制桩接头等缺陷时,能够在查明这些“缺陷”是否影响竖向抗压承载力的基础上,合理判定缺陷程度,可作为低应变法的补充验证手段。目前在某些地区,利用高应变法增加承载力和完整性的抽查频率,已成为一种普遍做法。图2-34为测量落锤的落距,图2-35为桩基高应变频谱分析仪。

图2-34　测量落锤的落距

图2-35　桩基高应变频谱分析仪

思考与练习

2-1　地基所面临的问题有哪些?

2-2　地基处理的目的是什么?

2-3　地基处理方法可分为几大类?简述每一种地基处理方法的应用范围。

2-4　地基处理工程的特点是什么?

2-5　在什么情况下,可考虑选用桩基础方案?

2-6　按承台与地面相对位置的不同,桩基可分几种?

2-7　简述预制桩与灌注桩的分类、使用范围,以及其各自的优缺点。

单元3 砌筑工程施工

3.1 常用砌筑材料

3.1.1 *石料*

石材按其加工后的外形，可分为料石和毛石。料石又分为细料石、半细料石、粗料石、毛料石。

细料石：通过细加工，外表规则，叠砌面凹入深度不应大于10mm，截面的宽度、高度不宜小于200mm，且不宜小于长度的1/4。

半细料石：规格尺寸同细料石，但叠砌面凹入深度不应大15mm。

粗料石：规格尺寸同细料石，但叠砌面凹入深度不应大于20mm。

毛料石：外形大致方正，一般不加工或仅稍加修整，高度不应小于200mm，叠砌面凹入深度不应大于25mm。

图3-1为料石砌体挡墙。

毛石：形状不规则，中部厚度不应小于200mm。

图3-2为毛石砌体挡墙。

石材的强度等级，可用边长为70mm的立方体试块的抗压强度表示。抗压强度取三个试件破坏强度的平均值。

图3-1 料石砌体挡墙

图3-2 毛石砌体挡墙

3.1.2 *砂浆*

砌筑用砂浆一般为水泥砂浆和混合砂浆。水泥砂浆的塑性和保水性较差，但能够在潮湿环境中硬化，一般多用于含水量较大的地基土中的地下砌体；混合砂浆则常用于地上砌体。使用时，砂浆必须满足设计要求的种类和强度等级。砂浆的强度等级，依据国家标准《砌体结构设计规范》(GB 50003—2001)，有M15、M10、M7.5、M5和M2.5五个等级。砂浆稠度应符合表3-1的规定。

砌筑砂浆稠度　表3-1

砌体种类	砂浆的稠度(mm)	砌体种类	砂浆的稠度(mm)
烧结普通砌体砖	70～90	烧结普通砖平拱式过梁、空斗墙、普通混凝土小型空心砌块砌体、加气混凝土砌块砌体	50～70
轻骨料混凝土小型空心砌块砌体	60～90		
烧结多孔砖、空心砖砌体	60～90	石砌体	30～50

(1)水泥进场使用前,应分批对其强度、安定性进行复验。

检验批应以同一生产厂家同期出厂的同品种、同强度等级的,以一次进场的同一出厂编号的水泥为一批。当在使用中对水泥质量有怀疑或水泥出厂超过3个月(快硬硅酸盐水泥超过1个月)时,应复查试验,并按其结果使用。不同品种的水泥,不得混合使用。

(2)砂浆用砂不得含有有害杂物。砂浆用砂的含泥量应满足下列要求:

①对水泥砂浆和强度等级不小于M5的水泥混合砂浆,不应超过5%;

②对强度等级小于M5的水泥混合砂浆,不应超过10%;

③人工砂、山砂及特细砂,应经试配能满足砌筑砂浆技术条件要求。

(3)配制水泥石灰砂浆时,不得采用脱水硬化的石灰膏;消石灰粉不得直接用于砌筑砂浆中。脱水硬化的石灰膏和消石灰粉不能起塑化作用且影响砂浆强度,故不应使用。

(4)拌制砂浆用水,水质应符合国家现行标准《混凝土拌和用水标准》(JGJ 63)的规定。使用饮用水搅拌砂浆时,可不对水质进行检验。否则,应对水质进行检验。

(5)砌筑砂浆应通过试配确定配合比。当砌筑砂浆的组成材料有变更时,其配合比应重新确定。

(6)施工中,当采用水泥砂浆代替水泥混合砂浆时,应重新确定砂浆强度等级。当变更砂浆的强度等级时,应征得设计单位的同意。

(7)凡在砂浆中掺入有机塑化剂、早强剂、缓凝剂、防冻剂等,应经检验和试配符合要求后,方可使用。有机塑化剂应有砌体强度的形式检验报告。

(8)砂浆现场拌制时,各组分材料应采用质量计量。

(9)砌筑砂浆应采用机械搅拌,自投料完算起,搅拌时间应符合下列规定:水泥砂浆和水泥混合砂浆不得少于2min;水泥粉煤灰砂浆和掺用外加剂的砂浆不得少于3min;掺用有机塑化剂的砂浆,应为3～5min。

(10)砂浆应随拌随用,水泥砂浆和水泥混合砂浆应分别在3h和4h内使用完毕;当施工期间最高气温超过30℃时,应分别在拌成后2h和3h内使用完毕。

(11)砌筑砂浆试块强度验收时,其强度合格标准必须符合以下规定:同一验收批砂浆试块抗压强度平均值必须大于或等于设计强度等级所对应的立方体抗压强度,同一验收批砂浆试块抗压强度的最小一组平均值必须大于或等于设计强度等级所对应的立方体抗压强度的

0.75倍。

(12)当施工中或验收时出现下列情况,可采用现场检验方法对砂浆和砌体强度进行原位检测或取样检测,并判定其强度。

3.2 砌体施工

3.2.1 砖砌体施工

1)材料质量要求

(1)砌筑用砖、钢筋

砖砌体砌筑一般采用普通黏土砖,外形为矩形,长240mm,宽115mm,厚53mm。砖根据其表面大小不同,分大面(240mm×115mm)、条面(240mm×53mm)、顶面(115mm×53mm);根据外观分为一等、二等两个等级;根据强度分为MU10、MU15、MU20、MU25、MU30,单位:MPa。

砖的品种、强度等级必须符合设计要求,并应有产品合格证书和性能检测报告,进场后应进行复验,复验抽样数量为同一生产厂家同一品种同一强度等级的普通砖15万块、多孔砖5万块、灰砂砖或粉煤灰砖10万块各抽查1组。

砌筑时蒸压(养)砖的产品龄期不得少于28天。

用于清水墙、柱表面的砖,应边角整齐,色泽均匀。品质为优等品的砖,适用于清水墙和墙体装修;一等品、合格品砖,可用于混水墙。中等泛霜的砖不得用于潮湿部位。冻胀地区的地面或防潮层以下的砌体不宜采用多孔砖,水池、化粪池、窨井等不得采用多孔砖。蒸压粉煤灰砖用于基础或受冻融和干湿交替作用的建筑部位时,必须使用一等砖或优等砖。

多雨地区砌筑外墙时,不宜将有裂缝的砖面砌在室外表面。

用于砌体工程的钢筋品种、强度等级必须符合设计要求,并应有产品合格证书和性能检测报告,进场后应进行复验。

设置在潮湿环境或有化学侵蚀性介质的环境中的砌体灰缝内的钢筋应采取防腐措施。

(2)砖砌体的组砌形式

用普通砖砌筑的砖墙,依其墙面组砌形式不同,分为如图3-3所示的几种,常用的有一顺一丁、三顺一丁、梅花丁。

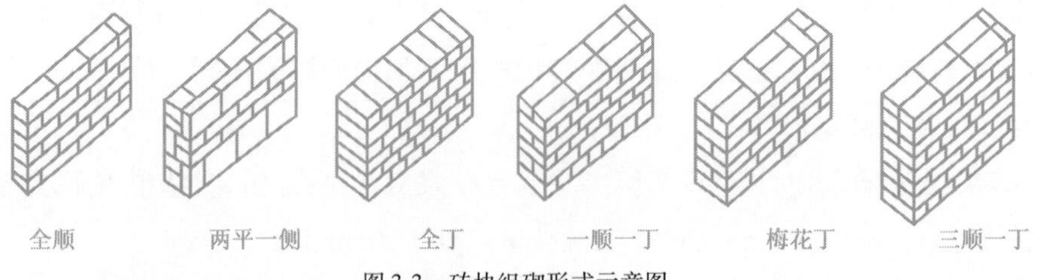

图3-3 砖块组砌形式示意图

①一顺一丁砌法(满顶满条):由一皮顺砖与一皮顶砖相互交替砌筑而成,上下皮间的竖缝相互错开1/4砖长。

②三顺一丁砌法:由三皮顺砖与一皮顶砖相互交替叠砌而成。上下皮顺砖搭接为1/2砖长,同时要求檐墙与山墙的顶砖层不在同一皮,以利于搭接。

③梅花丁砌法(又叫沙包式):在同一皮砖层内一块顺砖一块丁砖间隔砌筑(转角处不受此限),上下两皮间竖缝错开1/4砖长,顶砖必须在顺砖的中间。

④全顺砌法(条砌法):每皮砖全部用顺砖砌筑,两皮间竖缝搭接1/2砖长。此种砌法仅用于半砖隔断墙。

⑤全丁砌法:每皮全部用顶砖砌筑,两皮间竖缝搭接为1/4砖长。此种砌法一般多用于圆形建筑物,如水塔、烟囱、水池、圆仓等。

⑥两平一侧砌法(18cm墙):两皮平砌的顺砖旁砌一皮侧砖,其厚度为18cm。两平砌层间竖缝应错开1/2砖长,平砌层与侧砌层间竖缝可错开1/4或1/2砖长。

2)砖砌体施工工艺

(1)抄平弹线(又叫抄平放线)

①基础垫层上的放线。根据龙门板或轴线控制桩上的轴线钉,用经纬仪将基础轴线投测在垫层上(也可在对应的龙门板间拉小线,然后用线坠将轴线投测在垫层上)。再根据轴线按基础底宽,用墨线标出基础边线,作为砌筑基础的依据。如未设垫层,则可在槽底钉木桩,把轴线及基础边线都投测在木桩上。

基础放线是保证墙体平面位置的关键工序,是体现定位测量精度的主要环节,稍有疏忽就会造成错位。

龙门板在挖槽过程中易被碰动。因此,在投线前要对控制桩、龙门板进行复查,发现问题及时纠正;对于偏中基础,要注意偏中的方向;附墙垛、烟囱、温度缝、洞口等特殊部位要标清楚,防止遗忘;基础砌体宽度不准出现负值。

②基础顶面上的放线。在建筑物基础施工完成之后,应进行一次基础砌筑情况的复核。利用定位主轴线的位置来检查砌好的基础有无偏移,避免进行上部结构放线后,墙身按轴线砌时出现半面墙跨空的情形,这是结构上不允许的。

(2)摆砖样

摆砖样也称撂底,是在弹好线的基础顶面上按选定的组砌方式先用砖试摆,以核对所弹出的墨线在门窗洞口、墙垛等处是否符合砖模数,以便借助灰缝调整,使砖的排列和砖缝宽度均匀合理。摆砖时,要求山墙摆成丁砖,横墙摆成顺砖,又称"山丁檐跑"。

摆砖结束后,用砂浆把干摆的砖砌好,砌筑时注意其平面位置不得移动。

(3)立皮数杆

砌墙前先要立好皮数杆(又叫线杆),作为砌筑的依据之一,皮数杆一般是用5cm×7cm的方木做成,上面画有砖的皮数、灰缝厚度、门窗、楼板、圈梁、过梁、屋架等构件位置,以及建筑物各种预留洞口和加筋的高度,它是墙体竖向尺寸的标志,见图3-4。

(4)砌筑、勾缝

墙体砌砖时,一般先砌砖墙两端大角,然后再砌墙身,大角砌筑主要是根据皮数杆高程,依靠线锤、托线板使之垂直,见图 3-5。中间墙身部分主要是依靠准线使之灰缝平直,一般"三七"墙以内宜单面挂线,"三七"墙以上宜双面挂线。

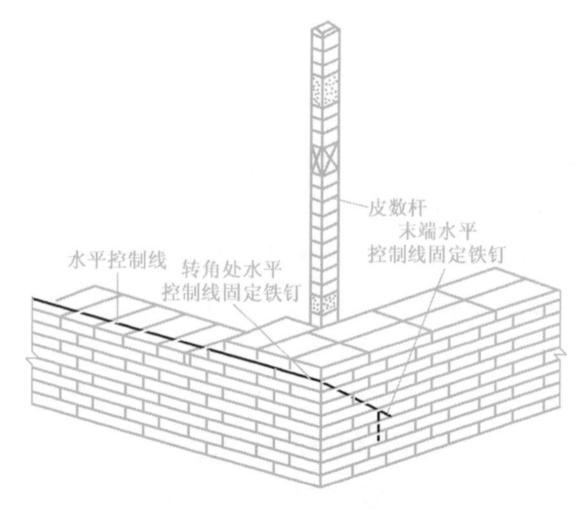

图 3-4　皮数杆与水平控制线

挂准线时,两端必须将线拉紧,见图 3-6。当用砖作坠线时,要检查坠重及线的强度,防止线断坠砖掉下砸人。并在墙角用棍(小竹片或 22 号铅丝)别住,防止线陷入灰缝中。

图 3-5　砌筑、勾缝

图 3-6　挂线

准线挂好拉紧后,在砌墙过程中,要经常检查有没有抗线或塌腰的地方(中间下垂)。抗线时要把高出的障碍物除去,塌腰地方要垫一块砖,俗称"腰线砖"。此时要注意准线不能向上拱起,待准线平直无误后再砌筑。

(5)各层高程的控制

基础砌完之后,除要把主要墙的轴线由龙门桩或龙门板上引到基础墙上外,还要在基础墙上抄出一条 -0.1 或 -0.15 高程的水平线。楼层各层高程除立皮数杆控制外,亦可用室内弹出的水平线控制。

3)砖砌体的质量要求及保证措施

砌体的质量应符合现行《砌体工程施工质量验收规范》(GB 50203—2002)的要求,做到横平竖直、灰浆饱满、错缝搭接、接槎可靠。

（1）砌体灰缝横平竖直、灰浆饱满

为了使砌块受力均匀，保证砌体紧密结合，不产生附加剪应力，砖砌体的灰缝应横平竖直，厚薄均匀，并应填满砂浆，不准产生游丁走缝（竖向灰缝上下不对齐，称游丁走缝），为此墙厚370mm以上的墙应双面挂线，砌体水平灰缝的砂浆饱满度不得小于80%，不得出现透明缝。砌体的水平灰缝厚度和竖向灰缝厚度一般规定为10mm，不应小于8mm，也不应大于12mm。施工现场水平灰缝的砂浆饱满度用百格网检查，见图3-7。

（2）错缝搭接

为了提高砌体的整体性、稳定性和承载力，砖块排列应遵守上下错缝、内外搭接的原则，不准出现通缝，错缝或搭接长度一般不小于1/4砖长（60mm），砌筑时尽量少砍砖。承重墙最上一皮砖应采用丁砖砌筑；在梁或梁垫的下面、砖砌体台阶的水平面上以及砌体的挑出层（挑檐、腰线），也应整砖丁砖砌筑。砖块错缝搭接见图3-8。

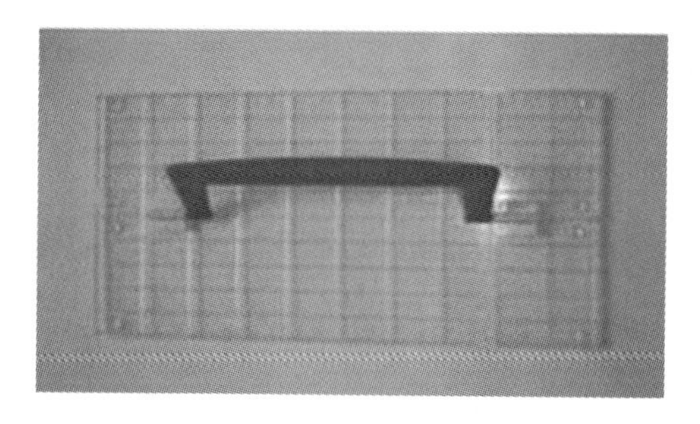

图3-7　百格网

图3-8　砖块错缝搭接

（3）接槎可靠

砖墙的转角处和交接处一般应同时砌筑。若不能同时砌筑，应将留置的临时间断做成斜槎，见图3-9。

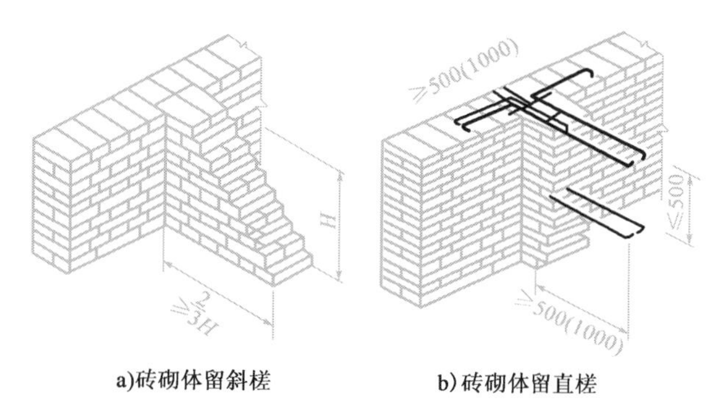

a)砖砌体留斜槎　　b)砖砌体留直槎

图3-9　接槎可靠（尺寸单位：mm）

4）冬期施工

砌体工程冬期施工应有完整的冬期施工方案。

当室外日平均气温连续5天稳定低于5℃时，砌体工程应采取冬期施工措施，气温根据当地气象资料确定。冬期施工期限以外，当日最低气温低于0℃时，也应按冬期施工执行。

(1)掺盐砂浆法

掺入盐类的水泥砂浆、水泥混合砂浆或微沫砂浆称为掺盐砂浆。采用这种砂浆砌筑的方法称为掺盐砂浆法。

掺盐砂浆法就是在砌筑砂浆内掺入一定数量的抗冻化学剂,来降低水溶液的冰点,以保证砂浆中有液态水存在,使水化反应在一定负温下不间断进行,使砂浆在负温下强度能够继续缓慢增长。同时,由于降低了砂浆中水的冰点,砖石砌体的表面不会立即结冰而形成冰膜,故砂浆和砖石砌体能较好地黏结。

(2)冻结法

冻结法是指采用不掺化学外加剂的普通水泥砂浆或水泥混合砂浆进行砌筑的一种冬期施工方法。

冻结法的砂浆内不掺任何抗冻化学剂,允许砂浆在铺砌完后就受冻。受冻的砂浆可以获得较大的冻结强度,而且冻结的强度随气温降低而增高。但当气温升高而砌体解冻时,砂浆强度仍然等于冻结前的强度。当气温转入正温后,水泥水化作用又重新进行,砂浆强度可继续增长。

(3)其他冬期施工方法

可供选用的其他冬期施工方法有蓄热法、暖棚法、电气加热法、蒸汽加热法、快硬砂浆法等。砌体用砖或其他块材不得遭水浸冻。砌体工程的冬期施工应以采用掺盐砂浆法为主,对保温、绝缘、装饰等方面有特殊要求的工程,可采用冻结法或其他施工方法。

5)施工过程质量控制

砌体施工质量控制等级共分为三级(A、B、C),应按设计要求,在表3-2中选择。

砌体施工质量控制等级 表3-2

项目	施工质量控制等级		
	A	B	C
现场质量管理	制度健全,并严格执行;非施工方质量监督人员经常到现场,或现场设有常驻代表;施工方有在岗专业技术管理人员,人员齐全,并持证上岗	制度基本健全,并能执行;非施工方质量监督人员间断地到现场进行质量控制;施工方有在岗专业技术管理人员,并持证上岗	有制度;非施工方质量监督人员很少到现场进行质量控制;施工方有在岗专业技术管理人员
砂浆、混凝土强度	试块按规定制作,强度满足验收规定,离散性小	试块按规定制作,强度满足验收规定,离散性小	试块强度满足验收规定,离散性大
砂浆拌和方式	机械拌和;配合比计量控制严格	机械拌和;配合比计量控制一般	机械或人工拌和;配合比计量控制较差
砌筑工人	中级工以上,其中高级工不少于20%	高、中级工不少于70%	初级工以上

6)质量验收标准

砖砌体工程检验批合格应符合表3-3规定。

砖砌体的位置及垂直度允许偏差　　表3-3

<table>
<tr><th colspan="3">项　目</th><th>允许偏差(mm)</th><th>检验方法</th></tr>
<tr><td colspan="3">轴线位置偏移</td><td>10</td><td>用经纬仪和尺检查或用其他测量仪器检查</td></tr>
<tr><td rowspan="3">垂直度</td><td colspan="2">每层</td><td>5</td><td>用2m托线板检查</td></tr>
<tr><td rowspan="2">全高</td><td>≤10m</td><td>10</td><td rowspan="2">用经纬仪、吊线和尺检查,或用其他测量仪器检查</td></tr>
<tr><td>>10m</td><td>20</td></tr>
</table>

主控项目的质量经抽样检验全部符合要求,一般项目的质量经抽样检验应有80%及以上符合要求。具有完整的施工操作依据、质量检查记录。

3.2.2　砌块砌体施工

1)材料质量要求

(1)混凝土小型空心砌块、钢筋

①小砌块的品种、强度等级必须符合设计要求,并应有产品合格证书和性能检测报告,进场后应进行复验。复验抽样为同一生产厂家同一品种同一强度等级的小砌块每1万块为一验收批,每一验收批应抽查1组(其中4层以上建筑的基础和底层的小砌块每一万块抽查2组)。

②砌筑时小砌块的产品龄期不得少于28天。

③承重墙体严禁使用断裂小砌块。

④底层室内地面以下或防潮层以下的砌体,应采用强度等级不低于C20的混凝土灌实小砌块的孔洞。

⑤用于清水墙的砌块,其抗渗性指标应满足产品标准规定,并宜选用优等品小砌块。

⑥小砌块堆放、运输时应有防雨措施;装卸时应轻码轻放,严禁抛掷、倾倒。

⑦钢筋的品种、规格和数量应符合要求。

(2)砌筑砂浆

小砌块砌筑用砂浆应符合《混凝土小型空心砌块砌筑砂浆》(JC 860—2000)的规定。当采用非专用砂浆时,除应符合《砌体结构设计规范》(GB 50003—2001)的要求外,宜采取改善砂浆黏结性的措施。

2)施工机具

(1)砌块夹具,见图3-10。

(2)钢丝绳索具,见图3-11。

(3)运输小车,作水平运输用,见图3-12。

(4)台灵架,用于安装砌块,由起重拔杆、支架、底盘和卷扬机等组成,见图3-13。

3)砌块砌体施工要求

为了合理安排砌块,加快施工进度,在施工前应编制砌块排列图,然后按图施工。

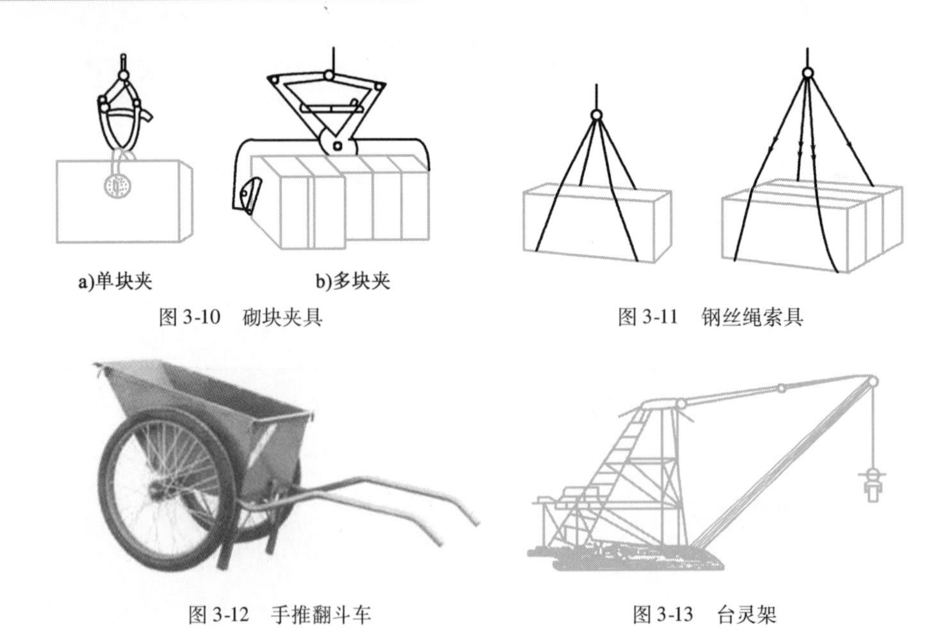

a)单块夹　　b)多块夹

图 3-10　砌块夹具

图 3-11　钢丝绳索具

图 3-12　手推翻斗车

图 3-13　台灵架

4)质量验收标准

(1)主控项目

①小砌块和砂浆的强度等级必须符合设计要求。

②砌体水平灰缝的砂浆饱满度,应按净面积计算不得低于 90%;竖向灰缝饱满度不得小于 80%,竖缝凹槽部位应用砌筑砂浆填实;不得出现瞎缝、透明缝。

③墙体转角处和纵横墙交接处应同时砌筑。临时间断处应砌成斜槎,斜槎水平投影长度不应小于高度的 2/3。

(2)一般项目

①墙体的水平灰缝厚度和竖向灰缝宽度宜为 10mm,但不应大于 12mm,也不应小于 8mm。

②小砌块墙体的尺寸允许偏差应按规定执行。

(3)质量控制资料

同 3.2.1 砖砌体质量验收标准。

3.3 砌筑用脚手架

3.3.1 脚手架

1)脚手架的作用和要求

搭设脚手架时要满足以下基本要求:

(1)使用要求。脚手架的宽度应满足工人操作、材料堆放及运输的要求。脚手架的宽度一般为 2m 左右,最小不得小于 1.5m。

(2)有足够的强度、刚度及稳定性。施工期间,在各种荷载作用下,脚手架不变形,不摇晃,不倾斜。脚手架的标准荷载值,取脚手板上实际作用荷载,其控制值为 $3kN/m^2$(砌筑用脚手架)。在脚手架上堆砖,只许单行摆三层。脚手架所用材料的规格、质量应经过严格检查,符合有关规定。脚手架的构造应合乎规定,搭设要牢固,有可靠的安全防护措施并在使用过程中经常检查。

(3)搭拆简单,搬运方便,能多次周转使用。

(4)因地制宜,就地取材,尽量节约用料。

2)外脚手架

外脚手架是在建筑物的外侧(沿建筑物周边)搭设的一种脚手架,既可用于外墙砌筑,又可用于外装修施工。常用的有多立杆式脚手架、扣件式钢管脚手架、框式脚手架等。

(1)多立杆式脚手架

多立杆式脚手架有敞开式、全封闭式、半封闭式和局部封闭式,见图3-14。敞开式:仅设有作业层栏杆和挡脚板,无其他遮挡设施的脚手架。局部封闭式:遮挡面积小于30%的脚手架。半封闭式:遮挡面积占30%~70%的脚手架。全封闭式:沿脚手架外侧全长和全高封闭的脚手架。

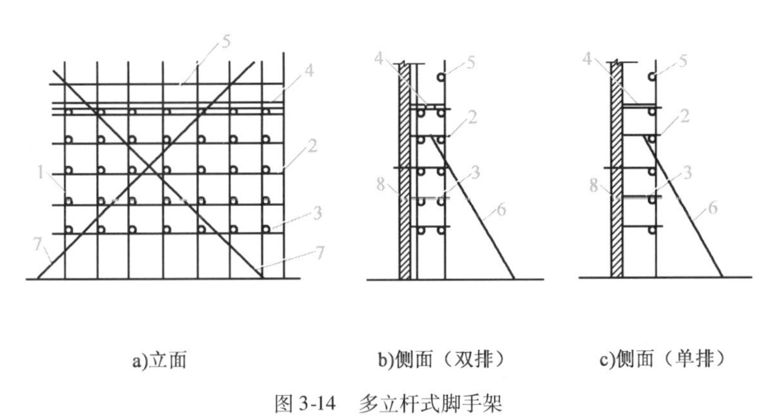

图3-14　多立杆式脚手架

1-立杆;2-大横杆;3-小横杆;4-脚手板;5-栏杆;6-抛撑;7-斜撑(剪刀撑);8-墙体

①材料。多立杆式脚手架按所用材料,分为木脚手架、竹脚手架及钢管脚手架、角钢脚手架等。

②主要杆件。多立杆式脚手架的主要杆件有立杆、大横杆、小横杆、斜撑、剪刀撑、抛撑等,如图3-15~图3-17所示。

图3-15　立杆、大横杆、小横杆、斜撑

图3-16　剪刀撑

图3-17　抛撑

立杆：又叫立柱、竖杆、站杆。

大横杆：又叫牵杠、顺水杆、纵向水平杆。

小横杆：又叫横楞、横担、楞木、排木、横向水平杆。

斜撑：是紧贴脚手架外侧与地面约成45°角的斜杆，上下连续设置呈“之”字形。

剪刀撑：又叫十字撑、十字盖，是设在脚手架外侧交叉成十字的双支斜，与地面成45°～60°的夹角。

抛撑：又叫支撑、压栏子，是设在脚手架周围横向撑住架子，与地面约成60°夹角的斜杆。

③形式。在搭设使用中，多立杆式脚手架分为双排和单排两种，见图3-18。双排脚手架靠墙面有里外两排立杆，单排脚手架仅有外面一排立杆，其小横杆的一端与大横杆(或立杆)相连，另一端搁在墙上。

a)单排杆

b)双排杆

图3-18　单排杆与双排杆

单排脚手架较双排脚手架节约材料，但由于稳定性较差，且需在墙上留置架眼，故其搭设高度和使用范围受到一定限制。双排脚手架在脚手架的里外侧均设有立杆，稳定性较好，但较单排脚手架费工费料。

④脚手板的铺设。如图3-19所示，脚手板应铺满，铺稳，离开墙面12～15cm(便于用靠尺检查墙面)。对头铺设的脚手板，其接头下面设两根小横杆，板端悬空部分应保持10～15cm。搭接铺设的脚手板，其接头必须在小横杆上，搭接长度保持20～30cm，板端挑出小横杆的长度保持10～15cm。搭接方向要与脚手架上的运输行车方向一致。

图3-19　脚手板铺设

⑤拆除注意事项:

a. 画出工作区标志,禁止行人进入。

b. 严格遵守拆除顺序,由上而下,后绑者先拆,先绑者后拆,一般是先拆栏杆、脚手板、剪刀撑、斜撑,后拆小横杆、大横杆、抛撑、立杆等。

c. 统一指挥,上下呼应,动作协调。当解开与另一人有关的结扣时应先告知对方,以防坠落。

d. 材料工具要用滑轮和绳索运送,不得乱扔。

(2) 扣件式钢管脚手架

扣件式钢管脚手架由钢管和扣件组成。其特点是:装拆方便,搭设灵活,能适应建筑物平立面的变化,强度高,搭设高度较大,坚固耐用。

扣件式钢管脚手架目前得到广泛的应用,虽然其一次投资较大,但其周转次数多,摊销费低。

扣件的基本形式有回转扣件、对接扣件、直角扣件三种。

回转扣件:用于连接扣紧两根呈任意角度相交的钢管,见图3-20。

对接扣件:也叫一字扣件,用于钢管的对接,见图3-21。

直角扣件:也叫十字扣件,用于连接扣紧两根互相垂直相交的钢管,见图3-22。

图3-20 回转扣件

图3-21 对接扣件

图3-22 直角扣件

扣件式钢管脚手架的基本构造形式同竹、木脚手架,有双排和单排两种。

(3) 框式脚手架

①框式脚手架的构造。框式脚手架是由钢管制成的框架和剪刀撑、水平撑,栏杆,三脚架和底座等部件组装而成。搭设高度一般低于20m。按照框架形式的不同,常用的有门形和梯形两种。

a. 门形框式脚手架。其构造见图3-23,主要构件有:

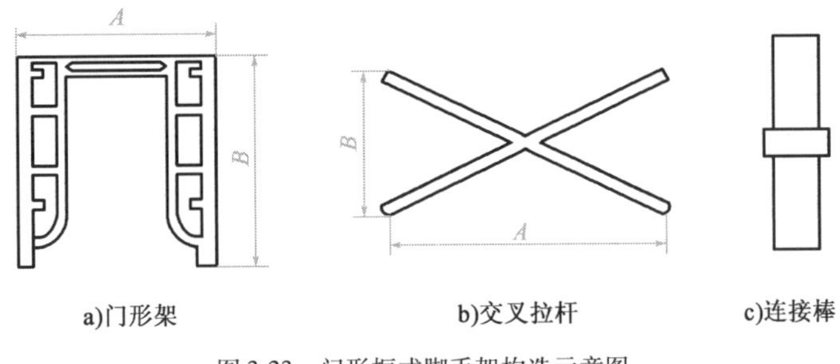

图3-23 门形框式脚手架构造示意图

框架：是用外径45mm、38mm两种钢管焊接而成，其底脚部分用外径54mm钢管做套管，以便在框架接高时套在下一框架立柱的上端。框架立柱上留有螺栓孔以便安装剪刀撑和水平撑。

剪刀撑、水平撑：均用外径27mm的钢管制成，其两端打扁并开有螺栓孔。连接螺栓直径为10mm。剪刀撑相交处用销钉连接。

栏杆：由立柱及横杆组成。栏杆立柱用外径38mm钢管制成，其下端略细，可插入框架立柱的上端。在栏杆立柱上焊有4个（上端两个，中部两个）外径38mm的承插管，用以安装横杆。栏杆横杆用外径27mm钢管制成，其两端弯成直角插入栏杆立柱上的承插管中。

三脚架：装在靠墙一面，上铺脚手板供瓦工操作用。使用时将三脚架用挂钩挂在框架上，三脚架用ϕ12、ϕ18钢筋及6mm厚钢板焊成，挂钩用ϕ12钢筋及4mm厚钢板焊成。安装时先将挂钩套在框架的立柱和横杆上，然后将三脚架上的钢筋环套入挂钩，三脚架的下端焊钢板卡紧立柱。

底座：是用厚8mm、直径200mm的圆钢板和外径64mm、壁厚3.5mm、长150mm的钢管作套筒焊接而成，见图3-24。

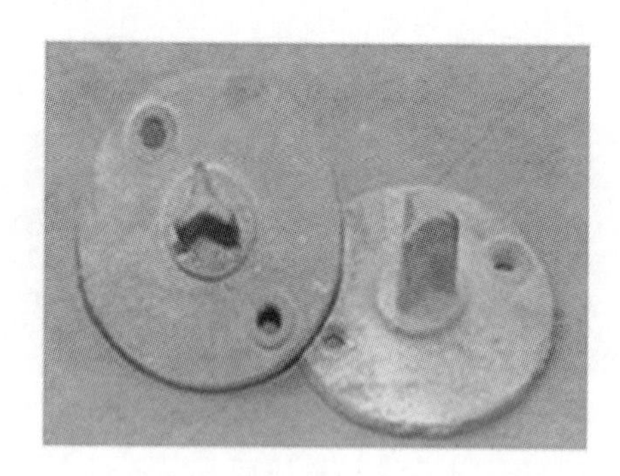

图3-24 门形框式脚手架的底座

b.梯形框式脚手架。其主要构件有：

框架：由外径45mm、38mm的两种钢管焊接而成，框架立柱上端焊有细短管，以便在接高框架时承插上层框架。框架立柱上也留有安装剪刀撑和水平撑的螺栓孔。

梯形框式脚手架的剪刀撑、水平撑和三脚架等的构造与门形框式脚手架相同。

栏杆：用$\phi27\times2.5$的钢管煨弯焊接而成，其底脚用$\phi45\times2.5$钢管做套管，以便装在框架立柱上。栏杆柱两旁焊有$\phi38\times3$的承插管用以装设横杆。

底座：用厚10mm、边长200mm的方钢板作底板，外径36mm钢管或直径36mm圆钢作插心焊接而成。

②框式脚手架的搭设要点。搭设时以框架平面垂直墙面，沿墙纵向每1.8m设置一个框架，并在各跨间相互间隔装设内外剪刀撑和水平撑。框架里立柱与墙面距离，当采用三脚架时为50～60cm，不用三脚架时为5～15 cm。搭设前应做好定位放线工作。

如遇地基松软潮湿，应在放底座前加做垫层或铺设木垫板，以保证框架在垂直、水平方向的准确性。安装框架时应注意拉线找齐、抄平，每安装完一层均应详细检查构件接合是否牢固，螺栓是否上紧，框架立柱是否垂直，有无歪扭、偏斜现象。脚手架纵向总倾斜度不得超过搭设高度的1/400，横向总倾斜度不得超过搭设高度的1/200。

为了保证脚手架的整体稳定性，必须在脚手架与建筑物之间设置连墙点。其布置为竖向每三步架高，纵向每六个框架设置一处。连墙点的做法：可用双股8号铅丝将框架与建筑物上预埋的钢筋环连接，另用一根5cm×7cm的方木绑在框架横杆上，并使其一端顶住墙面。

3）里脚手架

（1）折叠式里脚手架

①角钢折叠式里脚手架。搭设间距，砌墙时不超过2m，粉刷时不超过2.5m。可搭设两步架，第一步为1m，第二步为1.65m，每个重25kg。

②钢管折叠式里脚手架。搭设间距，砌墙时不超过1.8m，粉刷时不超过2.2m，每个重18kg，见图3-25。

③钢筋折叠式里脚手架。搭设间距，砌墙时不超过1.8m，粉刷时不超过2.2m。

（2）支柱式里脚手架

支柱式里脚手架由若干个支柱和横杆组成，上铺脚手板。支柱间距不超过2m。支柱式里脚手架的支柱有套管式支柱及承插式支柱两种。

①套管式支柱由立管、插管组成，插管插入立管中，以销孔间距调节脚手架的高度，插管顶端的凹形支托搁置方木横杆以铺脚手板，架设高度为1.57～2.17m，每个支柱重14kg，见图3-26。

图3-25　钢管折叠式里脚手架

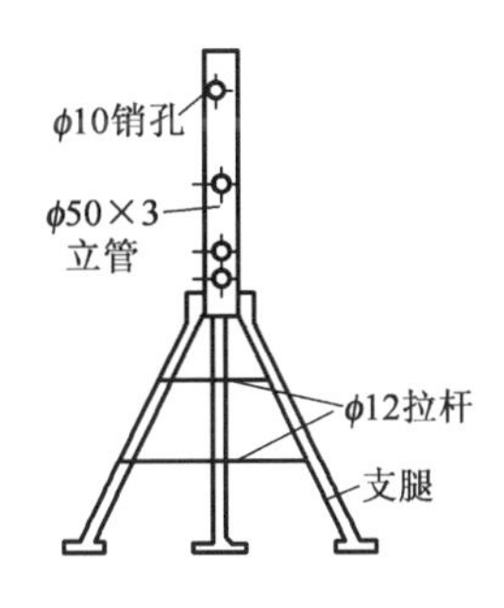

图3-26　套管式支柱

②承插式支柱的架设高度为1.2m、1.6m、1.9m，当架设第三步时要加销钉以保证安全。每个支柱重13.7kg，横杆重5.6kg。

3.3.2　砌筑工程垂直运输

1）井架

井架是砌筑工程垂直运输的常用设备之一，是一种带起重臂和内盘的井架，起重臂的起重能力为5～20kN。井架的特点是：稳定性好，运输量大，可以搭设较大高度。近几年来，各地对井架的搭设和使用有许多新发展，除了常用的木井架、钢管井架、型钢井架等外，所有多立杆式脚手架的杆件和框式脚手架的框架，都可用以搭设不同形式和不同井孔尺寸的单孔或多孔井架。有的工地在单孔井架使用中，除了设置内吊盘外，还在井架两侧增设一个或两个外吊盘，分别用两台或三台卷扬机提升，同时运行，大大增加了运输量。

2）龙门架

龙门架（图3-27）是由两根立杆及天轮梁（横梁）构成的门式架。在龙门架上装设滑轮（天轮及地轮）、导轨、吊盘（上料平台），安全装置及起重索、缆风绳等，即构成一个完整的垂直运输体系。

图3-27　龙门架

龙门架构造简单，制作容易，用材少，装拆方便，适用于中小工程。但由于立杆刚度和稳定性较差，一般常用于低层建筑。如果分节架设，逐步增高，并与建筑物加强连接，也可以架设较大的高度。

按照龙门架的立杆组成来分，目前常用的有组合立杆龙门架、钢管龙门架、木龙门架等。组合立杆龙门架的立杆是由钢管、角钢和圆钢互相组合焊接而成的，具有强度高、刚度好、小材大用等优点。钢管龙门架和木龙门架是以单根杆件作为立杆而构成的，制作、安装均较简便，但稳定性较组合立杆差，在低层建筑中使用较为适合。

【知识拓展】

新型砌体材料

目前在社会上出现的新型墙体材料有加气混凝土砌块（图3-28）、陶粒砌块（图3-29）、小型混凝土空心砌块等。

这些新型砌体材料以煤灰、煤矸石、石粉等废料为主要原料，具有质轻、隔热、隔音等特点，有些材料甚至达到了防火的功能。使用新型墙体材料，可以有效减少环境污染，节省大量的生产成本，其中相当一部分品种属于绿色建材。

图3-28　加气混凝土砌块

图3-29　陶粒砌块

思考与练习

3-1 砌筑砂浆一般有哪几种,各用于什么部位?

3-2 检查砂浆强度等级时,抽样数量有何规定?

3-3 砌块砌体工程质量验收标准分为主控项目和一般项目,主控项目检查哪几项?一般项目检查哪几项?

3-4 砖砌体的组砌形式常用的有哪些?

3-5 皮数杆的作用是什么,如何设置?

3-6 多立杆式脚手架的承重杆件主要有哪几种?

3-7 扣件式钢管脚手架的扣件有哪三种基本形式?

3-8 搭设多立杆式脚手架为什么设置剪刀撑?

单元4　钢筋混凝土结构工程施工

钢筋混凝土是土木工程结构的主要材料，在工业与民用建筑中应用非常广泛，占有极其重要的地位。钢筋混凝土结构工程施工由钢筋、模板和混凝土等多个工种组成，由于施工过程多，因此要加强施工管理，统筹安排，合理组织，以达到保证质量、加快施工和降低造价的目的。

4.1　钢筋工程

混凝土结构所用钢筋的种类较多。根据用途不同，可分为普通钢筋和预应力钢筋；根据钢筋直径的大小，可分为钢筋、钢丝和钢绞线三类；根据钢筋生产工艺的不同，可分为热轧钢筋、热处理钢筋、冷加工钢筋等；根据化学成分的不同，可分为低碳钢钢筋和普通低合金钢钢筋；根据钢筋强度的不同，分为Ⅰ~Ⅴ级，其中Ⅰ~Ⅳ级为热轧钢筋，Ⅴ级为热处理钢筋；根据轧制外形的不同，可分为光圆钢筋和变形钢筋（人字纹、月牙纹或螺纹）。

为便于运输，直径为6~9mm的钢筋常卷成圆盘，直径大于12mm则轧成6~12m长一根。

钢筋连接主要有绑扎、焊接、机械连接等几种方式。

4.1.1　钢筋绑扎

钢筋绑扎连接，其工艺简单、功效高，不需要连接设备，是目前钢筋连接的主要手段之一。钢筋绑扎连接时，采用20号、22号铁丝或镀锌铁丝（铅丝）（其中22号铁丝只用于直径12mm以下的钢筋）将钢筋交叉点扎牢。受拉钢筋和受压钢筋接头的搭接长度及接头位置应符合施工及验收规范的规定，如图4-1、图4-2所示。

图4-1　绑扎整齐的钢筋

图4-2　绑扎成型的基础钢筋

4.1.2　钢筋焊接

钢筋焊接连接可改善结构的受力性能，节约钢筋用量，提高工作效率，保证工程质量，故在工程施工中得到广泛应用。钢筋焊接分为压焊和熔焊两种形式。压焊包括闪光对焊、电阻点焊和气压焊。熔焊包括电弧焊和电渣压力焊。

1)闪光对焊

闪光对焊不需要焊药,施工工艺简单,工作效率高,造价较低,应用广泛。钢筋对焊是在对焊机上进行的,将两钢筋安放成对接形式,利用电阻热使接触点金属很快熔化,产生强烈飞溅,形成闪光现象,然后加压顶锻,使两钢筋连为一体,接头冷却后便形成对焊接头,如图4-3所示。

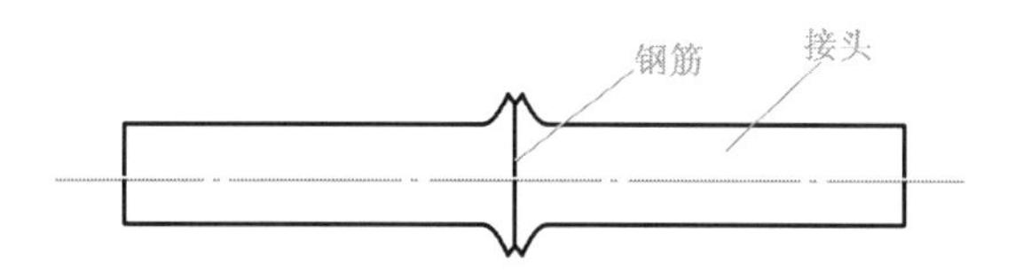

图4-3　钢筋的闪光对焊接头

2)电阻点焊

钢筋电阻点焊是将两钢筋安放成交叉叠接形式,压紧于两电极之间利用电阻热熔化母材金属,加压形成焊点的一种压焊方法,工作原理如图4-4所示。混凝土结构中的钢筋骨架和钢筋网片,宜采用电阻点焊制作。采用点焊代替绑扎,可以提高生产效率,成品整体性好,节约材料,应用广泛。

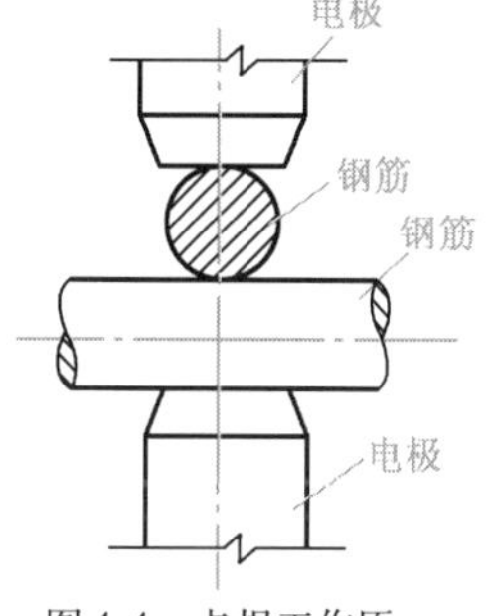

图4-4　点焊工作原理示意图

3)气压焊

钢筋气压焊是采用氧—乙炔火焰对钢筋接缝处进行加热,使钢筋端部加热达到高温或熔化状态,并施加足够的轴心压力而形成牢固的对焊接头。它可用于钢筋在垂直位置、水平位置或倾斜位置的对焊连接。此法具有设备简单、焊接质量好、不需要大功率电源等优点。

气压焊接设备主要包括加热系统与加压系统两部分,如图4-5所示。

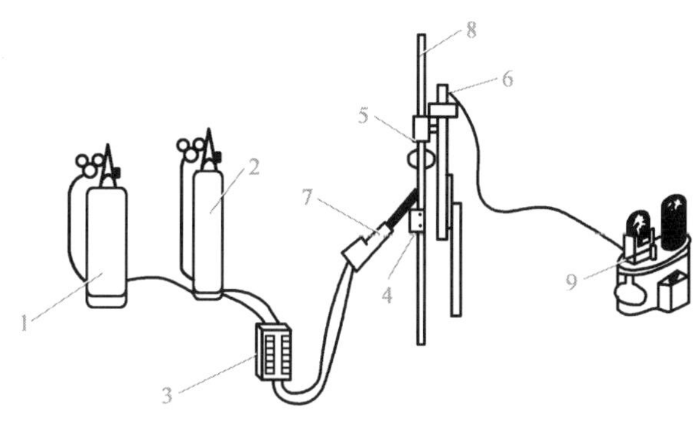

图4-5　气压焊接设备

1-乙炔;2-氧气;3-流量计;4-固定卡具;5-活动卡具;6-压接器;7-加热器与焊炬;8-被焊接的钢筋;9-加压油泵

气压焊施焊前,钢筋端面应切平,并宜与钢筋轴线相垂直,在钢筋端部2倍直径长度范围内若有水泥等附着物,应予以清除。其钢筋边角毛刺及端面上铁锈、油污和氧化膜应清除干净,并经打磨,使其露出金属光泽。

4) 电弧焊

电弧焊是利用弧焊机使焊条和焊件之间产生高温电弧，熔化焊条和高温电弧范围内的焊件金属，熔化的金属凝固后形成焊接接头。电弧焊的应用非常广泛，常用于钢筋的搭接接长、钢筋与钢板的焊接、装配式钢筋混凝土结构接头的焊接、钢筋骨架的焊接及各种钢结构的焊接等。

钢筋电弧焊包括搭接焊、帮条焊、坡口焊、窄间隙焊和熔槽帮条焊五种接头形式。此外，预埋件的钢板与钢筋的连接一般也采用电弧焊。

搭接焊在焊接时宜采用双面焊，当不能进行双面焊时，可采用单面焊。搭接接头钢筋应先预弯，以保证两钢筋的轴线在同一直线上，搭接长度如图 4-6 所示。

帮条焊宜采用双面焊，当不能进行双面焊时，可采用单面焊，如图 4-7 所示。

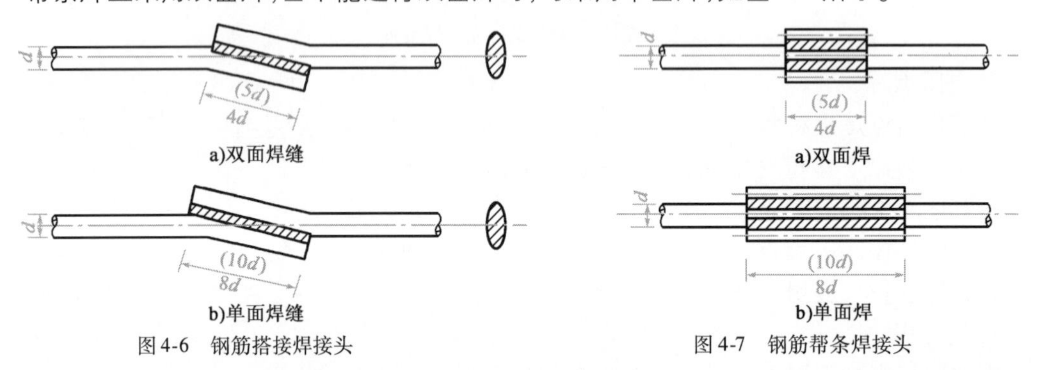

a)双面焊缝　b)单面焊缝

图 4-6　钢筋搭接焊接头

a)双面焊　b)单面焊

图 4-7　钢筋帮条焊接头

坡口焊多用于施工现场焊接装配式结构接头处的钢筋。坡口焊分为平焊和立焊，如图4-8所示。施焊前先将钢筋端部制成坡口，要求坡口面平顺，切口边缘不得有裂纹、钝边和缺棱。

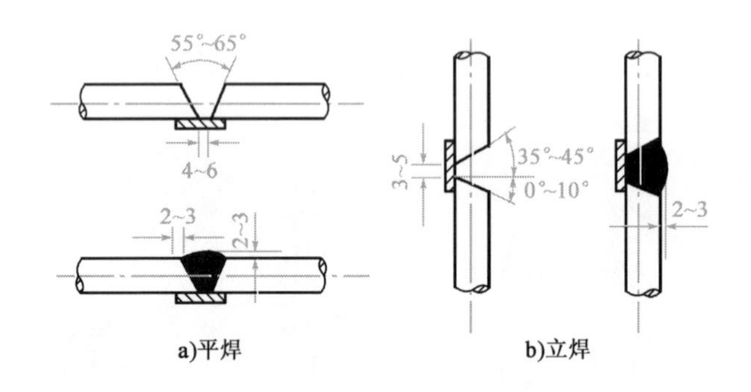

a)平焊　b)立焊

图 4-8　坡口焊(尺寸单位:mm)

窄间隙焊如图 4-9 所示，适用于直径 16mm 及以上钢筋的现场水平连接。焊接时，钢筋端部应置于铜模中，并应留出一定间隙，用焊条连续焊接，熔化钢筋端面和使熔敷金属填充间隙，形成接头。

熔槽帮条焊如图 4-10 所示，焊接时需要加角钢作垫板模，适用于直径 20mm 及以上钢筋的现场安装焊接。

预埋钢筋电弧焊T形接头可分为贴角焊和穿孔塞焊两种，如图4-11所示。

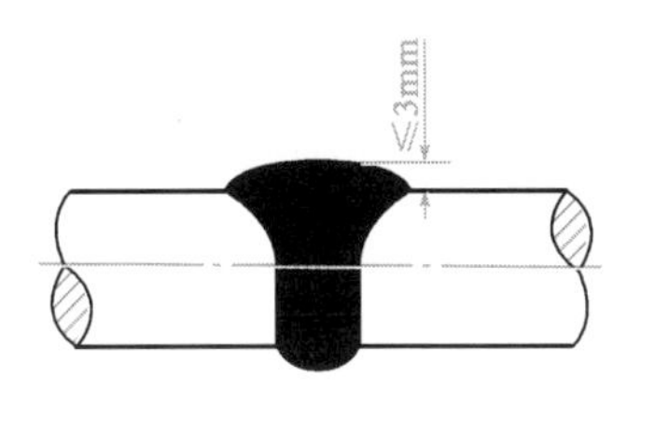

图4-9　钢筋窄间隙焊接头

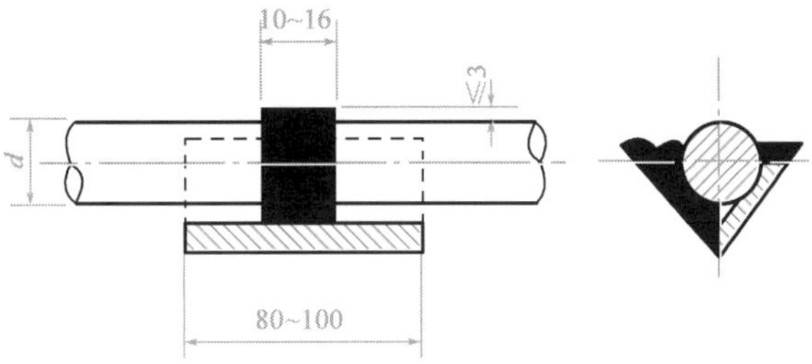

10~16
≤3
d
80~100

图4-10　钢筋熔槽帮条焊接头（尺寸单位：mm）

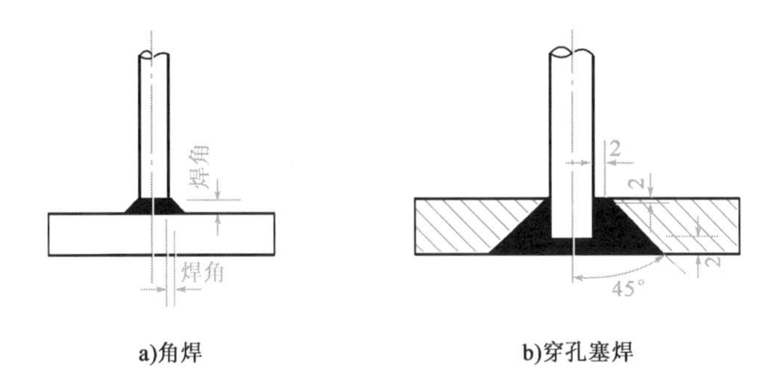

a)角焊　　b)穿孔塞焊

图4-11　预埋件钢筋电弧焊T形接头（尺寸单位：mm）

5）电渣压力焊

电渣压力焊是利用电流通过电渣池产生的电阻热将钢筋端部熔化，然后施加压力使钢筋焊接在一起，如图4-12、图4-13所示。主要用于现浇钢筋混凝土结构中竖向或斜向钢筋的接长。

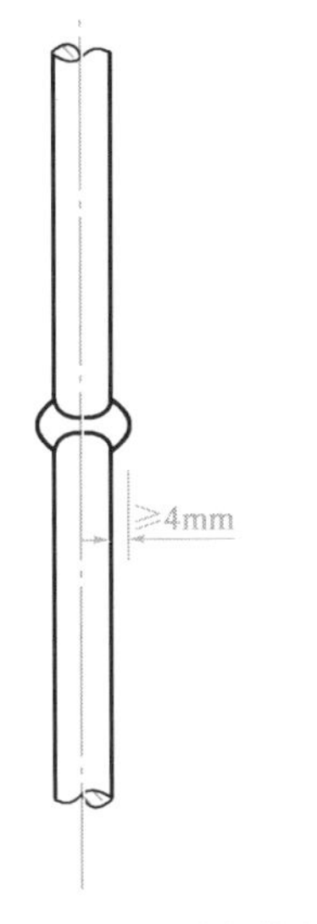

图4-12　电渣压力焊接头

图4-13　用电渣压力焊连接竖向钢筋

4.1.3 钢筋机械连接

在钢筋的机械连接中,挤压连接与螺纹套筒连接是近年来大直径钢筋现场连接的主要方法。

1)钢筋挤压连接

钢筋挤压连接也称钢筋套筒冷压连接,它是将需连接的变形钢筋插入特制钢套筒内,利用液压驱动的挤压机进行径向或轴向挤压,使钢套筒产生塑性变形,使它紧紧咬住变形钢筋实现连接,如图4-14 所示 。它适用于竖向、横向及其他方向的较大直径变形钢筋的连接。与焊接相比,它具有节省电能、不受钢筋可焊性好坏影响、不受气候影响、无明火、施工简便和接头可靠性高等特点。

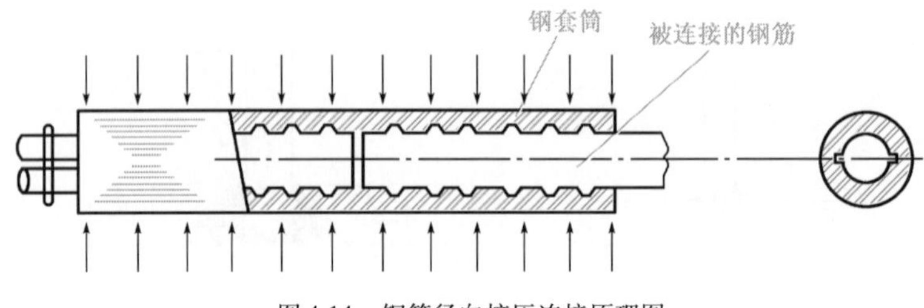

图4-14 钢筋径向挤压连接原理图

2)钢筋螺纹套管连接

螺纹套管连接分为锥螺纹连接和直螺纹连接两种。它是把钢筋的连接端加工成螺纹(简称丝头),通过螺纹连接套把两根带丝头的钢筋,按规定的力矩值连接成一体的钢筋接头。该种连接施工速度快,不受气候影响,质量稳定,对中方便,可广泛应用于钢筋的连接、钢筋与钢板的连接以及在混凝土中插接钢筋等,如图4-15 所示。

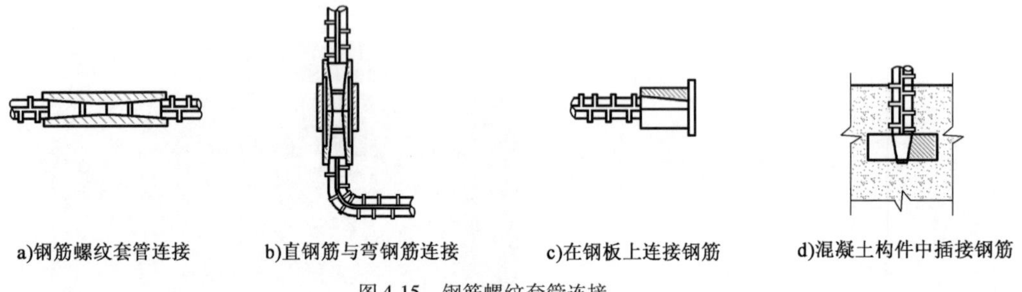

a)钢筋螺纹套管连接 b)直钢筋与弯钢筋连接 c)在钢板上连接钢筋 d)混凝土构件中插接钢筋

图4-15 钢筋螺纹套管连接

4.2 模板工程

现浇混凝土结构施工用的模板,是使混凝土构件按设计的几何尺寸浇筑成型的模型板,是混凝土构件成型的一个十分重要的组成部分。

4.2.1 模板的基本要求与分类

1)模板的基本要求

为了保证钢筋混凝土结构施工的质量,对模板及其支架有如下要求:

①保证工程结构和构件各部分形状、尺寸和相互位置的正确。

②具有足够的强度、刚度和稳定性，能可靠地承受新浇混凝土的重量和侧压力，以及在施工过程中所产生的荷载。

③构造简单，拆装方便，并便于钢筋的绑扎与安装，符合混凝土的浇筑及养护等工艺要求。

④模板接缝应严密，不得漏浆。

2）模板的分类

按所用材料，分为木模板、钢模板和其他材料模板（胶合板模板、塑料模板、玻璃钢模板、压型模板、钢木组合模板、装饰混凝土模板、预应力混凝土模板等）。

按施工方法，模板分为拆移式模板和活动式模板。拆移式模板由预制配件组成，现场组装，拆模后稍加清理和修理再周转使用，常用的木模板和组合钢模板以及大型的工具式定型模板如大模板、台模、隧道模等皆属拆移式模板；活动式模板是指按结构的形状制作成工具式模板，组装后随工程的进展而进行垂直或水平移动，直至工程结束才拆除，如滑升模板、提升模板等。

4.2.2　模板的构造

1）木模板

木模板是我国最早使用的模板材料，其加工容易，拼接方便，对结构的尺寸和形状的适应性强，但木材消耗大，容易受潮变形，重复使用率低，应尽量控制使用。

（1）基础木模板

如果土质良好，阶梯形基础的最下一级可不用模板而采用原槽浇筑。安装时，要保证上、下模板不发生相对位移，如图4-16所示。

（2）柱子木模板

矩形柱有四块侧向模板，组装时由两块相对的内拼板夹在两块外拼板之间拼成。柱模板底部开有清理孔，沿高度每隔2m开有浇筑孔。柱底一般有一钉在底部混凝土上的木框，用以固定柱模板的位置。为承受混凝土侧压力，拼板外要设柱箍。柱模板顶部根据需要可开有与梁模板连接的缺口，如图4-17所示。

（3）梁、楼板模板

梁模板由底模板和侧模板组成。楼板模板多用定型模板或胶合板，它支承在搁栅（又称龙骨）上，搁栅支承在梁测模板的横挡上，如图4-18所示。

2）组合钢模板

组合钢模板由边框、面板和纵横肋组成。边框和面板常用2.5～2.8mm厚的钢板轧制而成，纵横肋则采用3mm厚扁钢与面板及边框焊接而成。钢模板的厚度均为55mm。为了便于模板之间拼装连接，边框上都开有连接孔，且无论长短边，孔距都为150mm，如图4-19所示。

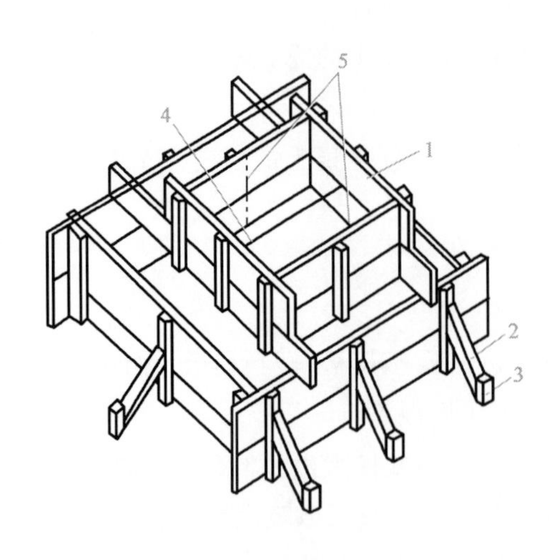

图 4-16　基础木模板

1-拼板;2-斜撑;3-木桩;4-铁丝;5-模板中心线

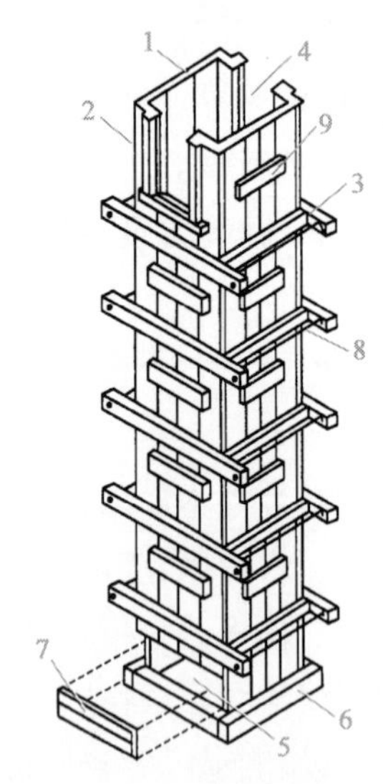

图 4-17　柱子木模板

1-内拼板;2-外拼板;3-柱箍;4-梁缺口;5-清理孔;6-底部木框;7-盖板;8-拉紧螺栓;9-拼条

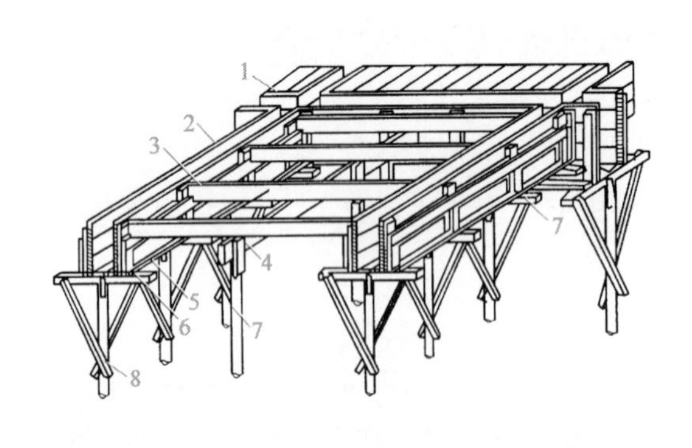

图 4-18　梁及楼板模板

1-楼板模板;2-梁侧模板;3-次搁栅;4-主搁栅;5-夹条;6-短撑木;7、8-支撑

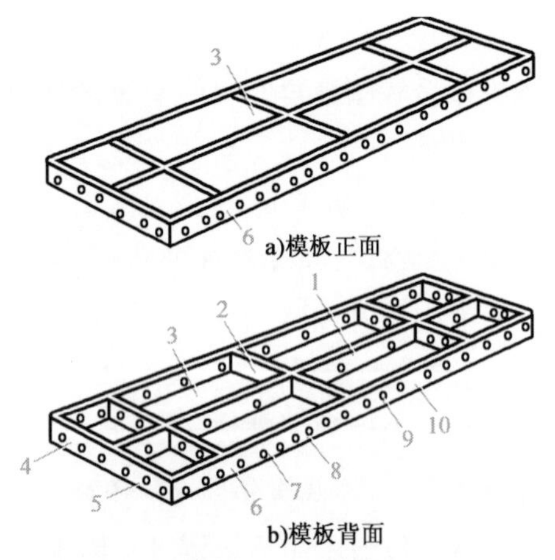

图 4-19　平面钢模板

1-中纵肋;2-中横肋;3-面板;4-横肋;5-插销孔;6-纵肋;7-凸棱;8-凸鼓;9-U 形卡孔;10-钉子孔

钢模板的连接件主要有 U 形卡、L 形插销、钩头螺栓、紧固螺栓、对拉螺栓和扣件等,如图 4-20 所示。

相邻模板的拼接均采用 U 形卡;L 形插销插入钢模板端部横肋的插销孔内,以增强两相邻模板接头处的刚度和保证接头处板面平整;钩头螺栓用于钢模板与内外钢楞的连接与紧固;紧固螺栓用于紧固内外钢楞;对拉螺栓用于连接墙壁两侧模板;扣件用于钢模板与钢楞或钢楞之间的紧固,并与其他配件一起将钢模板拼装成整体。扣件应与相应的钢楞配套使用,按钢楞的不同形状,分为 3 形扣件和蝶形扣件,如图 4-21、图 4-22 所示。

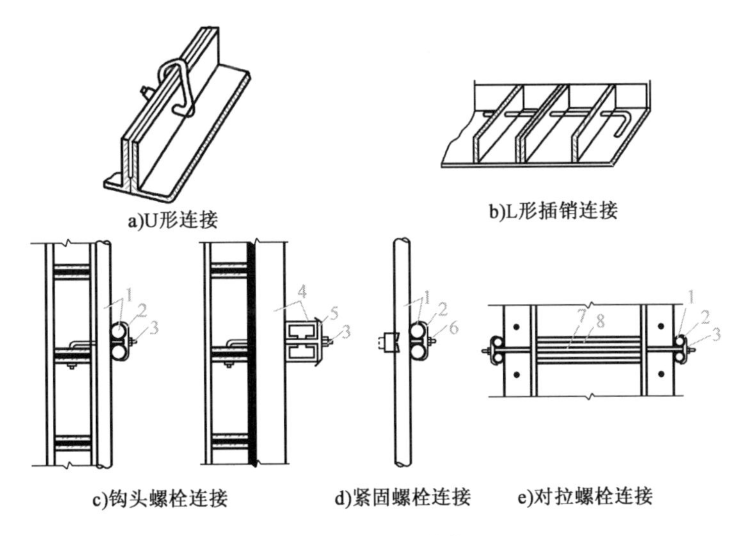

图4-20　模板连接件

1-圆钢管钢楞;2-3形扣件;3-钩头螺栓;4-内卷边槽钢钢楞;5-蝶形扣件;6-紧固螺栓;7-对拉螺栓;8-塑料套管

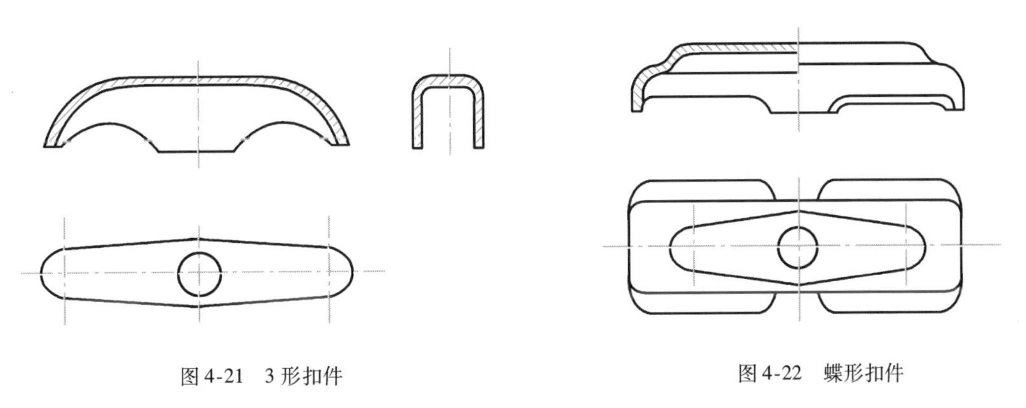

图4-21　3形扣件　　　　图4-22　蝶形扣件

3)钢框定型模板

钢框定型模板包括钢框木胶合板模板和钢框竹胶合板模板,它们的构造相同。模板钢框主要由型钢制作,边框上设有连接孔。面板镶嵌在钢框内,并用螺栓或铆钉与钢框固定,当面板损坏时,可将面板翻面使用或更换新面板。面板表面应做防水处理,制作时面板应与边框齐平。

4)胶合板模板

胶合板模板按制作材质又可分为木胶合板和竹胶合板。胶合板模板通常是把胶合板钉在木楞上而构成,胶合板一般厚12~21mm,木楞一般采用50mm×100mm或100mm×100mm的方木,间距在200~300mm之间。

5)大模板

大模板一般由面板、加劲肋、竖楞、穿墙螺栓、支撑桁架、稳定机构和操作平台等组成,是一种用于现浇钢筋混凝土墙体的大型工具式模板,如图4-23~图4-25所示。

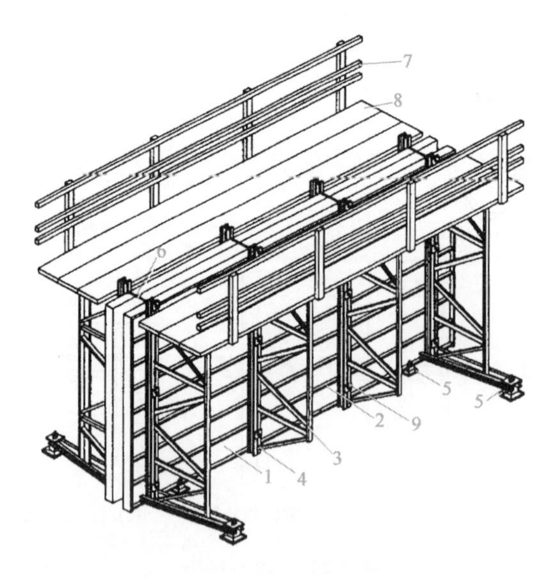

图4-23　大模板构造示意图

1-面板;2-水平加劲肋;3-支撑桁架;4-竖楞;5-调整水平度螺旋千斤顶;6-固定卡具;7-栏杆;8-脚手架;9-穿墙螺栓

图4-24　大模板的停放

图4-25　混凝土墙体模板

6)滑升模板

滑升模板常用于浇筑高耸构筑物和建筑物的竖向结构,如高桥墩、烟囱、高层建筑等。

滑升模板主要由模板系统、操作平台系统、液压提升系统三部分组成,如图4-26所示。模板系统包括模板、围圈、提升架;操作平台系统包括操作平台和吊脚手架;液压提升系统包括支承杆、液压千斤顶、液压控制台、油路系统。

7)爬升模板

爬升模板是在下层墙体混凝土浇筑完毕后,利用提升装置将模板自行提升到上一个楼层,然后浇筑上一层墙体的垂直移动式模板。它由模板、提升架和提升装置三部分组成。图4-27是利用电动葫芦作为提升装置的外墙面爬升模板结构示意图。

爬升模板是将大模板工艺和滑升模板工艺相结合,既保持了大模板施工墙面平整的优点,又保持了滑膜利用自身设备使模板向上提升的优点。

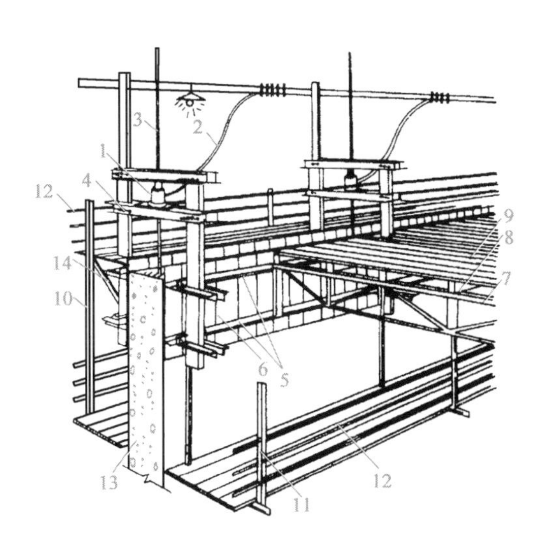

图 4-26　滑升模板构造示意图

1-千斤顶;2-高压油管;3-支承杆;4-提升架;5-上、下围圈;6-模板;7-操作平台桁架;8-搁栅;9-操作平台;10-外吊脚手架;11-内吊脚手架;12-栏杆;13-混凝土墙体;14-外挑脚手架

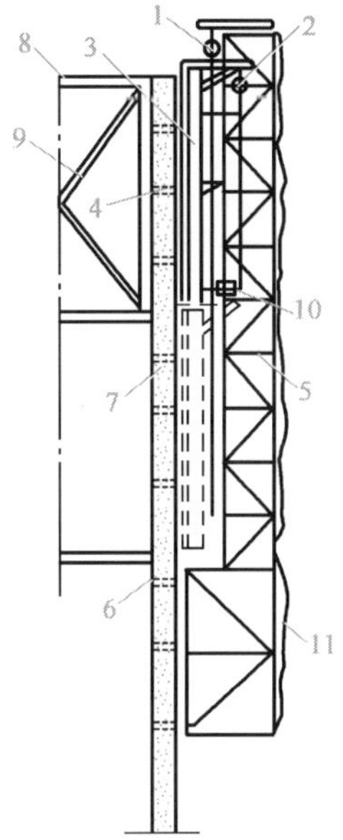

图 4-27　爬升模板结构示意图

1-提升外模板的葫芦;2-提升外爬架的葫芦;3-外爬升模板;4-预留爬架孔;5-外爬模;6-螺栓;7-外墙;8-楼板模板;9-楼板模板支撑;10-模板校正器;11-安全网

8）台模

台模是浇筑钢筋混凝土楼板的一种大型工具式模板。在施工中可以整体脱模和转运，利用起重机从浇筑完的楼板下吊出，转移至上一楼层，中途不再落地，所以也称“飞模”，如图 4-28所示。台模自身整体性好，浇出的混凝土表面平整，施工进度快，适于各种现浇混凝土结构的小开间、小进深楼板。

9）隧道模

隧道模是将楼板和墙体一次支模的工具式模板，相当于将台模和大模板组合起来，用于墙体和楼板的同步施工，如图 4-29 所示。

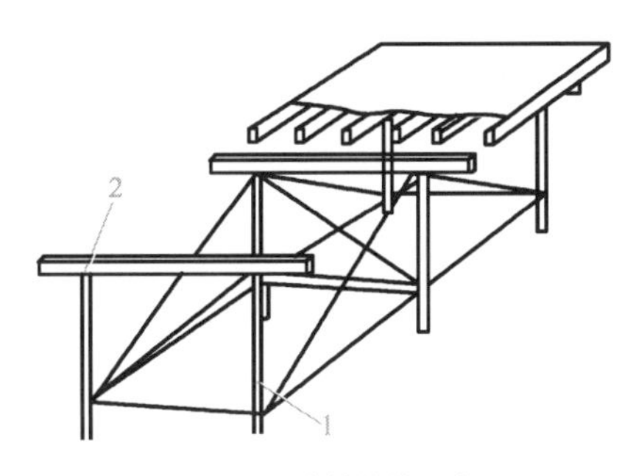

图 4-28　台模结构示意图

1-支腿;2-可伸缩式横梁

图 4-29　隧道模结构图

4.2.3 模板的安装与拆除

1)模板的安装

模板安装在组织上应做好分层分段流水作业,协调竖向结构与横向结构的施工,确定模板安装顺序,以便混凝土浇筑后的模板拆除。

模板与混凝土的接触面应清理干净并涂刷隔离剂,但不得采用影响结构性能或妨碍装饰工程施工的隔离剂。模板安装应做到接缝严密,对木模板在浇筑混凝土前,应浇水湿润,但模板内不应有积水。固定在模板上的预埋件、预留孔洞均不得遗漏,且应安装牢固。浇筑混凝土前,模板内的杂物应清理干净。对整体式多层房屋,分层支模时,上层支撑应对准下层支撑,并铺设垫板。

2)模板的拆除

为了加快模板的周转速度,减少模板的总用量,降低工程造价,模板应尽早拆除,以提高其使用效率。但模板拆除时不得损伤混凝土结构构件,要确保结构安全要求的强度。

现场拆除模板时,应遵守下列原则:

①拆模前应制定拆模程序、拆模方法及安全措施;

②先拆侧面模板,再拆除承重模板;

③大型模板板块宜整体拆除,并应采用机械化施工;

④支承件和连接件应逐件拆卸,模板应逐块拆卸传递,侧模拆除时的混凝土强度应能保证其表面及棱角不受损伤;

⑤模板拆除时,不应对楼层形成冲击荷载;

⑥拆下的模板、支架和配件均应分类、分散堆放整齐,并及时清运。

底模及其支架拆除时的混凝土强度均应符合设计要求。

4.3 混凝土工程

混凝土工程是钢筋混凝土结构工程的一个重要组成部分,其质量好坏直接关系到结构的承载能力和使用寿命。

4.3.1 混凝土的原材料

1)水泥

水泥进场时,必须有产品合格证、出厂试验报告,并应对其品种、级别、包装、出厂日期等进行检查验收,对其强度、安定性及其他必要的性能指标进行复验。当在使用中对水泥质量有怀疑或水泥出厂超过 3 个月(快硬硅酸盐水泥超过 1 个月)时,应进行复验,并按复验结果使用。

水泥入库应按品种、级别、出厂日期分别堆放,并树立标志,严禁混掺使用。为了避免水泥受潮,现场仓库应尽量干燥密闭,袋装水泥存放时应垫高离地。

2)粗细骨料

粗细骨料即石子和砂。粗骨料有碎石和卵石两种。碎石是用天然岩石经破碎过筛而得的粒径大于5mm的颗粒。由自然条件作用在河流、河滩、山谷而形成的粒径大于5mm的颗粒，称为卵石。细骨料一般采用洁净的河砂。混凝土骨料要质地坚固、颗粒级配良好、含泥量要小，有害杂质含量要满足国家有关标准要求。

3）水

拌制混凝土宜采用饮用水，当采用其他水源时，水质应符合国家现行标准。

4）外加剂

在混凝土中掺入少量的外加剂，可改善混凝土的性能，加速工程进度或节约水泥，满足混凝土在施工和使用中的一些特殊要求，保证施工顺利进行。

（1）早强剂

早强剂可以提高混凝土的早期强度，从而加速模板周转，加快工程进度，节约冬期施工费用。

（2）减水剂

减水剂在保证混凝土能顺利浇筑的前提下，显著减少拌和用水、改善混凝土的和易性、节约水泥、提高混凝土强度。

（3）缓凝剂

缓凝剂是一种能延迟水泥水化反应，从而延长混凝土凝结时间的外加剂。主要用于大体积混凝土和气候炎热地区的混凝土施工及长距离运输、浇筑时间紧张的混凝土施工工程中。

（4）抗冻剂

抗冻剂是能够降低混凝土中水的冰点的一种外加剂，也就是在混凝土中起到延迟水泥的冻结，保证混凝土强度在负温条件下能继续增长的作用。

（5）加气剂

加气剂能在混凝土中产生大量微小的封闭气泡，以改善混凝土的和易性，提高抗冻和抗渗性能，掺有加气剂的混凝土还可用作灌浆混凝土。

（6）防锈剂

防锈剂掺入混凝土以后减少金属失去电子的趋势，从而起到防锈的目的。在混凝土中掺有氯盐等可腐蚀钢筋的外加剂时，往往同时使用防锈剂。

5）掺合料

在混凝土中加入适量的掺合料，既可以节约水泥，降低混凝土的水泥水化总热量，也可以改善混凝土的性能。尤其是在高性能混凝土中，掺入一定的外加剂和掺合料，是实现其有关性能指标的主要途径。常见的掺合料有粉煤灰、磨细矿渣、硅粉、石灰石粉等。掺合料的使用要服从设计要求，掺量要经过试验确定，一般为水泥用量的5%～40%。

4.3.2　混凝土的和易性及强度

1）混凝土的和易性

混凝土的和易性是指混凝土拌和后既便于浇筑，又能保持其匀质性，不出现离析现象，即具有一定的黏聚性和流动性。混凝土的黏聚性和水泥用量有关。混凝土的流动性一般用坍落度值来表示，随着结构特点、使用部位、施工方法、气候条件等因素的变化而变化。

2）混凝土的强度

现行《混凝土结构设计规范》(GB 50010)规定的混凝土强度等级，是按立方体抗压强度标准值确定的，用符号C表示，共14个等级，即C15、C20、C25、C30、C35、C40、C45、C50、C55、C60、C65、C70、C75、C80。符号C后面的数字表示以N/mm^2（即MPa）为单位的立方体强度标准值。其中，C50～C80属于高强度混凝土。

4.3.3 混凝土施工配料

混凝土的施工配合比是将混凝土的试验配合比换算成考虑了砂石含水率条件下的施工配合比。

若混凝土的实验室配合比为水泥：砂：石：水＝$1:s:g:w$，现场测出砂的含水率为w_s，石的含水率为w_g，则换算后的施工配合比为

$$1:s(1+w_s):g(1+w_g):(w-sw_s-gw_g)$$

也就是说，在保证水灰比不变的前提下，拌制混凝土的用水量要减去砂、石中的含水量。

4.3.4 混凝土的搅拌

1）搅拌机

图4-30 自落式搅拌机

目前普遍使用的搅拌机根据搅拌机理可分为自落式搅拌机和强制式搅拌机两大类。

(1)自落式搅拌机

反转出料式搅拌机是一种应用较广的自落式搅拌机，如图4-30所示。其工作特点是正转搅拌、反转出料，结构较简单。

(2)强制式搅拌机

强制式搅拌机是利用拌筒内运动着的叶片强迫物料朝着各个方向运动，由于各物料颗粒的运动方向、速度各不相同，相互之间产生剪切滑动而相互穿插、扩散，从而在很短的时间内使物料拌和均匀，如图4-31所示。

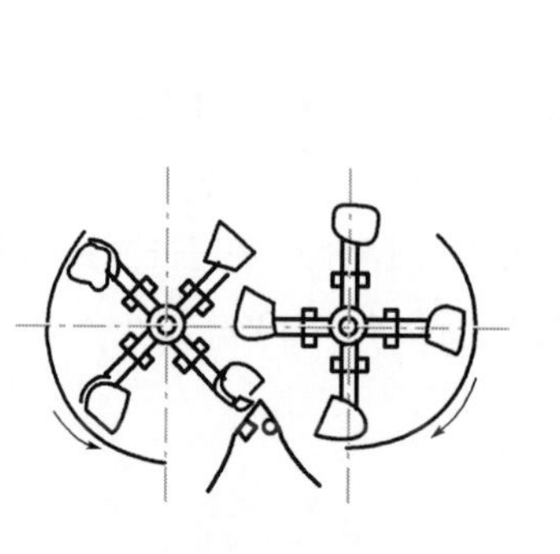

a)搅拌机构示意图

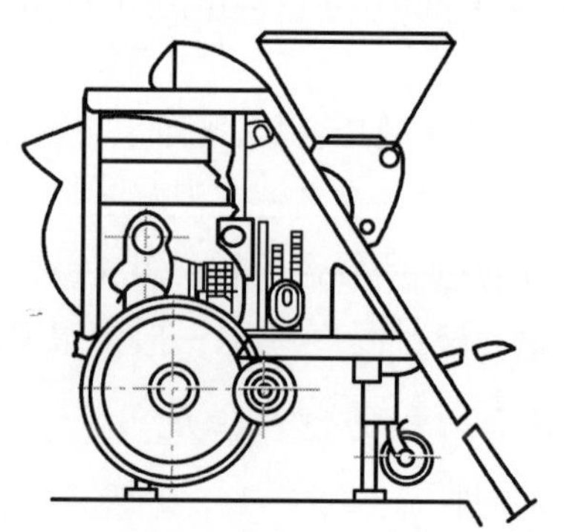

b)外形图

图4-31 强制式搅拌机

2）搅拌制度

为了获得均匀优质的混凝土拌和物，必须合理确定搅拌制度。具体内容包括搅拌时间、投料顺序和进料容量等。

（1）搅拌时间

搅拌时间是指从原材料全部投入搅拌筒算起，到开始卸料为止所经历的时间。混凝土搅拌时间是影响混凝土质量和搅拌机生产效率的一个主要因素。搅拌时间短，混凝土搅拌不均匀，会影响混凝土的强度；搅拌时间过长，混凝土的匀质性并不能显著增加，反而使混凝土和易性降低且影响混凝土搅拌机的生产效率。混凝土最短搅拌时间与搅拌机的类型和容量、骨料的品种、对混凝土流动性的要求等因素有关，应符合表4-1的规定。

混凝土搅拌的最短时间（单位：s）　　表4-1

混凝土的坍落度（cm）	搅拌机机型	搅拌机容量（L）		
		<250	250～500	>500
≤3	自落式	90	120	150
	强制式	60	90	120
>3	自落式	90	90	120
	强制式	60	60	90

（2）投料顺序

目前采用的投料顺序有一次投料法、二次投料法等。

①一次投料法：这是目前最广泛使用的一种方法，也就是将砂、石、水泥依次放入料斗后再和水一起进入搅拌筒进行搅拌。这种方法工艺简单、操作方便。

②二次投料法：二次投料法分两次加水，两次搅拌。搅拌时，先将全部的石子、砂子和70%的拌和水倒入搅拌机，拌和15s使骨料湿润，再倒入全部水泥进行造壳搅拌30s左右，然后加入30%的拌和水再进行糊化搅拌60s左右即完成。与普通搅拌工艺相比，二次投料法可使混凝土强度提高10%～20%，或节约水泥5%～10%。在我国推广这种新工艺，有巨大的经济效益。

3）进料容量

进料容量是将搅拌前各种材料的体积累积起来的数量，又称干料容量。进料容量与搅拌机搅拌筒的几何容量有一定的比例关系，一般情况下为0.22～0.40，若超载（进料容量超过10%以上），就会使材料在搅拌筒内无充分的空间进行掺和，从而影响混凝土拌和物的均匀性；反之，装料过少，则不能充分发挥搅拌机的性能。

4.3.5　混凝土的运输

1）运输的基本要求

①混凝土在运输过程中应保持其匀质性，不分层、不离析、不漏浆，运到浇筑地点后应具有规定的坍落度，并保证有充足的时间进行浇筑和振捣。

②混凝土应以最少的运转次数和最短的时间从搅拌地点运至浇筑现场，并在初凝前浇筑完毕。

③混凝土倾倒高度超过2m时，应采用串筒或溜槽，如图4-32所示。

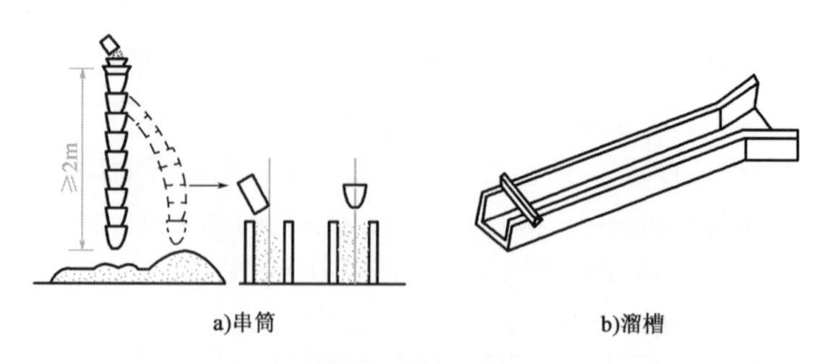

a)串筒　　b)溜槽

图4-32　串筒与溜槽

2）运输工具

混凝土的运输工具很多，根据工程情况和设备配置选用。

手推车主要用于短距离水平运输，具有轻巧、方便的特点，其容量为0.07～$0.1m^3$。

机动翻斗车是一种轻便灵活的水平运输机械，如图4-33所示，适用于与400L混凝土搅拌机配合，作短距离运输混凝土使用。

自卸汽车也是混凝土水平运输工具之一，如图4-34所示。

混凝土搅拌运输车是一种用于长距离运输混凝土的施工机械，如图4-35所示。在整个运输过程中，混凝土搅拌筒始终在做慢速转动，从而使混凝土在长途运输后仍不会出现离析现象，以保证混凝土的质量。

图4-33　机动翻斗车

图4-34　自卸汽车

图4-35　混凝土搅拌运输车

井架运输机主要用于多层或高层建筑施工中混凝土的垂直运输，如图4-36所示。

塔式起重机是高层建筑施工中垂直和水平的主要运输机械，把它和一些浇筑用具配合起来，可很好地完成混凝土的运输任务，如图4-37所示。

混凝土输送泵是一种有效的混凝土运输和浇筑工具，它以泵为动力，沿管道输送混凝土，可以一次完成水平及垂直运输，将混凝土直接输送到浇筑地点，如图4-38所示。

4.3.6　混凝土的浇筑成型

混凝土的浇筑成型要保证混凝土的密实性，要保证结构的整体性、尺寸准确和钢筋、预埋件的位置正确，拆模后混凝土表面要平整、密实。

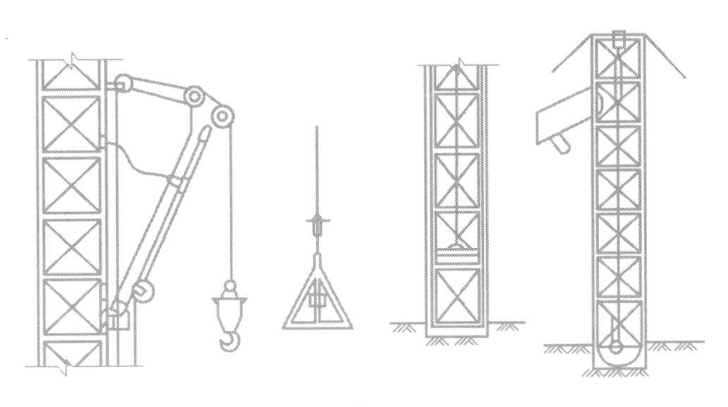

图4-36　井架运输机

图4-37　塔式起重机

图4-38　混凝土输送泵车

1)混凝土浇筑

(1)浇筑前的准备工作

混凝土浇筑前应检查模板的高程、尺寸、位置、强度、刚度等是否满足要求,模板接缝是否严密;钢筋预埋件的位置、型号、规格、摆放位置、保护层厚度等是否满足要求,并做好隐蔽工程;模板中的垃圾应清理干净;木模板应浇水湿润。

(2)混凝土浇筑的一般规定

①混凝土应在初凝前浇筑。

②为避免混凝土发生离析现象,混凝土自高处倾落的自由高度不应超过2米。自由下落高度较大时,应使用溜槽或串筒。

③在浇筑竖向结构混凝土前,应先在底部填以50~100mm厚且与混凝土成分相同的水泥砂浆,以避免构件下部由于砂浆含量减少而出现蜂窝、麻面、露石等质量缺陷。

④为保证混凝土密实,混凝土必须分层浇筑、分层捣实。

⑤为保证混凝土的整体性,混凝土浇筑应连续进行。若间歇时间超过混凝土的初凝,则应在混凝土浇筑前确定在适当的位置留设施工缝,如图4-39、图4-40所示。

(3)浇筑方法

①多层、高层钢筋混凝土框架结构的浇筑

施工时,首先要在竖向上划分施工层,平面尺寸较大时还要在横向上划分施工段。每层施工段施工时,混凝土的浇筑顺序是先浇柱、后浇梁、板。浇筑一排柱子时,应从两端向中间推进。柱在浇筑前先铺一层50~100mm厚且与混凝土成分相同的水泥砂浆,以免底部产生蜂窝现象;在浇筑到适当高度时,适量减少混凝土的配合比用水量。

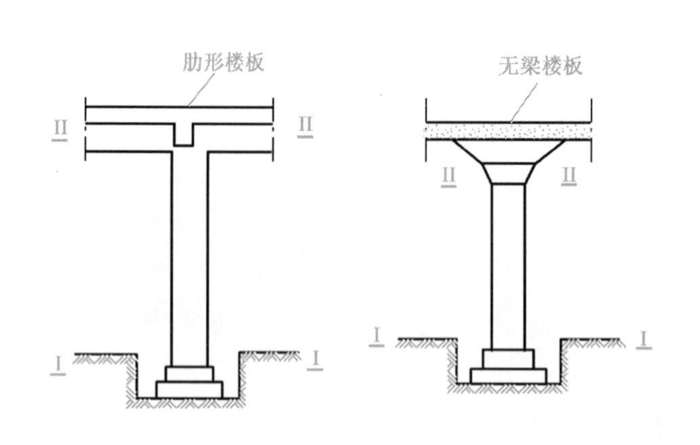

图 4-39　浇筑柱的施工缝留设

注:I-I、II-II 表示施工缝的位置

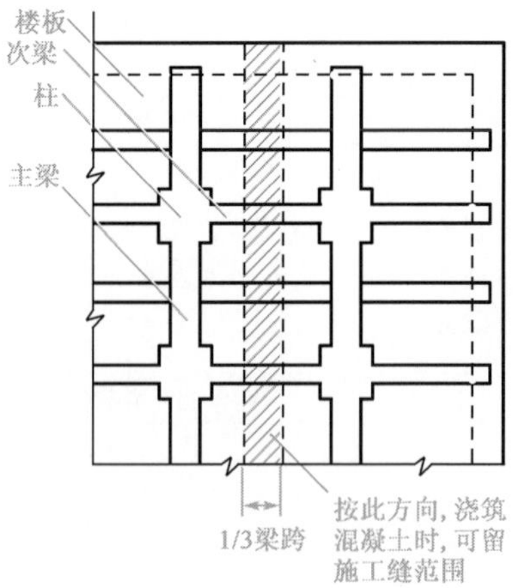

图 4-40　有主次梁楼板施工缝留设

②大体积混凝土的浇筑

大体积混凝土浇筑方案一般分为全面分层、斜面分层和分段分层三种,如图 4-41 所示。目前应用较多的是斜面分层法。

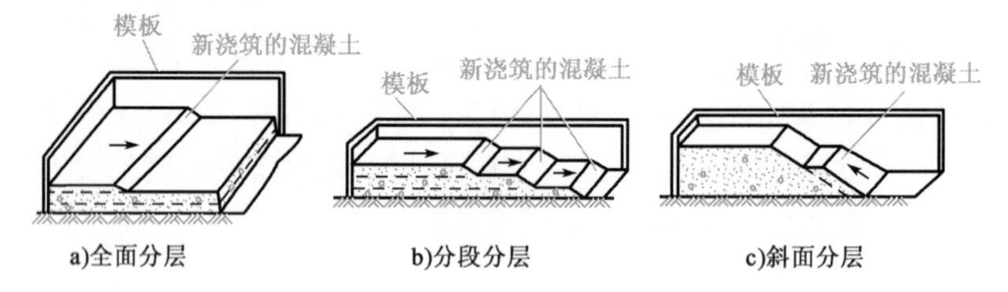

图 4-41　大体积基础混凝土浇筑方案

③水下混凝土的浇筑

水下浇筑混凝土,目前多采用导管法,如图 4-42 所示。

2) 混凝土的振捣

为了使混凝土具有足够的密实度,必须对混凝土进行捣实,使混凝土构件外形正确、表面平整、强度和其他性能符合设计及使用要求,在施工工地主要使用内部振动器和表面振动器。

(1) 内部振动器

内部振动器又称为插入式振动器(振动棒),多用于振捣现浇基础、柱、梁、墙等结构构件和厚大体积设备基础的混凝土捣实,如图 4-43 所示。

采用插入式振动器捣实混凝土时,振动棒宜垂直插入混凝土中,为使上、下层混凝土接合成整体,振动棒应插入下层混凝土 50mm。振动器移动间距不宜大于作用半径的 1.5 倍;振动器距离模板不应大于振动器作用半径的 1/2;并应避免碰撞钢筋、模板、吊环或预埋件等,插点的布置如图 4-44 所示。

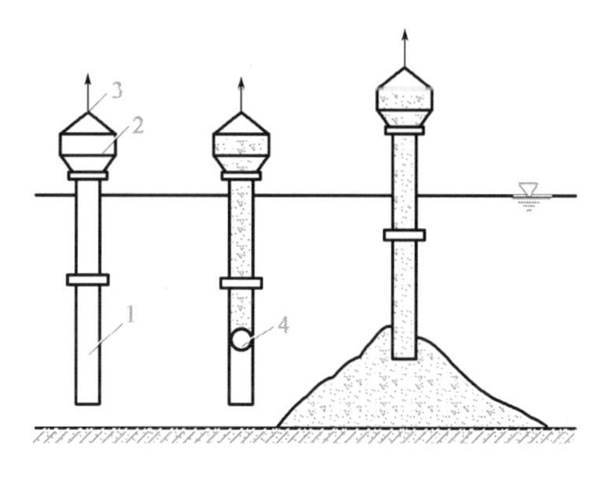

图 4-42　导管法水下混凝土浇筑

1-导管；2-承料漏斗；3-提升机具；4-球塞

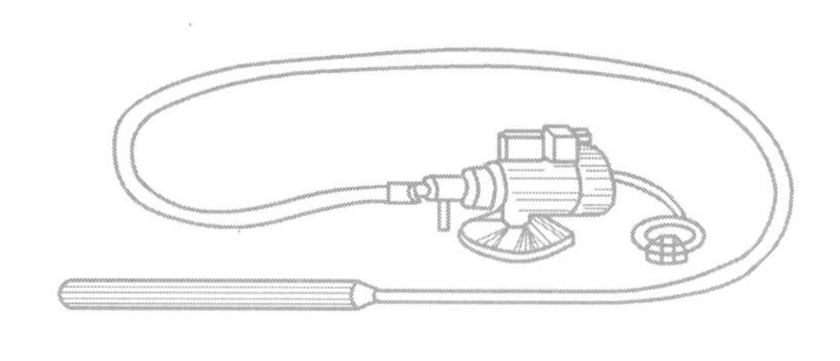

图 4-43　插入式振动器

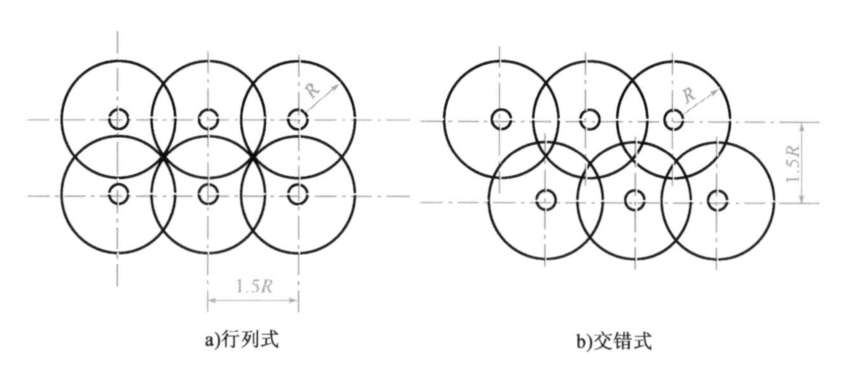

a)行列式　　b)交错式

图 4-44　插入式振动器的插点排列

振捣泵送混凝土时，振动器移动间距宜为 400mm 左右，振捣时间宜为 15 ~ 30s，且间隔 20 ~ 30min 后，进行第二次复振。

(2) 表面振动器

表面振动器又称为平板式振动器，是将振动器安装在地板上，振动时将振动器放在浇好的混凝土表面，振动力通过底板传给混凝土，如图 4-45 所示。使用时振动器底板与混凝土接触，每一个位置振捣到混凝土不再下沉为止，再移动到下一个位置。平板振动器的移动间距应能保证振动器的底板覆盖已振实部分的边缘。

图 4-45　平板式振动器

4.3.7　混凝土的养护

混凝土成型后，为保证混凝土在一定时间内达到设计要求的强度，并防止产生收缩裂缝，应及时做好混凝土的养护工作。

1) 自然养护

自然养护是在常温下(平均气温不低于 5℃)用适当的材料(如草帘)覆盖混凝土，并适当浇水,使混凝土的水泥水化作用在所需的适当温度和湿度条件下顺利进行。自然养护又分为覆盖浇水养护和塑料薄膜养护。

(1)覆盖浇水养护

覆盖浇水养护是指混凝土在浇筑完毕后3~12h内,可选用草帘、芦席、麻袋等适当的材料将混凝土表面覆盖,并经常浇水使混凝土表面处于湿润状态的养护方法,如图4-46所示。

(2)塑料薄膜养护

塑料薄膜养护就是以塑料薄膜为覆盖物,使混凝土表面与空气隔绝,可防止混凝土内的水分蒸发,水泥依靠混凝土中的水分完成水化作用而凝结硬化,从而达到养护的目的,如图4-47所示。

图4-46　预制构件覆盖浇水养护

图4-47　排桩的塑料薄膜保湿养护

2)蒸汽养护

蒸汽养护是将构件放在充有饱和蒸汽或蒸汽空气混合物的养护室内,在较高的温度和一定湿度的环境中进行养护,以加快混凝土的硬化,如图4-48所示。

图4-48　蒸汽养护

【知识拓展】

清水混凝土技术

在我国,清水混凝土随着混凝土结构的发展不断发展。近年来,在海南三亚机场、首都机场、上海浦东国际机场航站楼、东方明珠的大型斜筒体等工程采用清水混凝土,标志着我国清水混凝土技术日益成熟。特别是被建设部科技司列为“中国首座大面积清水混凝土建筑工程”的联想研发基地,更是标志着我国清水混凝土已发展到了一个新的阶段，是我国清水混凝土发展历史上的一座重要里程碑。

1)概述

清水混凝土是对混凝土成型后的表面颜色、气泡、裂缝、耐久性都有严格要求的混凝土，属于高性能混凝土的范畴，即指竣工的建(构)筑物表面不经任何附加的装饰，而直接由结构主体混凝土本身的自然质感作为装饰面的混凝土，如图4-49所示。

通常清水混凝土可分为以下三种：

①普通清水混凝土：混凝土硬化干燥后表面的颜色均匀、且其平整度及光洁度均高于国家验收规范的混凝土。

②饰面清水混凝土：以混凝土硬化后本身的自然质感和精心设计、精心施工的对拉螺栓孔眼、明缝、蝉缝组合形成自然状态作为饰面效果的混凝土。

③装饰清水混凝土：利用混凝土的拓印特性在混凝土表面形成装饰图案或预留、预埋装饰物的原色或彩色混凝土。

图4-49 清水混凝土建筑物

2)清水混凝土施工技术

(1)清水混凝土的配置

清水混凝土应使用同一种原材料和相同的配合比，混凝土拌和物应具有良好的和易性、不离析、不泌水。

(2)清水混凝土模板

为了使清水混凝土表面光滑无气泡，应根据不同构件、不同强度等级的混凝土，选用不同材质的模板，而脱模剂除了起到脱模作用外，还不影响混凝土的外观。

(3)清水混凝土的浇筑

混凝土必须连续浇筑，施工缝应留设在明缝处，避免因产生冷缝而影响混凝土的观感质量；掌握好混凝土振捣时间，以混凝土表面呈现均匀的水泥浆、不再有显著下沉和大量气泡上冒为止；为减少混凝土表面气泡，宜采用二次振捣工艺，第一次在混凝土浇筑入模后振捣，第二次在第二层混凝土浇筑前再进行，顶层混凝土一般在0.5h后进行二次振捣。

(4)清水混凝土的养护

清水混凝土拆模后应及时养护，以减少混凝土表面出现色差、收缩裂缝等现象。清水混凝土常采取覆盖塑料薄膜或阻燃草帘并与洒水养护相结合的方法，拆模前和养护过程中均应经常洒水保持湿润，养护时间不少于7d。冬期施工时若不能洒水养护，可采用涂刷养护剂与塑料薄膜、阻燃草帘相结合的养护方法，养护时间不少于14d。

(5)清水混凝土的成品保护

后续工序施工时，要注意对清水混凝土的养护，不得碰撞及污染混凝土表面。在混凝土交工前，用塑料薄膜养护外墙，以防污染，对易被碰触的部位及楼梯、预留洞口、柱、门边、阳角等处，拆模后可钉薄木条或粘贴硬塑料条加以保护。另外还要加强教育，避免人为污染或损坏。

(6)清水混凝土表面修复

一般的观感缺陷可以不予修补，确需修补时，应遵循以下原则：修补应对不同部位及不同状况的缺陷而采取有针对性的不同修补方法；修补腻子的颜色应与清水混凝土基本相同；修补时要注意对清水混凝土成品的保护；修补后应及时洒水养护。

(7)透明涂料的涂刷

施工完成后，可在清水混凝土表面涂刷一种高耐久性的且在常温下固化的氟树脂涂料，以形成透明保护膜，它可使表面的质感及颜色均匀，从而起到增强混凝土耐久性并保持混凝土自然纹理和质感的作用。

思考与练习

4-1　钢筋的连接可以分为几种形式?

4-2　试述钢筋的焊接方法。

4-3　简述钢筋机械连接方法。

4-4　模板按施工方法可以分为哪几类?

4-5　组合钢模板的连接件有哪些?

4-6　简述大模板和滑升模板的组成。

4-7　简述外加剂的种类和作用。

4-8　混凝土的搅拌制度的含义是什么? 什么是一次投料和二次投料,二者各有什么特点?

4-9　什么是混凝土的施工缝,对施工缝的留置位置有什么要求?

4-10　为什么要进行混凝土的振捣,振捣的方法有哪些?

4-11　混凝土的养护方法有哪些?

单元5　预应力混凝土结构工程施工

预应力混凝土是在结构或构件承受使用荷载之前，利用钢材的弹性，预先对混凝土的受拉区施加压应力，以提高混凝土的抗裂度和刚度，增加结构的稳定性。预应力混凝土的施工方法，按施工顺序分为先张法和后张法；按预应力筋与混凝土的黏结状态，分为有黏结预应力混凝土和无黏结预应力混凝土等。

5.1 预应力筋

预应力结构对预应力筋的要求是强度高、塑性较好、焊接性能较好、与混凝土有良好的黏结性能以及低松弛等。预应力筋目前以钢材为主，近年来，也发展了非钢材预应力筋，比如FRP筋（连续纤维增强复合塑料）等。

预应力钢筋按材料类型可分为高强钢丝、钢绞线、高强度粗钢筋等。其中，钢绞线与钢丝应用最多。

5.1.1 预应力高强钢丝

预应力高强钢丝是用优质高碳钢盘条经酸洗、镀铜或磷化后冷拔而成的钢丝总称。预应力钢丝根据深加工要求不同，可分为冷拔低碳钢丝和碳素钢丝两类；按表面形状不同，可分为光圆钢丝、刻痕钢丝和螺旋肋钢丝。

1）冷拔低碳钢丝

冷拔低碳钢丝是经冷拔后直接用于预应力混凝土的钢丝。这种钢丝存在残余应力，屈服强度比较低，伸长率小，仅用于铁路轨枕、压力水管、电杆等。

2）碳素钢丝

碳素钢丝是由高碳钢盘条经淬火、酸洗、拉拔制成。为了消除钢丝拉拔中产生的内应力，还需经过矫直回火处理。钢丝直径一般为3～8mm，最大为12mm，其中3～4mm直径钢丝主要用于先张法，5～8mm直径钢丝用于后张法。钢丝强度高，表面光滑，施工方便。

3）刻痕钢丝

刻痕钢丝是用冷轧或冷拔方法，使钢丝表面产生周期变化的凹痕或凸纹的钢丝。这种钢丝增加了与混凝土的握裹力，可用于先张法预应力混凝土构件，如图5-1所示。

5.1.2 预应力钢绞线

预应力钢绞线（图5-2）是由多种冷拉钢丝在绞线机上呈螺旋形绞和，并经消除应力回火处理而成。钢绞线的强度大，柔性好，施工方便，得到广泛应用。

钢绞线根据深加工要求不同又可分为标准型钢绞线、刻痕钢绞线和模拔钢绞线。

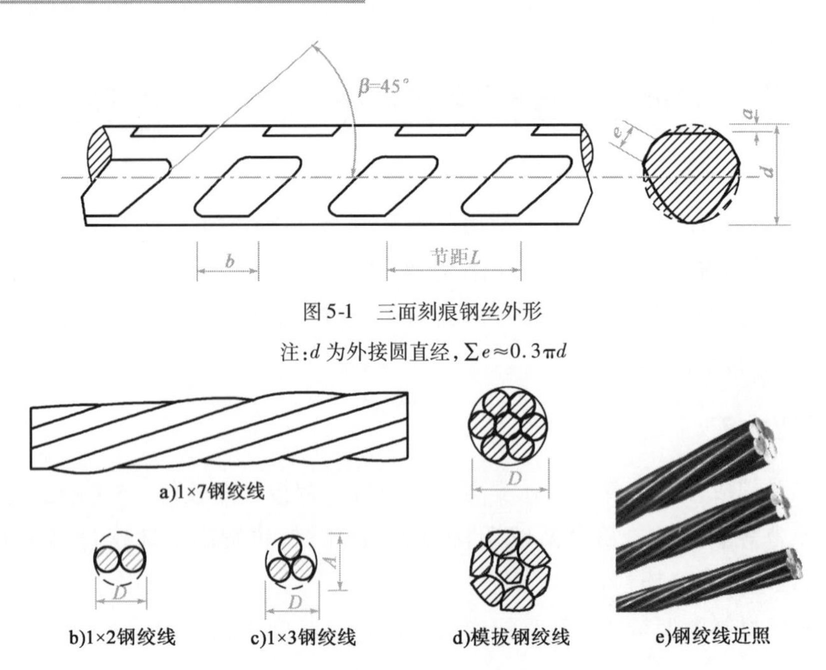

图 5-1　三面刻痕钢丝外形

注：d 为外接圆直径，$\sum e \approx 0.3\pi d$

图 5-2　预应力钢绞线

D-钢绞线测量公称直径；A-1 ×3 钢绞线测量尺寸

1）标准型钢绞线

标准型钢绞线即消除应力钢绞线。常用低松弛钢绞线制成，其力学性能优异、质量稳定、价格适中，是我国土木建筑工程中用途最广，用量最大的一种预应力钢筋。

2）刻痕钢绞线

刻痕钢绞线（图 5-3）是由刻痕钢丝捻制成的钢绞线，可增加钢绞线与混凝土的握裹力。其力学性能与低松弛钢绞线相同。

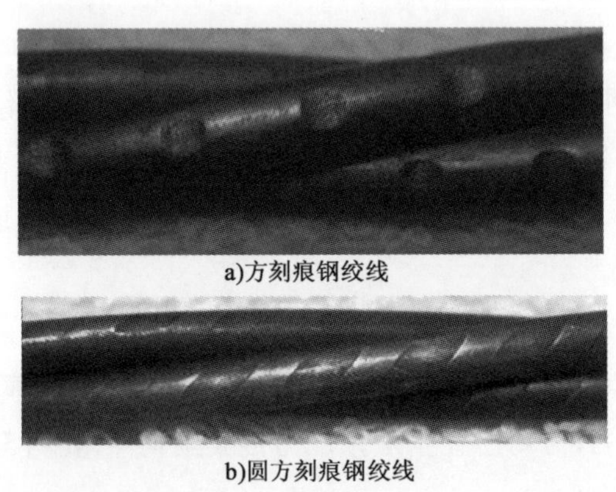

图 5-3　刻痕钢绞线

3）模拔钢绞线

模拔钢绞线是在捻制成型后，再经模拔处理制成。这种钢绞线内的钢丝在模拔时被挤压，各根钢丝成为面接触，使钢绞线的密度提高 18%。在截面面积相同时，该钢绞线的外径较小，可减小孔道直径;在相同直径的孔道内,可使钢绞线的数量增加,而且它与锚具的接触面较大,易于锚固。

5.1.3　预应力粗钢筋

1)冷拉钢筋

冷拉钢筋是将 HRB335、HRB400、HRB500 级热轧低合金钢筋在常温下通过张拉到超过屈服点的某一应力,使其产生一定的塑性变形后卸载,再经时效处理而成。这样的钢筋塑性和弹性模量有所降低而屈服强度有所提高,抗拉设计强度在 400 ~ 750MPa 之间,可直接用作预应力筋。

2)热处理钢筋

热处理钢筋是由普通热轧中碳合金钢筋,经淬火和回火调质热处理制成。具有高强度、高韧性和高黏结力等优点,直径为 6 ~ 10mm。成品钢筋为直径 2m 的弹性盘卷,开盘后自行伸直,每盘长度为 100 ~ 120m。

3)精轧螺纹钢筋

精轧螺纹钢筋(图 5-4)是用热轧方式在钢筋表面上轧出不带肋的螺纹外形。钢筋接长用连接螺纹套筒,端头锚固用螺母。这种高强度钢筋具有锚固简单、施工方便、无需焊接等优点。

图 5-4　精轧螺纹钢筋

5.2　先张法施工

预应力混凝土工程中,先张拉预应力筋,后浇筑混凝土的施工方法,称为先张法施工。该方法具有钢筋和混凝土之间黏结可靠度高、质量易保证、节省锚具、经济效益高等优点;缺点是生产占地面积大,不适宜于跨度大、重量大的构件。

5.2.1　先张法施工工艺

先张法预应力混凝土构件一般在预制厂台座上生产,其施工步骤是在浇筑混凝土前张拉预应力筋,并将张拉的预应力筋临时固定在台座上,然后浇筑混凝土,经养护,当混凝土强度达到强度标准值 75% 以上,预应力筋与混凝土之间具有足够的黏结力之后,在端部放松预应力筋,使混凝土产生预压应力。其主要工艺顺序如图 5-5 所示。

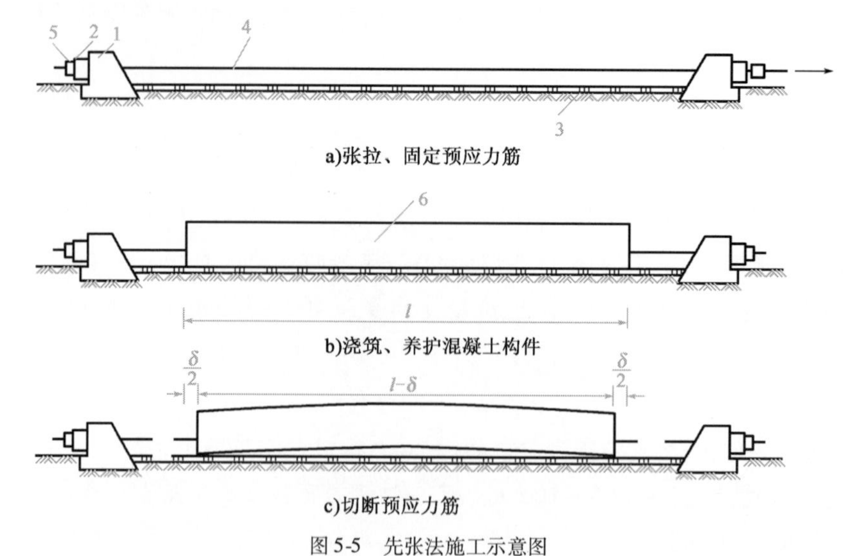

图5-5 先张法施工示意图

1-台座;2-横梁;3-台面;4-预应力筋;5-锚固夹具;6-混凝土构件

1)预应力筋张拉

预应力筋的张拉应根据设计要求严格按张拉程序进行。

(1)张拉程序

预应力筋张拉程序一般可按下列程序之一进行:

$$0 \longrightarrow 105\%\sigma_{con} \xrightarrow{\text{持荷 2min}} \sigma_{con}$$

或者

$$0 \longrightarrow 103\%\sigma_{con}$$

采用上述张拉程序的目的是为了减少预应力松弛损失。应力松弛是钢材的一种特性,即钢材在常温、高应力状态下具有不断产生塑性变形的特性。应力松弛损失的大小跟控制应力和延续时间有关。控制应力越高,松弛损失越大。应力延续时间越长,损失也越大,但是应力松弛可在1min内完成应力损失的50%,24h可完成80%。上述张拉程序,先超张拉5% σ_{con}。再持荷2min,则可减少大部分松弛损失。超张拉3% σ_{con},也是为了弥补松弛引起的预应力损失。

(2)预应力筋张拉的注意事项

①做好材料、设备检查,并做好预应力筋张拉记录。

②在已张拉钢筋(丝)上进行绑扎钢筋、安装预埋铁件、安装模板等操作时,要防止踩踏、敲击或碰撞钢丝。

③张拉要缓慢进行,顶紧锚塞时,用力不要过猛,以防钢丝折断,在拧紧螺母时,应注意压力表读数始终保持所需的张拉力。

④预应力筋张拉完毕后,设计位置的偏差不得大于5mm,也不得大于构件截面最短边长的4%。

⑤台座两端应有防护设施，两端严禁站人，也不准进入台座。

2）预应力值校核

钢丝张拉时，伸长值不作校核。张拉锚固后，用钢丝内力测定仪反复测定4次，取后3次的平均值为钢丝内力。其允许偏差为设计规定预应力值的±5%。每工作班检查预应力筋总数的1%，且不少于3根。

钢绞线张拉时，一般采用张拉力控制、伸长值校核。张拉时预应力筋的实际伸长值与理论伸长值的允许偏差为±6%。

3）混凝土施工

预应力筋张拉完成后，立刻进行钢筋绑扎、模板支设和混凝土浇筑。混凝土应采用低水灰比，控制水泥用量和骨料级配，以减少混凝土的收缩和徐变，减少预应力损失。混凝土的浇筑必须一次完成，不允许留设施工缝。应振捣密实，振捣设备不得碰撞预应力筋。

混凝土可采用自然养护或蒸汽养护。若采用在台座上进行蒸汽养护，应注意温度升高后，预应力筋膨胀而台座长度无变化引起的预应力损失。因此，混凝土达到一定强度之前，温差不能太大（一般不能超过20℃）。

4）预应力筋放张

（1）放张要求

放张预应力筋时，混凝土强度必须符合设计要求。当设计无要求时，不得低于设计的混凝土强度标准值的75%。过早放张会引起较大的预应力损失或产生预应力筋滑动。放张前应对同条件养护混凝土试块进行试压，以确定混凝土的实际强度。

（2）放张顺序

预应力筋的放张顺序应符合设计要求。若设计无规定，可按下列要求进行：

①轴心受预压的构件（如拉杆、桩等），所有预应力筋应同时放张；

②偏心受预压的构件（如梁等），应先同时放张预压力较小区域的预应力筋，再同时放张预压力较大区域的预应力筋；

③如不能满足前两项要求，应分阶段、对称、交错地放张，以防止在放张过程中构件产生弯曲、裂纹和预应力筋断裂。

（3）放张方法

①粗钢筋放张。预应力粗钢筋的放张应缓慢进行，以防击碎端部混凝土，目前常采用千斤顶放张。放张时拉动单根钢筋后再松开螺母，然后缓慢回油放松。

②预热熔割。对中粗冷拉钢筋制作的镦头预应力筋，可采用氧炔焰预热后熔断放张。放张时，应在烘烤区轮换加热每根钢筋，使其同步升温，此时钢筋内力徐徐下降，外形慢慢伸长，待钢筋出现缩颈，即可切断。此法应注意防止烧伤构件。

③钢丝钳或氧炔焰切割。对板类构件的钢丝或细钢筋，放张时可直接用钢丝钳或氧炔焰切割。放张工作宜从生产线中间处开始，以减少回弹量且有利于脱模；对每一块板，应从外向

内对称放张,以免构件扭转而端部开裂。

5.2.2 先张法施工设备

1) 台座

台座是先张法生产的主要设备,是预应力筋的临时固定支座,承受预应力筋的全部张拉力,故台座应有足够的强度、刚度和稳定性,以避免台座破坏或变形导致的预应力筋张拉失败或预应力损失。

台座按构造形式不同可分为墩式台座、槽式台座和钢模台座。

(1) 墩式台座

墩式台座一般用于生产中小型构件,如屋架、空心板、平板等。其长度一般为100~150m,这样可利用钢丝长的特点,张拉一次可以生产多个构件,既可减少张拉及临时固定工作,又可减少因钢丝滑动或台座变形引起的应力损失,如图5-6所示。

a)墩式台座全景

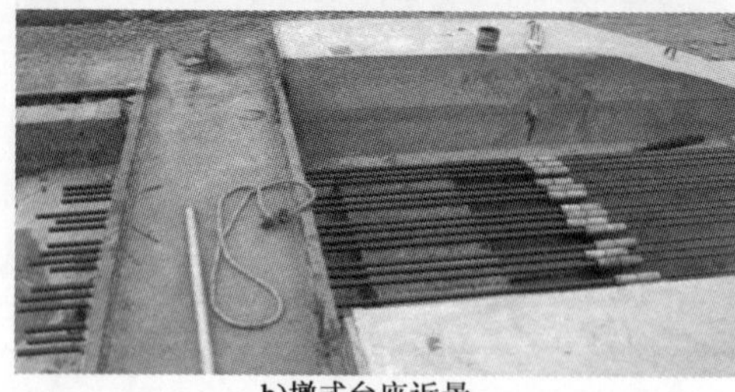
b)墩式台座近景

图5-6 墩式台座

墩式台座基本形式有重力式(图5-7)和构架式(图5-8)两种。重力式台座主要靠台座自重平衡张拉力产生的倾覆力矩;构架式台座主要靠土压力来平衡张拉力所产生的倾覆力矩。

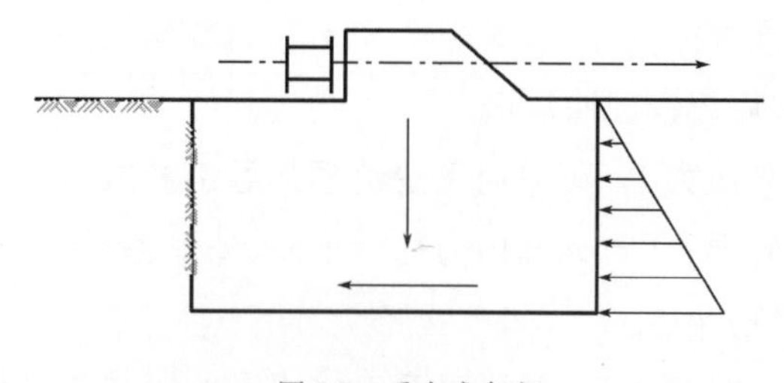
图5-7 重力式台座

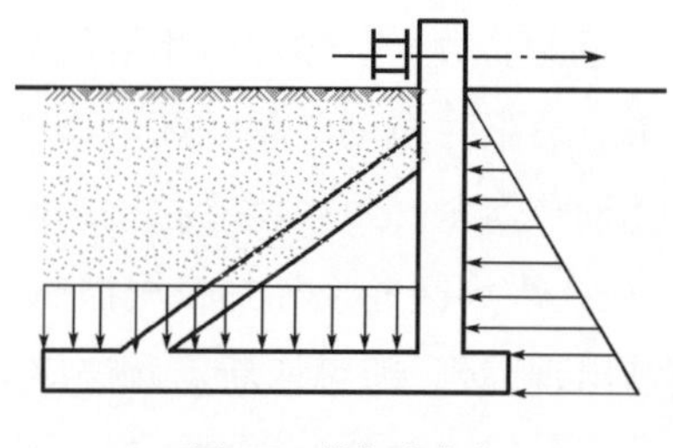
图5-8 构架式台座

(2)槽式台座

生产吊车梁、屋架、箱梁时,由于张拉力和倾覆力矩都很大,一般采用槽式台座。由于它具有通长的钢筋混凝土压杆,因此可承受较大的张拉应力和倾覆力矩。压杆上加砌砖墙,加盖后可进行蒸汽养护(图5-9),为方便混凝土运输和蒸汽养护,槽式台座一般低于地面。

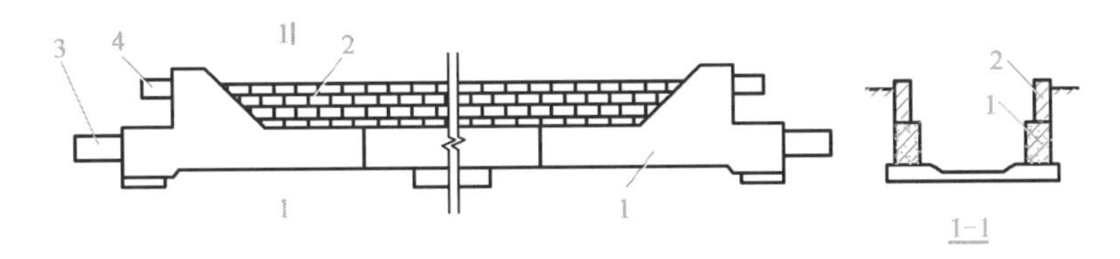

图5-9　槽式台座

1-钢筋混凝土压杆;2-砖墙;3-上横梁;4-下横梁

(3)钢模台座

钢模台座是将制作构件的钢模板做成具有相当刚度的结构,作为预应力筋的锚固支座,将预应力筋直接放在模板上进行张拉。图5-10为箱梁端部钢模板作张拉台座施工图。

2)夹具

(1)张拉夹具

张拉夹具是将预应力筋与张拉机械连起来,进行预应力张拉的工具。常用的有月牙形夹具、偏心式夹具(图5-11)和楔形夹具。

图5-10　箱梁端部钢模板用作张拉台

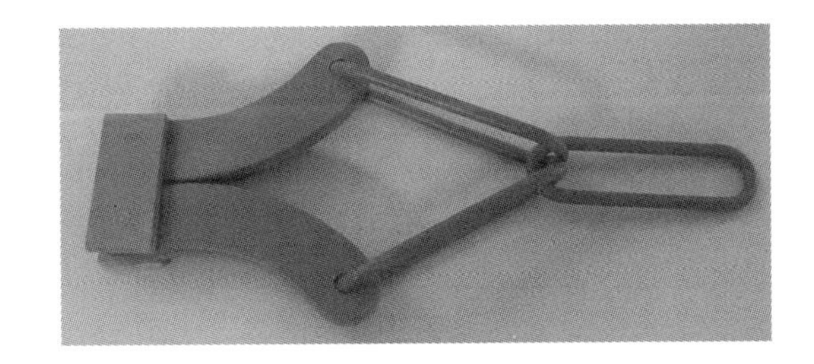

图5-11　偏心式夹具

(2)锚固夹具

锚固夹具是将预应力筋临时固定在台座横梁上的工具。常用的有圆套筒三片式夹具、圆锥齿板式夹具和镦头夹具。

①圆套筒三片式夹具。该种夹具适用于夹持12～14mm的单根钢筋,由中间开圆锥形孔的套筒和三个央片组成,如图5-12所示。

②圆锥齿板式夹具。该种夹具适用于3～5mm的冷拔低碳钢丝和碳素钢丝,由套筒和齿板等组成,如图5-13所示。

③镦头夹具。该夹具适用于具有镦粗头(热镦)的II、III、IV级带肋钢筋,也可用于冷镦的钢丝(图5-14)。

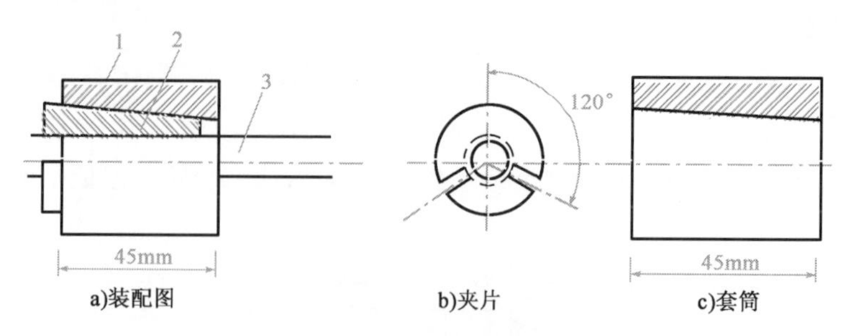

a)装配图　　b)夹片　　c)套筒

图 5-12　圆套筒三片式夹具

1-套筒;2-夹片;3-预应力筋

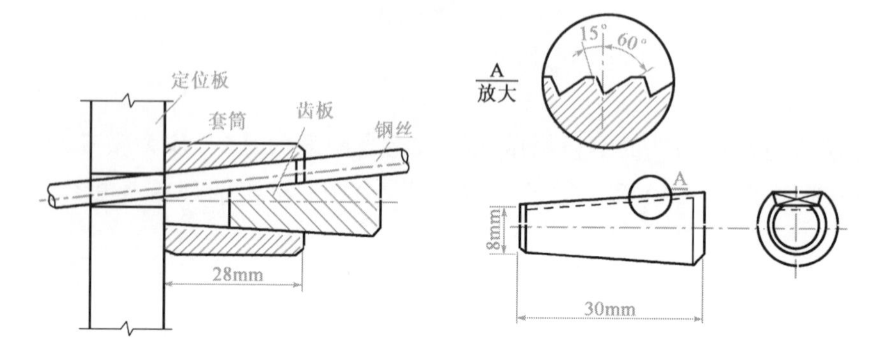

图 5-13　圆锥齿板式夹具

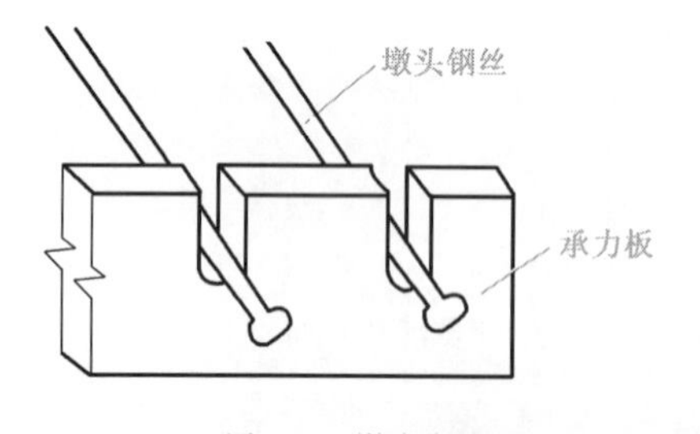

图 5-14　镦头夹具

3)张拉设备

先张法张拉设备分为电动张拉设备和液压张拉设备两类,前者主要包括电动螺杆张拉机和电动卷扬张拉机,现已不多采用,这里不再赘述。常用的液压张拉设备为油压千斤顶。

油压千斤顶可张拉单根预应力筋或多根组成的预应力筋。多根成组张拉时,如图 5-15 所示。

图 5-15　千斤顶、横梁张拉装置

5.3 后张法施工

后张法是先制作构件或结构，待混凝土达到一定强度后，在构件或结构上张拉预应力筋的方法。后张法预应力施工，不需要台座设备，灵活性大，广泛用于构件厂生产大型预应力混凝土预制构件和施工现场就地浇筑预应力混凝土结构。后张法预应力施工可分为有黏结预应力施工和无黏结预应力施工两类。

5.3.1 后张有黏结预应力施工工艺

施工过程见图5-16。混凝土构件或结构制作时，在预应力筋部位预先留设孔道，然后浇筑混凝土并进行养护；制作预应力筋并将其穿入孔道；待混凝土达到设计要求的强度后，张拉预应力筋（图5-17）并用锚具锚固；最后进行孔道灌浆与封锚。这种施工方法通过孔道灌浆，使预应力筋与混凝土相互黏结，减轻了锚具传递预应力作用，提高了锚固可靠性与耐久性，广泛用于主要承重构件或结构。

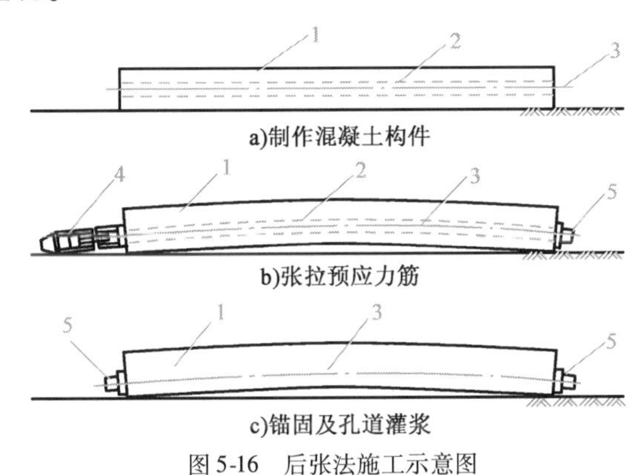

图5-16　后张法施工示意图

1-混凝土构件；2-预留孔道；3-预应力筋；4-千斤顶；5-锚具

1）孔道留设

孔道留设是后张有黏结预应力施工的关键工作。孔道留设方法有钢管抽芯法、胶管抽芯法和预埋波纹管法（图5-18a）。孔道的直径一般比预应力钢筋（束）外径大10～15mm，以利于预应力筋穿入。在留设孔道的同时还要在设计规定的位置留设灌浆孔。一般在构件两端和中间每隔12m留一个直径20mm的灌浆孔，并在构件两端各设一个排气孔。

（1）钢管抽芯法

钢管抽芯法是制作后张法预应力混凝土构件时，在预应力筋位置预先埋设钢管，在混凝土浇筑后，每隔10～15min慢慢转动钢管，使之不与混凝土黏结，待混凝土初凝后、终凝前再将钢管旋转抽出的留孔方法。钢管抽芯法仅适用于留设直线孔道。

（2）胶管抽芯法

胶管有帆布胶管和钢丝网胶管两种。制作混凝土构件时，在预应力筋的位置预先埋设胶管，待混凝土硬结后再将胶管抽出的留孔方法。

胶管抽芯法既可以留设直线孔道，也可以留设曲线孔道。抽管宜先上后下，先曲后直。

(3)预埋波纹管法

波纹管,为特制的带波纹的金属管,如图5-19b)、c)所示,它与混凝土有良好的黏结力。波纹管预埋在混凝土构件中不再抽出,施工方便、质量可靠、张拉阻力小,应用最为广泛。预埋时用间距不大于0.8m的钢筋井字架固定。

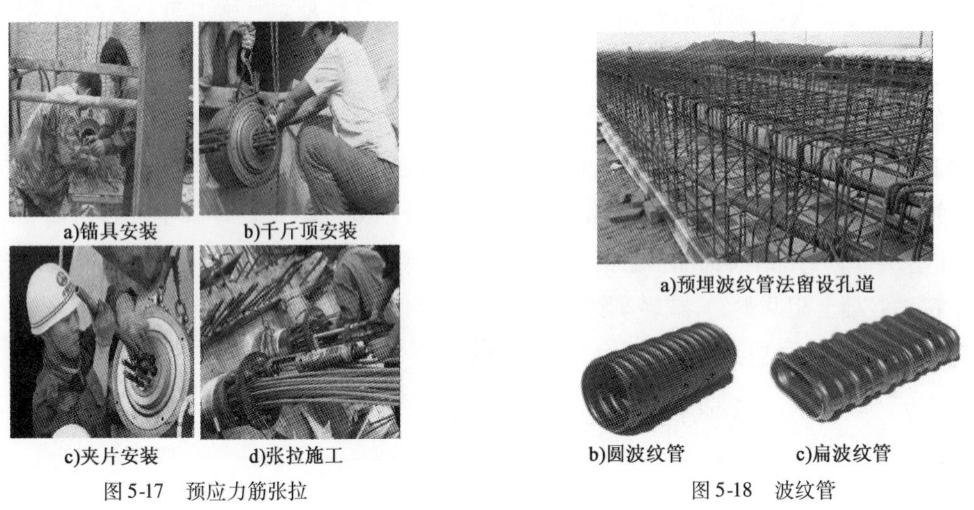

a)锚具安装　b)千斤顶安装　c)夹片安装　d)张拉施工

图5-17　预应力筋张拉

a)预埋波纹管法留设孔道　b)圆波纹管　c)扁波纹管

图5-18　波纹管

除了金属波纹管外,近几年从国外引进了塑料波纹管,具有耐腐蚀性能好、孔道摩擦损失小、可提高后张预应力结构的抗疲劳性能等优点。

(4)留设灌浆孔、排气孔和泌水管

孔道留设时应在孔道两端,设置灌浆孔和排气孔。灌浆孔可设置在锚垫板上或利用灌浆管引至构件外。曲线预应力筋孔道的每个波峰处,应设置泌水管。泌水管伸出梁面的高度不宜小于0.5m,泌水管也可兼作灌浆孔用。

灌浆孔的做法,对一般预制构件,可采用木塞留孔,见图5-19。木塞应抵紧钢管、胶管或波纹管,并应固定,严防混凝土振捣时脱开。对现浇预应力结构金属波纹管留孔,其做法是在波纹管上开口,用带嘴的塑料弧形压板与海绵垫片覆盖并用钢丝扎牢,再接增强塑料管(外径20mm,内径16mm),见图5-20。为保证孔质量,金属波纹管上可先不开孔,在外接塑料管内插一根钢筋,待孔道灌浆后,再用钢筋打穿波纹管。

2)预应力筋的制作

预应力筋的制作,主要根据所用的预应力钢材品种、锚具形式及生产工艺等确定。预应力筋的下料长度应由计算确定,计算时应考虑下列因素:构件孔道长度或台座长度、锚(夹)具厚度、千斤顶工作长度(算至夹挂预应力筋部位)、镦头预留量、预应力筋外露长度等。

(1)单根粗钢筋制作

在一个孔道内只设置一根粗钢筋时,常采用热轧钢筋经连接锚具、冷拉制成,包括配料、对焊、冷拉等工序。钢筋张拉端一般采用螺丝端杆锚具,固定端多采用镦头锚具。根据预应力筋是一端张拉还是两端张拉的情况,锚具与预应力筋的组合形式基本上有两种:两端都用螺丝端杆锚具；一端用螺丝端杆锚具，另一端用帮条锚具或镦头锚具。

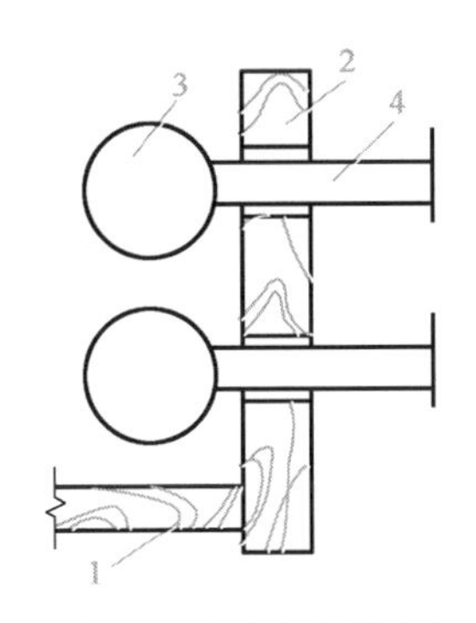

图5-19　用木塞留灌浆孔

1-底模；2-侧模；3-抽芯管；4-ϕ20 木塞

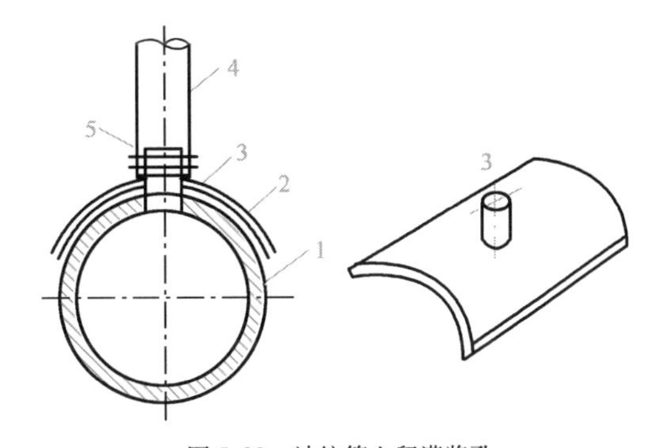

图5-20　波纹管上留灌浆孔

1-波纹管；2-海绵垫；3-塑料弧形压板；4-塑料管；5-钢丝扎紧

（2）钢筋束或钢绞线束下料

钢筋束、钢绞线成盘状供应，长度较长，一般不需接长。先开盘，然后按照计算下料长度切断。切断宜采用切断机或砂轮锯切机，不得采用电弧切割。钢绞线在切断前，在切口两侧各50mm 处，应用钢丝绑扎，以免钢绞线松散。

3）张拉力

（1）张拉力计算

预应力筋的张拉力大小，直接影响预应力效果。因此，设计人员不仅要在图纸上标明张拉力大小，而且还要注明所考虑的预应力损失项目与取值。这样，施工人员如遇到实际施工情况所产生的预应力损失与设计取值不一致，则可调整张拉力，以准确建立预应力值。

①预应力筋张拉力 P_j，按下式计算：

$$P_j = \sigma_{con} A_p \tag{5-1}$$

式中：σ_{con}——预应力筋的张拉控制应力；

A_p——预应力筋的截面积。

预应力筋的张拉控制应力应符合设计要求。

②预应力损失。根据预应力筋应力损失发生的时间，可分为瞬间损失和长期损失。张拉阶段的瞬间损失，包括孔道摩擦损失、锚固损失、弹性压缩损失等；张拉以后的长期损失，包括预应力筋应力松弛损失和混凝土收缩徐变损失等。对先张法施工，有时还有热养护损失；对后张法施工，有时还有锚口摩擦损失、变角张拉损失等；对平卧重叠生产的构件，有时还有叠层摩阻损失。

（2）张拉要求

根据预应力混凝土结构特点、预应力筋形状与长度，以及施工方法的不同，预应力筋张拉要求如下：

①一端张拉与两端张拉。较短的直线预应力筋可一端张拉；对曲线预应力筋和长度大于24m 的直线预应力筋，应两端张拉。为了减少预应力损失，宜先在一端张拉锚固后，另一端进

行补足。当筋长超过50m时,宜采取分段张拉和锚固。

②分批张拉。对配有多束预应力筋的构件或结构应分批进行对称张拉(图5-21)。此时应考虑,后批预应力筋张拉所产生的混凝土弹性压缩对先批张拉的预应力筋造成的预应力损失,所以先批张拉的预应力筋张拉力,应加上该弹性压缩损失值。

③分段张拉。在多跨连续梁板分段施工时,通长的预应力筋也需逐段进行张拉。在第一段预应力筋张拉锚固后,第二段预应力筋需通过锚头连接器接长,以形成通长的预应力筋。

图5-21 预应力T梁的分批张拉

④补偿张拉。在早期预应力损失基本完成后,再进行张拉即为补偿张拉。这种方式可克服弹性压缩损失,减少钢材应力松弛损失、混凝土收缩徐变损失等,以达到预期的预应力效果。

4)灌浆

为了防止预应力筋锈蚀,提高结构耐久性,减少预应力松弛损失,预应力筋张拉后,应及时进行孔道灌浆。同时,灌浆可以使预应力筋与混凝土构件黏结成整体,提高结构的抗裂性能和承载力。

(1)灌浆材料

灌浆所用的水泥浆,应具备强度高、黏结力大、坍落度大、干缩性及泌水性小等特点。因此,配制水泥浆常采用强度等级不低于42.5的普通硅酸盐水泥,水灰比宜为0.4左右,坍落度为120~170mm,搅拌后3h泌水率宜控制在2%,最大不超过3%。对于空隙大的孔道,可采用砂浆灌浆。水泥浆及水泥砂浆的强度均不得低于20MPa。为了增加灌浆的密实度和强度,可使用对预应力筋无锈蚀作用的膨胀剂和减水剂。

(2)灌浆施工

灌浆前应全面检查构件孔道及灌浆孔、泌水孔、排气孔是否畅通。对抽芯孔道可采用压力水冲洗,对预埋管孔道可采用压缩空气清孔。灌浆前应对锚具夹片空隙等漏浆处,采用高强度水泥浆或结构胶封堵。

灌浆顺序宜先灌下层孔道,后灌上层孔道,以免漏浆堵塞;直线孔道灌浆,应从构件的一端到另一端;曲线孔道灌浆,应从孔道最低处开始向两端进行;用连通器连接的多跨预应力筋的孔道,应张拉完一跨随即灌注一跨,不得最后统一灌浆。图5-22为灌浆管。

图5-22 灌浆管

5.3.2 后张无黏结预应力施工工艺

后张无黏结预应力混凝土是在浇筑混凝土前,把无黏结预应力筋安装固定在模板内,然后再浇筑混凝土,待混凝土达到设计强度时,即可进行张拉。与后张有黏结预应力施工相比,该施工较为简单,避免了预留孔道、穿预应力筋以及灌浆等工序。但预应力完全依靠锚具传递,因此对锚具的要求要高得多。

1)无黏结预应力筋

无黏结预应力筋由预应力钢筋、涂料层和护套组成,如图 5-23 所示。

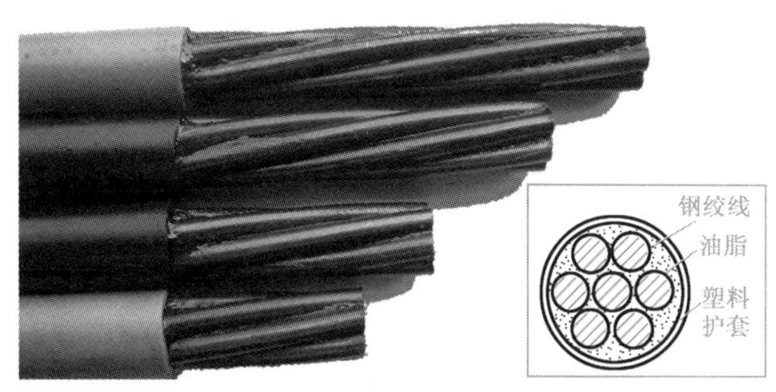

图 5-23　无黏结预应力筋

预应力钢筋一般选用钢丝、钢绞线等柔性较好的钢材制作。

涂料层应具有良好的化学稳定性,对周围材料无侵蚀作用;不透水,不吸湿,抗腐蚀性能强;润滑效果好,摩阻力小;在规定温度范围内不流淌,低温不脆化,并具有一定的延展性和韧性。常用的材料有油脂、环氧树脂或塑料等。

无黏结预应力筋的护套材料应具有足够的韧性,抗磨及抗冲击性;材料的防水性及抗腐蚀性强;对周围材料应无侵蚀作用;低温不脆化,高温化学稳定性好。目前常用较好的材料为高密度的聚乙烯或聚丙烯。

2)无黏结预应力筋的铺设

(1)铺设顺序

无黏结预应力筋的铺设,通常是在底部钢筋铺设后进行。水电管线一般宜在无黏结预应力筋铺设后进行,且不得变动无黏结预应力筋的竖向位置。在单向板中,无黏结预应力筋的铺设与非预应力筋铺设基本相同。在双向板中应是先铺低的,再铺高的,尽量避免两个方向的无黏结预应力筋相互穿插编结。

(2)就位固定

无黏结预应力筋应按设计要求的位置进行固定。垂直位置,宜用支撑钢筋或钢筋马凳控制,其间距为 1~2m。无黏结预应力筋的水平位置应保持顺直。在支座部位,无黏结预应力筋可直接绑扎在梁或墙的顶部钢筋上。

(3)张拉端固定注意事项

张拉端模板应按施工图中无黏结预应力筋的位置钻孔。张拉端的承压板应采用钉子固定在端模板上或用电焊固定在钢筋上。曲线筋或折线筋末端的切线应与承压板相垂直,曲线段的起始点至张拉锚固点应有不小于 300mm 的直线段。当张拉端采用凹入式做法时,可采用塑料穴模或泡沫塑料等形成凹口,如图 5-24 所示。

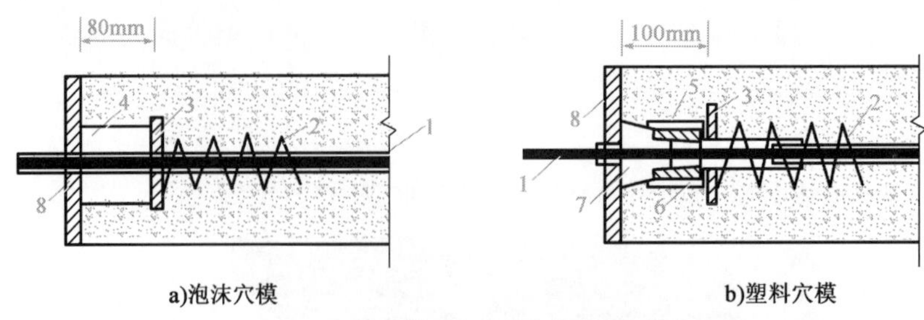

图 5-24 无黏结预应力筋张拉端凹口做法

1-无黏结预应力筋;2-螺旋筋;3-承压钢板;4-泡沫穴模;5-锚环;6-带杯口的塑料套管;7-塑料穴模;8-模板

3)混凝土浇筑

无黏结预应力筋铺设固定完毕后,应进行隐蔽工程验收,当确认合格后,方可浇筑混凝土。混凝土浇筑时,严禁踏压碰撞无黏结预应力筋、支撑钢筋及端部预埋件;张拉端与固定端混凝土必须振捣密实。

4)无黏结预应力筋的张拉

张拉前应清理承压板表面,并检查承压板后面的混凝土质量。混凝土楼盖结构,宜先张拉楼板,后张拉楼面梁。板中的无黏结预应力筋,可依次张拉;梁中的无黏结预应力筋宜对称张拉。张拉时一般采用前卡式千斤顶单根张拉,并用单孔夹片锚具锚固。

无黏结曲线预应力筋的长度超过 25m 时,宜采取两端张拉;当筋长超过 50m 时,宜采取分段张拉。

5)端部处理

无黏结预应力筋张拉完备后,应及时对锚固区进行保护。锚固区必须有严格的密封防护措施,严防水汽进入产生锈蚀。

先切除多余的预应力筋,使锚固后的外露长度不小于 30mm,宜用手提砂轮锯切割,不得用电弧切割。在锚具与承压板表面涂以防水涂料、锚具端头涂防腐润滑油脂后,罩上封端塑料盖帽。对凹入式锚固区,用微胀混凝土或低收缩防水砂浆密封;对凸出式锚固区,可采用外包钢筋混凝土圈梁封闭;对留有后浇带的锚固区,利用二次浇筑混凝土封锚。

锚具的保护层厚度不小于 50mm。预应力筋的保护层厚度,正常环境下不小于 20mm,易受腐蚀环境下不小于 50mm。

5.3.3 后张法施工机具

1)锚具

锚具是后张法结构或构件中为保持预应力筋拉力并将其传递到混凝土上用的永久性锚固装置。常用的锚具有以下几种:

(1)单根钢筋锚具

①螺丝端杆锚具。张拉端常用螺丝端杆锚具,由螺丝端杆、螺母及垫板组成(图 5-25)。该锚具的特点是将螺丝端杆与预应力筋对焊成一个整体,对焊应在预应力筋冷拉前进行,

以免冷拉强度的损失，同时也可检验焊接质量。用张拉设备张拉螺丝杆，用螺母固定预应力筋。

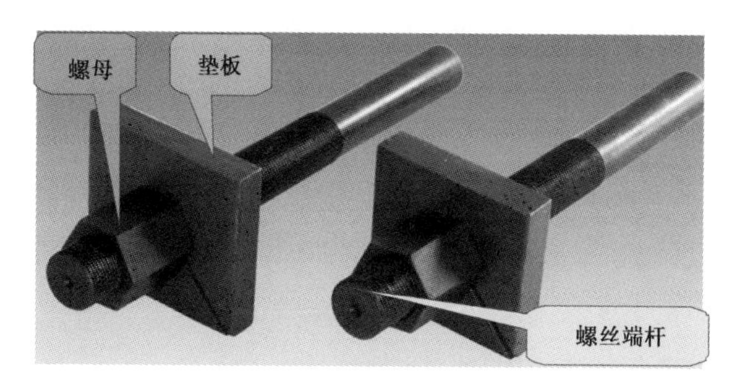

图 5-25　螺丝端杆锚具

螺丝端杆一般采用冷拉或热处理45号钢制作。端杆净截面积应不小于预应力筋截面积，长度一般为320mm，当构件超过30m时，可采用370mm。螺母与垫板均采用3号钢。

②帮条锚具。帮条锚具由衬板和三根帮条焊接而成(图5-26)，是单根预应力粗钢筋非张拉端用锚具。帮条采用与预应力筋同级的钢筋，三根帮条互成120°，衬板采用3号钢。帮条与衬板相接触的截面应平整，以免受力时产生扭曲。帮条的焊接宜在预应力筋冷拉前进行。

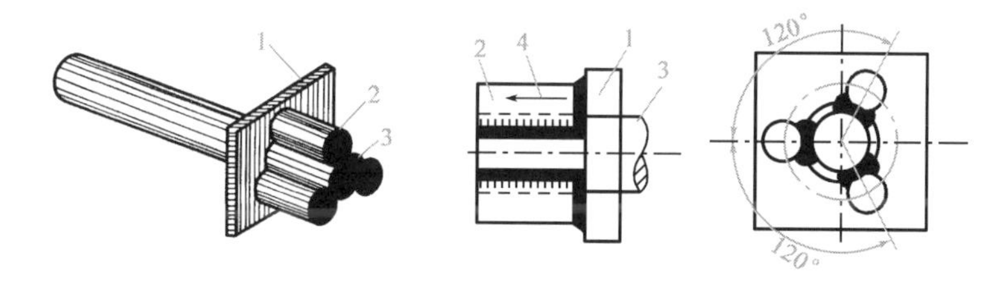

图 5-26　帮条锚具

1-衬板；2-帮条；3-预应力筋；4-施焊方向

③单根钢绞线锚具。如图5-27所示，由锚环与夹片组成。夹片形状为三片式，斜角为4°。夹片的齿形为“短牙三角螺纹”，这是一种齿顶较宽、齿高较矮的特殊螺纹，强度高，耐腐蚀性强。该种锚具适用于锚固ϕ^j12和ϕ^j15的钢绞线，也可以作为先张法的夹具使用。

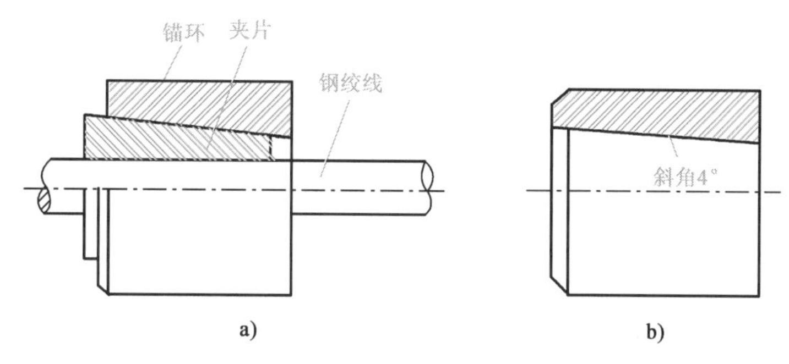

图 5-27　单根钢绞线锚具

(2)预应力钢绞线束(钢筋束)锚具

①JM 型锚具。如图 5-28 所示,由锚环与夹片组成。该锚具夹片组合起来形成一个整体截锥形楔块,可以锚固多根钢绞线或预应力钢筋。锚环和夹片均采用 45 号钢,经机械加工而成,成本较高。夹片呈扇形,靠两侧的半圆槽锚住预应力筋,为增加夹片与预应力筋之间的摩擦力,在半圆槽内刻有截面为梯形的齿痕。JM 型锚具主要用于锚固 3 ~6 根直径 12rnm 的四级冷拉钢筋束或 4 ~6 根直径 12 ~15mm 的钢绞线束。该锚具具有施工方便、预应力筋滑移小等优点。

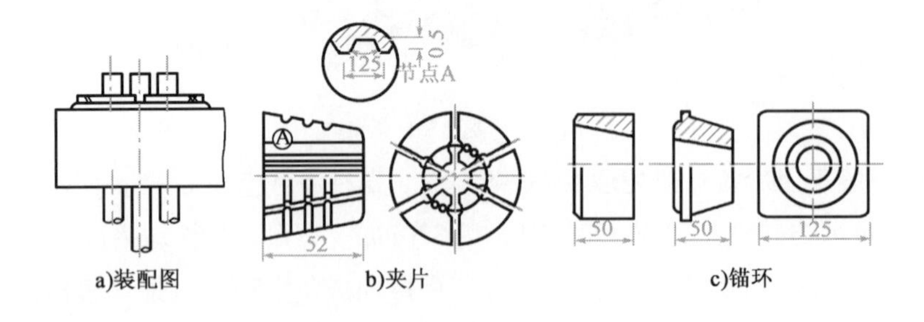

图 5-28 JM 型锚具(尺寸单位:mm)

②KT-Z 型锚具。如图 5-29 所示,又称为可锻铸铁锥形锚具,由锚环和锚塞组成,适用于锚固 3 ~6 根直径 12mm 的冷拉螺纹钢筋或钢绞线束。锚环和锚塞均采用可锻铸铁铸造成型。

③XM 型锚具。如图 5-30 所示,由锚板与三片夹片组成,属于多孔夹片锚具,是在一块多孔的锚板上,利用每个锥形孔装一副夹片夹持一根预应力筋的一种楔紧式锚具。

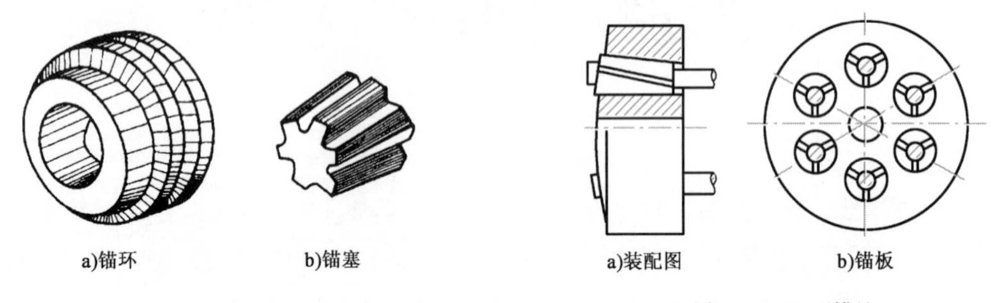

图 5-29 KT-Z 型锚具

图 5-30 XM 型锚具

锚板尺寸由锚孔数确定,锚孔沿锚板周围排列,中心线倾角 1:20,与锚板顶面垂直。夹片为斜开缝三片式。该锚具适用于锚固 1 ~12 根 $\phi^{j}15$ 的钢绞线,也可以用于锚固钢丝束。其特点是每根预应力筋都是分开锚固的,任何一根钢绞线的锚固失效不会引起整个锚固体系失效。

④QM 型锚具。如图 5-31 所示,由锚板与夹片组成。与 XM 型锚具不同之处在于:锚孔是直的,锚板顶面是平的,夹片为三片式,垂直开缝,夹片内侧有倒锯齿形的细齿。该锚具备有配套自动工具锚,张拉和退出很方便,适用于锚固 4 ~31 根 $\phi^{j}12$ 或 3 ~19 根 $\phi^{j}15$ 钢绞线束。

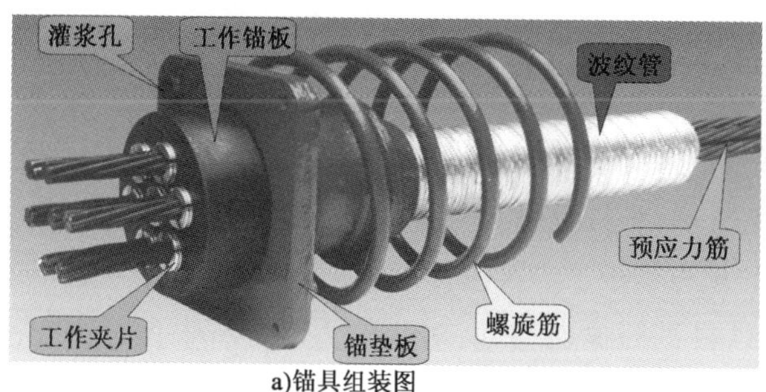

a)锚具组装图

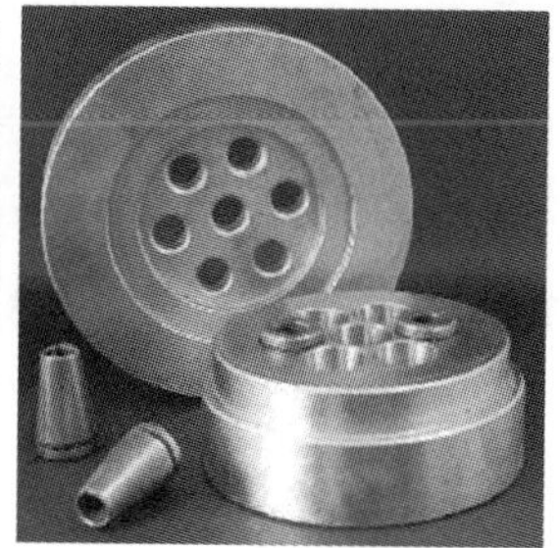
b)锚具

图5-31　QM型锚

QM型锚具的喇叭管是将端头垫板与喇叭管铸成整体，可解决混凝土承受大吨位局部压力及预应力孔道与端头垫板的垂直问题。

2)张拉设备

后张法张拉设备由液压千斤顶、高压油泵和外接油管三部分组成。常用的液压千斤顶有穿心式千斤顶、拉杆式千斤顶和锥锚式千斤顶。

(1)穿心式千斤顶

如图5-32所示，穿心式千斤顶是一种具有穿心孔，利用双液缸张拉预应力筋和顶压锚具的双作用千斤顶。这种千斤顶适应性强，既适用于需要顶压的锚具，配上撑脚与拉杆后，也可用于螺杆锚具和镦头锚具。

图5-32　穿心式千斤顶

以常用的YC60型为例，介绍穿心式千斤顶工作原理，见图5-33。张拉预应力筋时，张拉油嘴进油、顶压缸油嘴回油，顶压油缸带动撑脚右移顶住锚环；张拉油缸带动工具锚左移张拉预应力筋。顶压锚固时，在保持张拉力稳定的条件下，顶压缸油嘴进油，顶压活塞右移将夹片强力顶入锚环内。张拉缸采用液压回程，此时张拉缸油嘴回油、顶压缸油嘴进油。顶压活塞采用弹簧回程，此时张拉缸和顶压缸油嘴同时回油，顶压活塞在弹簧力作用下回程复位。

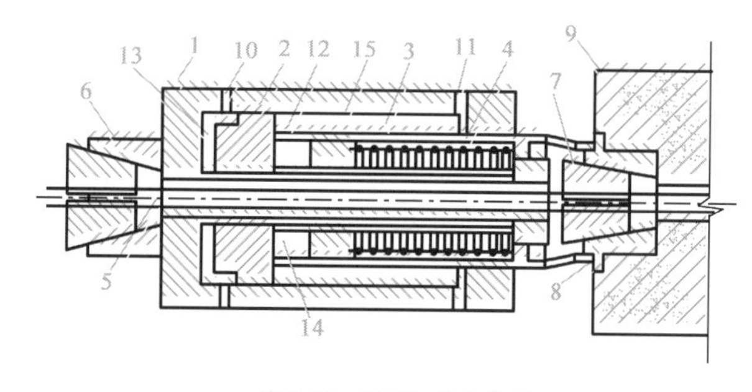

图5-33　YC60型千斤顶

1-张拉油缸；2-顶压油缸；3-顶压活塞；4-回程弹簧；5-预应力筋；6-工具锚；7-楔块；8-锚环；9-构件；10-张拉缸油嘴；11-顶压缸油嘴；12-油孔；13-张拉工作油室；14-顶压工作油室；15-张拉回程油室

(2)拉杆式千斤顶

如图5-34所示,拉杆式千斤顶由主油缸、主缸活塞、回油缸、回油活塞、连接器、传力架、活塞拉杆等组成,适用于张拉以螺丝端杆锚具为张拉锚具的粗钢筋、以锥形螺杆锚具为张拉锚具的钢丝束等。其工作原理如图5-35所示,张拉预应力筋时,首先使连接器与预应力筋的螺丝端杆相连接,顶杆支撑在构件端部的预埋钢板上。高压油进入主缸时,则推动主缸活塞向左移动,并带动拉杆和连接器以及螺丝端杆同时向左移动,对预应力筋进行张拉。达到设定拉力时,拧紧预应力筋的螺帽,将预应力筋锚固在构件的端部。高压油再进入副缸,推动副缸使主缸活塞和拉杆向右移动,使其回复到初始位置。此时,主缸的高压油流回到高压泵中,完成一次张拉过程。

图5-34　拉杆式千斤顶

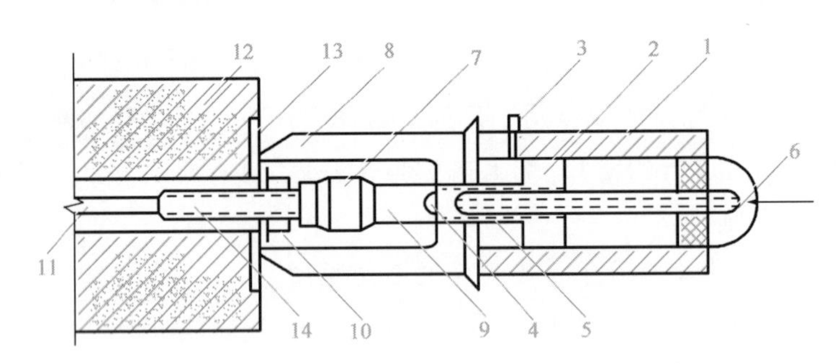

图5-35　拉杆式千斤顶张拉单根粗钢筋的工作原理图

1-主缸;2-主缸活塞;3-主缸进油孔;4-副缸;5-副缸活塞;6-副缸进油孔;7-连接器;8-传力架;9-拉杆;10-螺母;11-预应力筋;12-混凝土构件;13-预埋钢板;14-螺丝端杆

(3)锥锚式千斤顶

如图5-36所示,锥锚式千斤顶是具有张拉、顶锚和退楔功能的三作用千斤顶,适用于张拉使用KT-Z型锚具的钢筋束和钢绞线束及使用钢质锥形锚具的钢丝束。常见的型号有YZ38型、YZ60型和YZ85型。

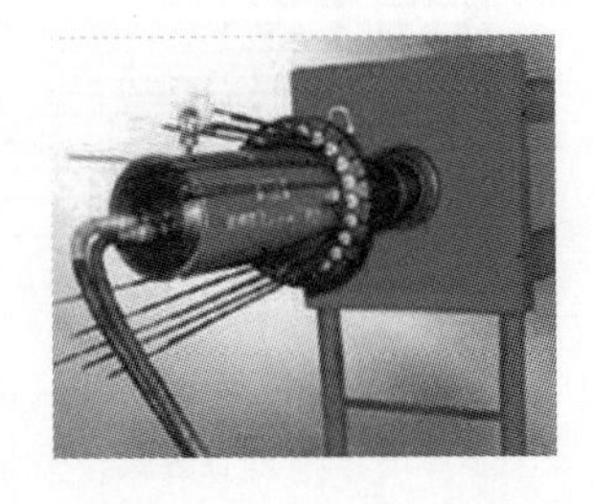

图5-36　锥锚式千斤顶

锥锚式千斤顶由主油缸、副油缸、退楔装置、锥形卡环等组成(图 5-37)。其工作原理是:当主油缸进油时,主缸活塞被压移,使固定在其上的预应力筋被张拉;张拉后,改由副油缸进油,由副缸活塞将锚塞顶入锚环中;主缸、副缸同时回油,活塞在弹簧作用下回程复位。

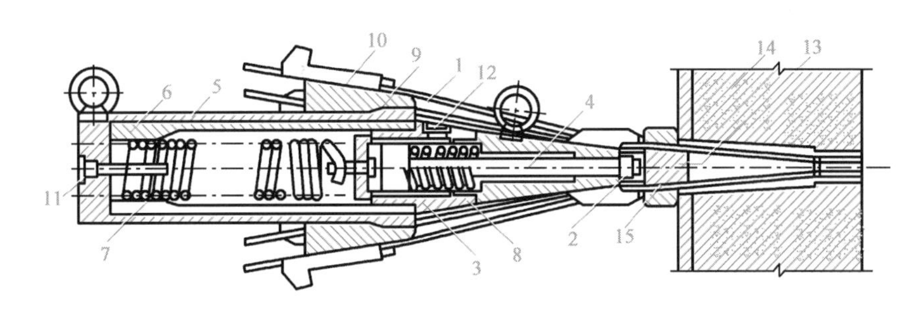

图 5-37　锥锚式千斤顶工作原理图

1-预应力筋;2-预压头;3-副缸;4-副缸活塞;5-主缸;6-主缸活塞;7-主缸拉力弹簧;8-副缸压力弹簧;9-锥形卡环;10-楔块;11-主缸油嘴;12-副缸油嘴;13-锚塞;14-构件;15-锚环

【知识拓展】

电热法张拉

电热法是利用钢筋热胀冷缩的原理,以低电压、强电流通过钢筋,利用钢筋电阻较大的特点,使钢筋在短时间内发热伸长至设计伸长值,然后锚固停电,待钢筋冷却回缩时建立预压应力的方法。

电热法施工有先电热钢筋和后电热钢筋两种,适用于冷拉Ⅱ、Ⅲ、Ⅳ级钢筋或钢丝配筋的构件。对于圆形结构,曲线形预应力混凝土结构和高空进行张拉预应力筋尤为适宜。

电热法施工的特点是设备简单,张拉速度快,工序较少,没有摩擦损失,不受分批张拉时应力损失的影响,而且电热过程能使冷拉钢筋产生的内应力得到消除。但此法需要低压变压器及大功率电源,耗电量较大,用伸长值来控制应力不易准确(因钢材的材质存在不均性)。另外,对抗裂度要求较严的结构,也不宜采用电热法。所以应注意在成批电热张拉生产前,先试验检查所建立的预应力值,成批生产后还要抽样校核。

1)电热伸长值

电热法张拉钢筋是利用伸长值来建立预应力值的。因此,电热之前,先求出控制伸长值,作为电热法张拉操作时的依据,这是电热法施工的关键。在计算控制伸长值时,必须注意预应力筋的弹性模量。弹性模量数值正确与否,将直接影响伸长值。

电热法的工艺特点决定了达到控制应力时实际所需的伸长值,与机械张拉法的理论计算值有所差异,主要表现在:

(1)机械张拉时的有效伸长是在钢筋拉直后开始计入,而电热张拉的伸长是一开始不具应力时就测量计入。

(2)预应力筋在受热状态下的松弛大于常温状态,即大于一般设计计算量。

(3)电热法不产生孔道摩擦损失,设计中不需考虑。

(4)电热法利用钢筋冷缩建立预应力的同时完成对混凝土的弹性压缩,而机械张拉能同时完成混凝土构件的全部弹性压缩,因此电热法实际伸长值有所减小而应力也相应降低。

在实际工作中，由于设备条件等各种原因，需将机械后张法改为电热后张法时，如果设计是按机械后张法取值的，则必须将电热伸长值按机械后张法作等效换算。

2）电热法施工工艺

电热后张法施工工艺流程图如图5-38所示。电热法预应力筋的锚具，可采用本单元中介绍的各种类型，有时配有一种U形垫板，其作用是当伸长时垫入此钢板以防止回缩。

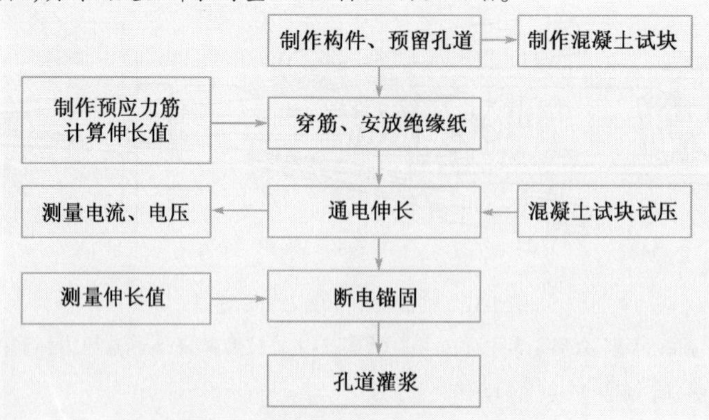

图5-38　电热后张法施工工艺流程图

钢筋在通电张拉前，用绝缘纸垫在垫板与构件端部预埋铁板之间，使预应力筋与预埋铁板隔绝，以防通电时产生分流和短路现象。

预应力筋穿好后应立即拧紧螺母，以减小垫板松动和钢筋不直带来的影响。在同一断面内有几根预应力筋时，应使各预应力筋初应力大致相等。伸长值可在一端测计。

拧紧螺母后，立即夹好夹具通电，钢筋伸长，此时一边随时拧紧螺母，一边测量伸长值并测量电压、电流。当伸长值达到规定时，切断电源，拧紧螺母，电热张拉即告完成。待冷却后，再进行孔道灌浆。

电热法张拉伸长与锚固的全部工作比较迅速，应有专人做好量测和记录工作。另外，冷拉钢筋作预应力筋时，其反复电热次数不得超过三次。如电热次数过多，会引起钢筋失去冷强效应，降低钢筋强度。在用千斤顶校核预应力值时，预应力值偏差不得大于设计规定张拉控制应力值的10%，也不得小于该值的5%。

预应力筋在冷缩过程中应注意防止断筋，垫板螺母滑脱飞出等造成安全事故。另外，在通电张拉时还应不使之短路。

电热法张拉设备简单，张拉方便灵活，特别是在用机械张拉不方便时，如场地限制或机械条件限制等情况下，更能体现出电热法张拉的优越性。电热法施加预应力技术有着广泛的应用前景和良好的经济效益和社会效益，并将会进一步促进预应力技术的发展。

思考与练习

5-1　什么是先张法施工？什么是后张法施工？各自特点及适用范围如何？

5-2　张拉钢筋的程序有哪几种，为什么要进行超张拉？

5-3　简述后张法施工的工艺过程。

5-4　后张法施工的孔道留设方法有哪些？

5-5　分批张拉预应力筋时，如何弥补混凝土弹性压缩应力损失？

5-6　无黏结预应力筋铺放定位应如何进行？

单元6　建筑结构工程施工

6.1 砖混结构施工

6.1.1　材料运输

材料运输包括垂直运输和水平运输。砖混结构施工常用的垂直运输机具有轻型塔式起重机、龙门架(图6-1)+卷扬机和井架(图6-2)+卷扬机等,高层建筑中还可采用附壁式人货两用升降机,即施工电梯(图6-3)。轻型塔式起重机可同时满足垂直运输和水平运输的需要,其他几种形式均为固定式,只能用来做垂直运输。

图6-1　龙门架

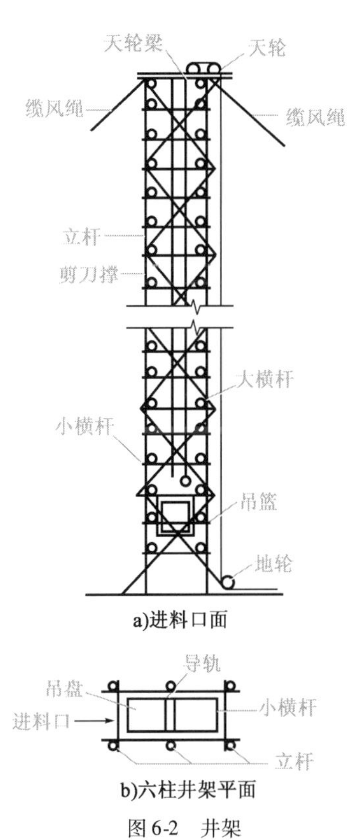

图6-2　井架

井架和龙门架由钢管和扣件组装而成,造价低,应用普遍。有时单独使用,有时与其他垂直运输设备配合使用。它与脚手架之间的关系如图6-4所示。

常用运输方案的选择:普通的砖混结构可采用井架、龙门架(带拔杆)或轻型塔式起重机+井架(或龙门架)运输方案,小区建筑可采用起重机+龙门架或井架运输方案。

一个建筑物配备垂直运输设备的数量,取决于该垂直运输设备覆盖面(或供应面)的大小和供应能力。塔吊的覆盖面是以塔吊为圆心,以起重幅度为半径的圆形面积。其他垂直运输

图 6-3　施工电梯

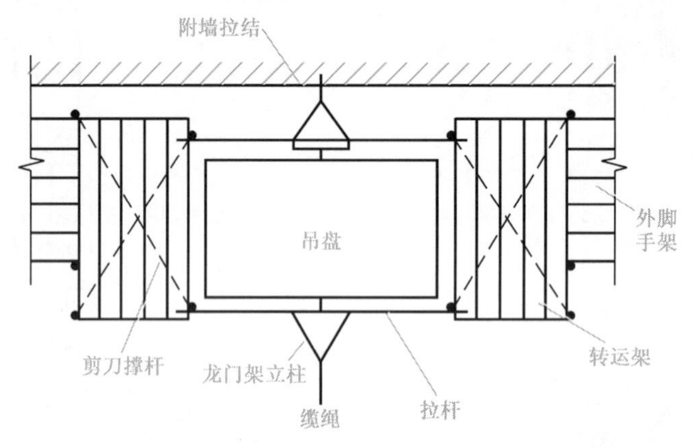

图 6-4　龙门架与脚手架之间的关系

设备的覆盖面(或供应面)是以地面材料供应点为起点,地面运输与楼面运输距离之和小于80m。垂直运输设备的供应能力等于吊次或运次乘以每次吊量再乘以折减系数0.5~0.75。吊次或运次可通过编制日运输计划或经验法得到,通常塔吊日吊次约60~90。所选垂直运输设备要使待建工程的全部作业面处于垂直运输设备的覆盖面(或供应面)的范围之内,供应能力应能满足施工高峰期材料的每日需要量。

6.1.2　施工顺序

确定砖混房屋上部结构的施工顺序,必须事先把整个结构的施工工作细分,确定它到底包括多少项工作(通常叫分项工程)。从施工工序上,可分为搭设脚手架、砌筑墙体、楼板安装(或浇筑)三个分项工程;从空间上,可划分成若干小的施工单元。整个结构施工工作是由每个单元的搭设脚手架、砌筑墙体、楼板安装所组成。

为提高劳动生产率,充分利用空间和时间,通常按流水作业法的施工顺序组织施工。流水作业法要求不同工种工作由不同的专业施工队承担,各施工队连续在不同施工单元上完成各自的工作。施工单元是通过建筑物竖向上按可砌高度(可砌高度由砌筑方法决定,对于人工砌筑一次可砌高度约为1.2~1.5m,它等于脚手架一步架的高度)划分为若干施工层,平面上划分为若干施工段实现的。

6.2 现浇混凝土结构施工

6.2.1 运输系统

现浇混凝土结构施工需要运送混凝土等大量材料,也需要吊装模板、钢筋等大件材料,因此运输设备应包括吊装设备和垂直运输设备,常用方案有:

1)施工电梯+塔式起重机

塔式起重机负责吊送模板、钢筋、混凝土,人员和零散材料由电梯运送。其优点是供应范围大,易调节安排;缺点是集中运送混凝土的效率不高。适用于混凝土量不是特别大而吊装量大的结构。

2)施工电梯+塔式起重机+混凝土泵(带布料杆)

混凝土泵运送混凝土,塔式起重机吊送模板、钢筋等大件材料,人员和零散材料由电梯运送。其优点是供应范围大,供应能力强,更易调节安排;缺点是投资和费用很高。适用于工程量大、工期紧的高层建筑。

3)施工电梯+带拔杆高层井架

井架负责运送混凝土,拔杆负责运送模板,电梯负责运送人员和散料。其优点是垂直输送能力强,费用不高;缺点是供应范围和吊装能力较小,需要增加水平运输设施。适用于吊装量不大,特别是无大件吊装的情况,且工程量不是很大,工作面相对集中的结构。

4)施工电梯+高层井架+塔式起重机

井架负责运送混凝土等大量材料,塔式起重机吊送模板、钢筋等大件材料,人员和散料由电梯运送。其优点是供应范围大,供应能力强;缺点是投资和费用较高,有时设备能力过剩。适用于吊装量、现浇工程量较大的结构。

5)塔式起重机+普通井架

塔式起重机吊送模板、钢筋等大件材料,井架运送混凝土等大量材料,人员通过室内楼梯上下。其优点是费用较低,且设备比较常见;缺点是人员上下不太方便。适用于建筑物高度50m以下的建筑。

6.2.2 浇筑顺序

1)多层钢筋混凝土框架结构浇筑

(1)分层与分段的原则

框架结构的主要构件有沿垂直方向重复出现的柱、梁、楼板。因此,多层框架结构一般按结构层分层施工。当结构平面较大或混凝土工程量较大时,还应在水平方向上分段进行施工。划分施工段的原则:施工段数目不宜过多;各段工程量应大致相等;施工段之间界限(施工缝)的位置既要符合剪力最小的要求,又要便于施工,同时施工缝尽量与建筑缝相吻合。一般分段长度不宜超过25~30m。

大工程在工期紧迫的情况下采用连续流水施工时,划分施工段还应考虑施工队数目和技术停歇等因素,施工段数应大于施工队数,并使第一施工队(钢筋队)完成第一施工层各施工段后准备转移到第二施工层的第一施工段时,该段第一层混凝土已浇筑完毕,并达到允许工人在其上进行操作的强度。

(2)柱、梁、楼板之间的浇筑顺序

当楼层不高或工程量不大时,柱、梁、板可一次整体浇筑,柱与梁板间不留施工缝。柱浇筑后,须停顿1~1.5h,待柱混凝土初步沉实后,再浇筑其上的梁、板,以避免因柱混凝土下沉在梁、柱接头处形成裂缝。

当楼层较高或工程量大时,柱与梁、板间分两次浇筑,柱与梁、板间施工缝留在梁底(或梁托下),待柱混凝土强度达标后,再浇筑梁和板。

(3)柱的浇筑顺序

柱宜在梁板模板安装后钢筋未绑扎前浇筑,以便利用梁、板模板作横向支撑和柱浇筑操作平台用。一施工段内的柱应按排或列由外向内对称地依次浇筑,不要从一端向另一端推进,以避免柱模因混凝土单向浇筑受推倾斜而使误差积累难以纠正。

与墙体同时浇筑的柱子,两侧浇筑高差不能太大,以防柱子中心移动。

(4)梁和楼板的浇筑顺序

肋形楼板的梁板应同时浇筑,顺次梁方向从一端向前推进。根据梁高分层浇筑成阶梯形,当达到板底位置时即与板的混凝土一起浇筑,而且倾倒混凝土的方向与浇筑方向相反。

梁高大于1m时,可先单独浇筑梁,其施工缝留在板底以下20~30mm处,待梁混凝土强度达到$1.2N/mm^2$以上时再浇筑楼板。

无梁楼盖浇筑时,在柱帽下50mm处暂停,然后分层浇筑柱帽,待混凝土接近楼板底面时,再连同楼板一起浇筑。

(5)楼梯的浇筑顺序

楼梯宜自下而上一次浇筑完成,当必须留置施工缝时,其位置应在楼梯长度中间1/3范围内。

2)剪力墙结构的浇筑顺序

剪力墙结构浇筑时应先浇墙后浇板,同一段剪力墙应先浇中间后浇两边。门窗洞口两侧应同时浇筑,高差不能太大,以免门窗洞口发生位移或变形。窗台高程以下应先浇筑窗台下部，后浇筑窗间墙，以防窗台下部出现蜂窝孔洞。

6.3 单层厂房结构安装

6.3.1 结构安装方法及安装顺序

单层厂房的安装方法有分件安装法和综合安装法两种。

图6-5为某单层厂房的结构吊装。

图6-5 某单层厂房的结构吊装

1）分件安装法及安装顺序

分件安装法是指起重机每开行一次，仅吊装一种或两种构件（图6-6）。

第一次开行，吊装完全部柱子，并对柱子进行校正和最后固定；

第二次开行，吊装吊车梁、连系梁及柱间支撑等；

第三次开行，按节间吊装屋架、天窗架、屋面板及屋面支撑等。

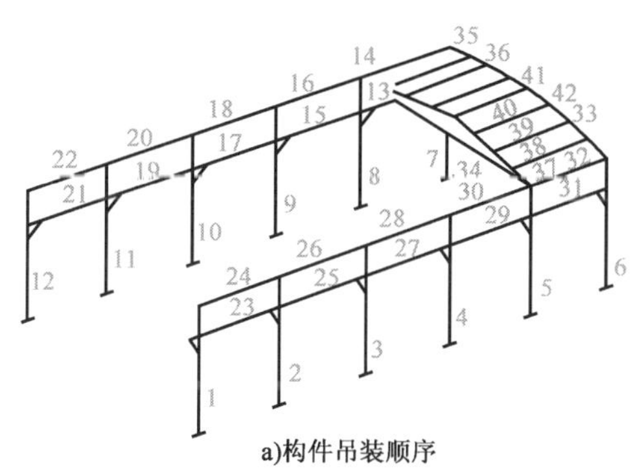

a)构件吊装顺序

b)现场吊装

图6-6 分件安装法构件吊装

分件安装法能够使构件有充分时间校正。构件可以分批进场，供应比较单一，现场不致拥挤。吊具不需经常更换，操作程序基本相同，吊装速度快。可根据不同的构件选用不同性能的起重机，能充分发挥机械的效能。但分件安装法不能为后续工作及早提供工作面，且起重机的开行路线长。一般情况下，单层厂房的结构安装多采用分件安装法。

2）综合安装法及安装顺序

综合安装法，又称节间安装，是起重机在车间内一次开行中，分节间吊装完所有类型构件。即先吊装4～6根柱子，校正固定后，随即吊装吊车梁、连系梁、屋面板等构件，待吊装完一个节间的全部构件后，起重机再移至下一节间进行吊装（图6-7）。综合安装法的优点是起重机开行路线短，停机点位置少，可为后续工作创造工作面，有利于组织立体交叉平行流水作业，加快工程进度。但综合安装法要同时吊装各种类型构件，不能充分发挥起重机的效能，且构件供应紧张，平面布置复杂，校正困难，必须要有严密的施工组织，否则会造成施工混乱，故此法很少采用。

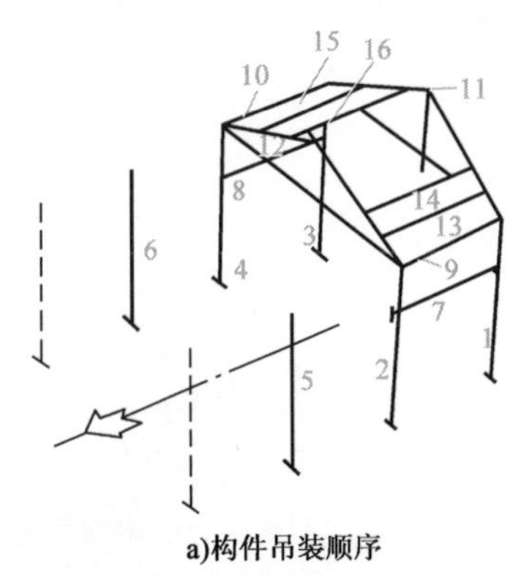

a)构件吊装顺序

b)现场吊装

图6-7　综合吊装法构件吊装

6.3.2　起重机停机点位置及开行路线

吊装屋架、屋面板等构件,起重机大多沿跨中开行;吊装吊车梁,起重机沿跨边开行;吊装柱时,根据起重半径和厂房跨度,起重机可沿跨中或跨边开行。

当 $R \geqslant L/2$ 时,起重机可沿跨中开行,每个停机位置可吊2根柱子(图6-8a)。

当 $R \geqslant \sqrt{\left(\frac{L}{2}\right)^2 + \left(\frac{b}{2}\right)^2}$ 时,起重机沿跨中开行,且每个停机位置可吊4根柱子(图6-8b)。

当 $R < L/2$ 时,起重机沿跨边开行,每个停机位置吊装1根柱子(图6-8c)。

当 $R \geqslant \sqrt{a^2 + \left(\frac{b}{2}\right)^2}$ 时,起重机沿跨边开行,每个停机位置可吊装2根柱子(图6-8d)。

当柱布置在跨外时,起重机一般沿跨外开行,停机位置与跨边开行相似。

某单跨车间采用分件吊装法,起重机开行路线和停机点位置如图6-9所示。

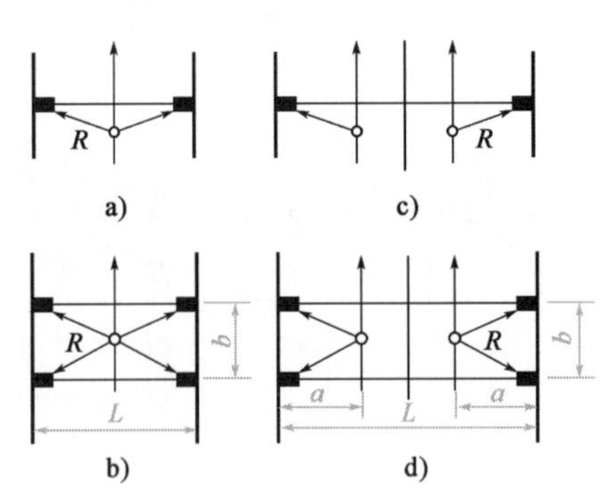

图6-8　吊柱时起重机开行路线和停机点位
R-起重机的起重半径(m);L-厂房跨度(m);b-柱的间距(m);a-起重机开行路线到跨边轴线的距离(m)

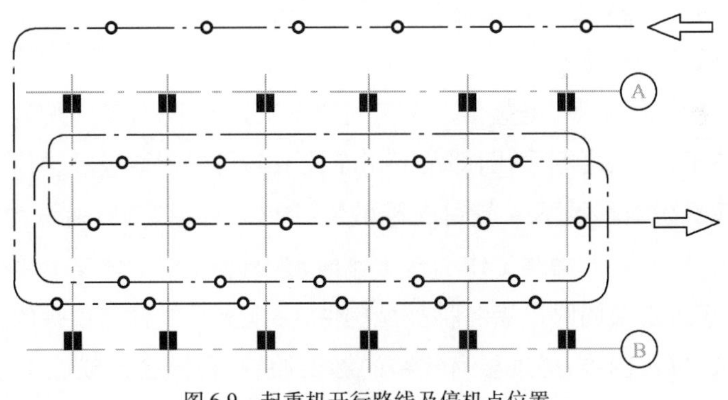

图6-9　起重机开行路线及停机点位置

6.3.3　构件的平面布置

构件的平面布置应满足下列要求：

(1)每跨构件尽可能布置在本跨内；

(2)尽可能布置在起重机的起重半径内，尽量减少起重机负重行驶的距离及起重臂的起伏次数；

(3)应首先考虑重型构件的布置；

(4)构件布置的方式应便于支模及混凝土的浇筑工作，预应力构件应考虑有足够的抽管、穿筋和张拉的操作场地；

(5)构件布置应力求占地最少，保证道路畅通，当起重机械回转时不致与构件相碰；

(6)所有构件应布置在坚实的地基上；

(7)构件的平面布置分预制阶段构件平面布置和吊装阶段构件就位布置，但两者之间有密切关系，需同时加以考虑，做到相互协调，有利吊装；

(8)注意构件的朝向，避免空中调头。

1)预制阶段构件布置

(1)柱的布置

柱预制时的平面布置分为斜向布置和纵向布置。

①斜向布置。有三点共弧布置和两点共弧布置两种方法。

a. 三点共弧布置：即绑扎点、柱脚、杯口中心三点共弧，如图 6-10 所示，其作图步骤如下。

首先，确定起重机开行路线到柱基中心线的距离 a。a 不得大于起重半径 R，也不宜太小，以致太靠近基坑。同时还应确保起重机回转时，其尾部不与周围构件或建筑物碰撞。综合考虑以上条件后，画出起重机的开行路线。

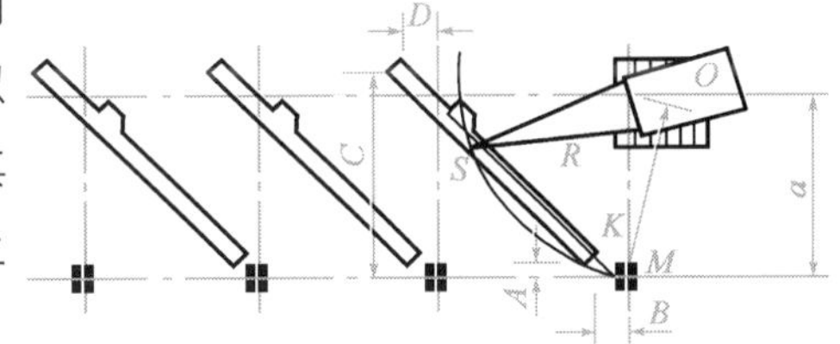

图 6-10　预制柱三点共弧布置

其次，确定起重机停机位置。以柱基中心 M 为圆心，吊装该柱的起重半径 R 为半径，画弧交开行路线于 O 点，O 点即为吊装该柱的停机点。

第三，以 O 为圆心、R 为半径画弧，然后在该弧上靠近杯口附近选一点 K(距杯口外缘约 200mm)作为柱脚中心。再以 K 为圆心、以柱脚到柱绑扎点距离为半径画弧，两弧相交于 S，以 KS 为中心画出柱的位置图。然后标出柱顶、柱脚与柱到纵横轴线的距离(A、B、C、D)，作为预制柱时支模依据。

三点共弧布置时，需场地宽阔，柱采用旋转法起吊。

b. 两点共弧布置：有时由于受场地或柱长的限制，柱的布置很难做到三点共弧，则可按两点共弧布置。两点共弧布置有两种方法：一种是将柱脚与柱基安排在起重半径 R 的圆弧上，而将吊点放在起重半径 R 之外(图 6-11)。吊装时先用较大的起重半径 R' 吊起柱子，并升起重臂。当起重臂由 R' 变为 R 后，停升起重臂，再按旋转法吊装柱。另一种是将吊点与柱基安排在起重半径 R

的同一圆弧上，两柱脚可斜向任意方向（图 6-12）。吊装时，柱可用旋转法或滑行法吊升。

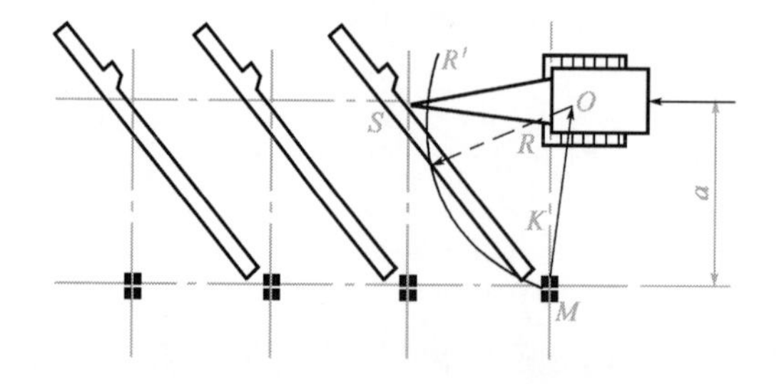

图 6-11　柱脚与基础两点共弧

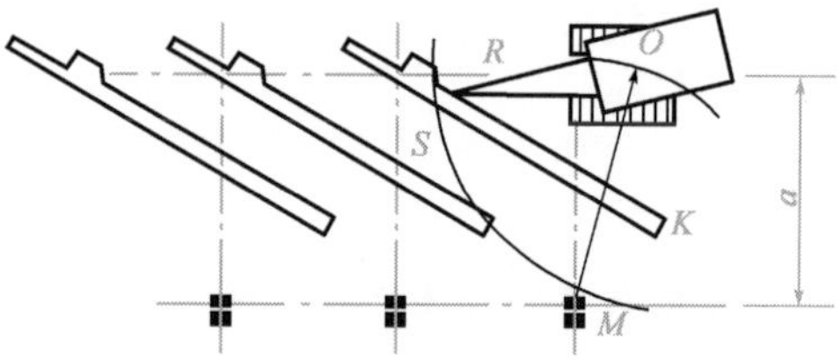

图 6-12　绑扎点与基础两点共弧

②纵向布置。当采用滑行法起吊时，柱可采用纵向布置方案。

纵向布置时，吊点应靠近杯口，并与杯口中心两点共弧。为减少起重机的停机次数，起重机一次可吊 2 根柱，其布置形式如图 6-13 所示。若柱长小于 12m，为节约模板和场地，两柱可以叠浇，排成一行（图 6-13a）；若柱长大于 12m，则可排成两行浇筑（图 6-13b）。

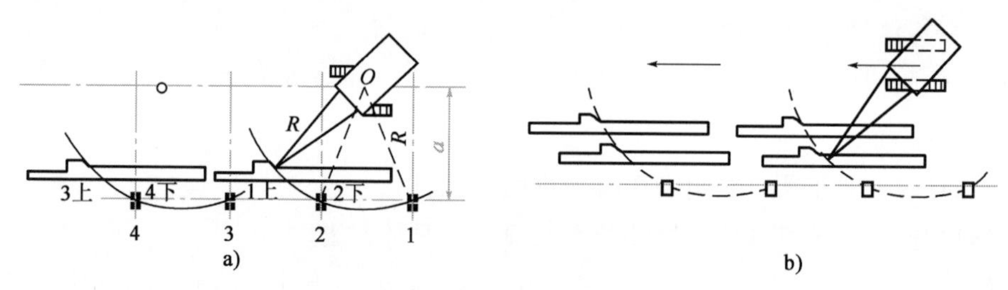

图 6-13　柱的纵向布置

（2）屋架的布置

屋架一般在跨内平卧叠浇预制，每叠 3 ~ 4 榀，布置方式有三种（图 6-14）：斜向布置、正反斜向布置、正反纵向布置。斜向布置，因其便于屋架的扶直就位，故应优先选用。只有当场地受限制时，才采用另外两种形式。

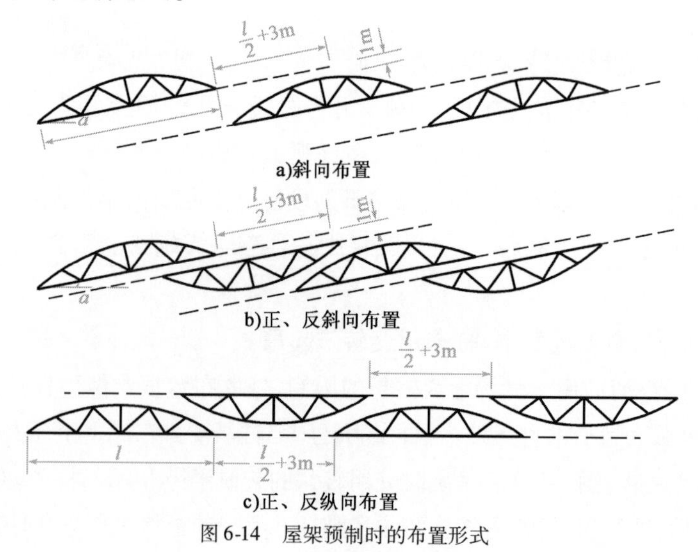

图 6-14　屋架预制时的布置形式

屋架的叠放顺序应考虑扶直的先后顺序，先扶直后安装的放在上层。屋架的方向应考虑屋架两端朝向的要求。

(3) 预制吊车梁的布置

根据场地条件，可靠近柱基顺纵向轴线布置或插在柱的空当中预制；条件允许时，也可在场外预制，随吊随运。

2) 吊装阶段构件布置

因为柱预制阶段就是按照吊装要求布置的，因此吊装阶段不必再布置，或者说与预制阶段布置相同。

(1) 屋架布置

屋架吊装阶段有斜向布置和纵向布置两种方法。

①斜向布置。如图 6-15 所示，其作图步骤为：

第一步：确定起重机吊屋架时的开行路线及停机位置。

在图 6-15 上画出起重机吊屋架时沿跨中的开行路线，然后以拟吊装的某轴线（如②轴线）的尾架中点 M_2 为圆心，以吊屋架的起重半径 R 为半径，画弧与开行路线交于 O_2，则 O_2 为吊②轴线屋架的停机点。

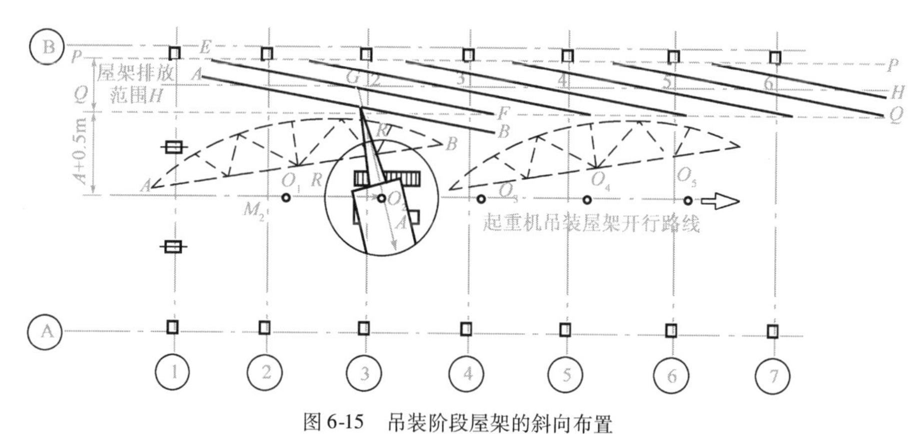

图 6-15　吊装阶段屋架的斜向布置

注：虚线表示屋架预制时的位置

第二步：确定屋架就位的范围。

屋架离柱边的净距不小于 200mm，定出屋架就位的外边线 P-P。设起重机尾部至回转中心距离为 A，考虑在距开行路线 A ±0.5m 范围内均不宜布置屋架或其他构件，画出屋架就位内边线 Q-Q。P-P、Q-Q 之间为屋架的就位范围。

第三步：确定屋架就位位置。

根据就位范围 P-P、Q-Q 画出其中心线 H-H。以停机点 O_2 为圆心，以起重半径 R 为半径，画弧交 H-H 线于 G 点。再以 G 为圆心，以屋架跨度的一半为半径，画弧交 P-P、Q-Q 两线于 E、F 两点，连接 E、F 即为②轴线屋架的就位位置。其他屋架的就位位置以此类推。

斜向布置由于起吊效率高，故应用较多，但缺点是占地面较大。

②纵向布置。如图6-16所示，一般以4～5榀为一组靠柱边顺轴纵向就位。屋架与柱之间、屋架与屋架之间的净距约为200m，相互之间用铁丝及支撑拉紧撑牢。屋架组与组之间沿纵轴线方向应留出3m左右的通道。为避免在已吊装好的屋架下面绑扎吊装屋架，并确保屋架吊装时不与已吊装好的屋架碰撞，每一屋架组的中心线应位于该组屋架倒数第二榀吊装轴线之后约2m处。

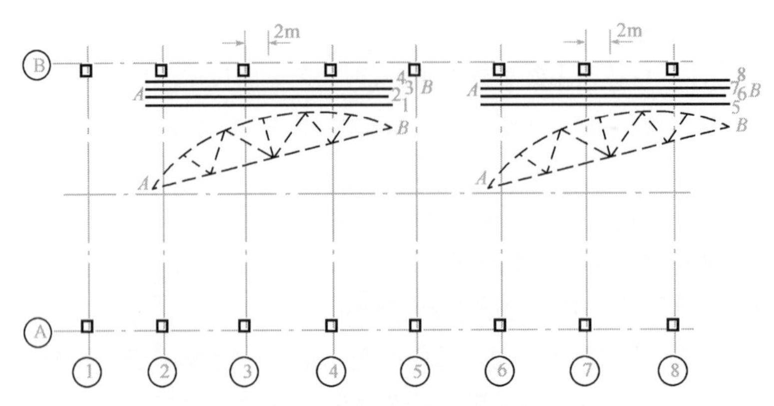

图6-16　吊装阶段屋架纵向布置

纵向布置方法由于起吊效率低，故一般在场地狭窄时应用。

(2)吊车梁、连系梁、屋面板的布置

单层工业厂房的吊车梁、连系梁、屋面板构件一般在工厂或附近的预制场制作，然后运至工地吊装。构件运至现场后，应按构件吊装顺序进行编号，并及时就位或集中堆放。堆放时要注意叠层高度，梁式构件叠放常取2～3层；大型屋面板不超过6～8层。吊车梁、连系梁一般布置在其吊装位置的柱列附近，跨内、跨外均可。屋面板的就位位置应根据起重机吊屋面板时的起重半径确定，跨内、跨外均可。当在跨内就位时，应向后退3～4个节间开始堆放；当在跨外就位时，应向后退1～2个节间开始堆放(图6-17)。有时，也可根据具体条件采取随吊随运的方法。

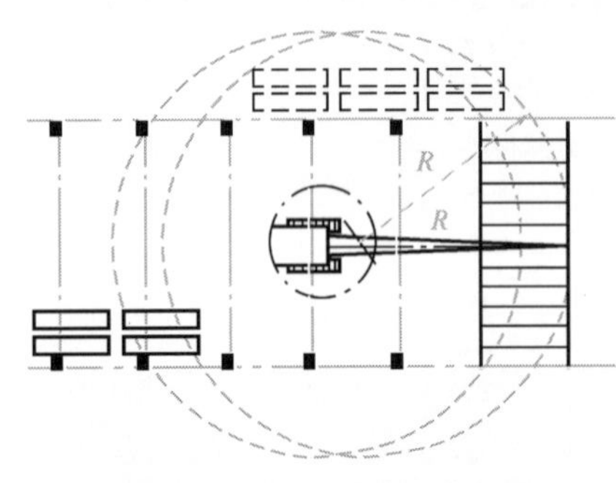

图6-17　屋面板吊装就位布置图

6.4 多层装配式结构的安装

多层装配式结构，高度在18m以下选用自行杆式起重机；高度在18m以上选用塔式起重机。

6.4.1　起重机械及构件平面布置

1)起重机械布置

多层装配式结构起重机械多采用跨外布置，如图6-18所示，设起重半径为R，建筑物宽度为b，起重机距建筑物外侧距离为a，则当$R \geqslant b+a$时采用跨外单侧布置，当$R \geqslant b/2+a$时采用跨外双侧布置。在场地非常狭窄时，可采用跨内布置。跨内布置分为跨内单行布置和跨内环形布置。

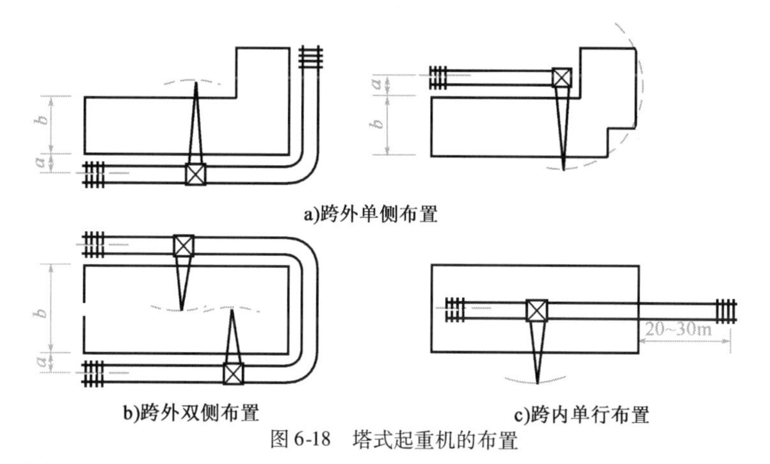

a)跨外单侧布置

b)跨外双侧布置　　c)跨内单行布置

图6-18　塔式起重机的布置

跨内布置有很多缺点，如只能竖向综合安装，结构稳定性差；构件布置在起重半径之外，需二次倒运；围护结构吊装困难等，因此很少采用。

2）构件平面布置

构件平面布置应满足以下要求：构件尽可能布置在起重半径范围内，避免二次倒运；重型构件靠近起重机布置，中小型构件布置在重型构件外；尽量减少起重机的移动和变幅；叠层构件应按顺序布置，先安装构件放在上部。

多层装配式结构构件平面布置实例，如图6-19～图6-22所示，可参考。

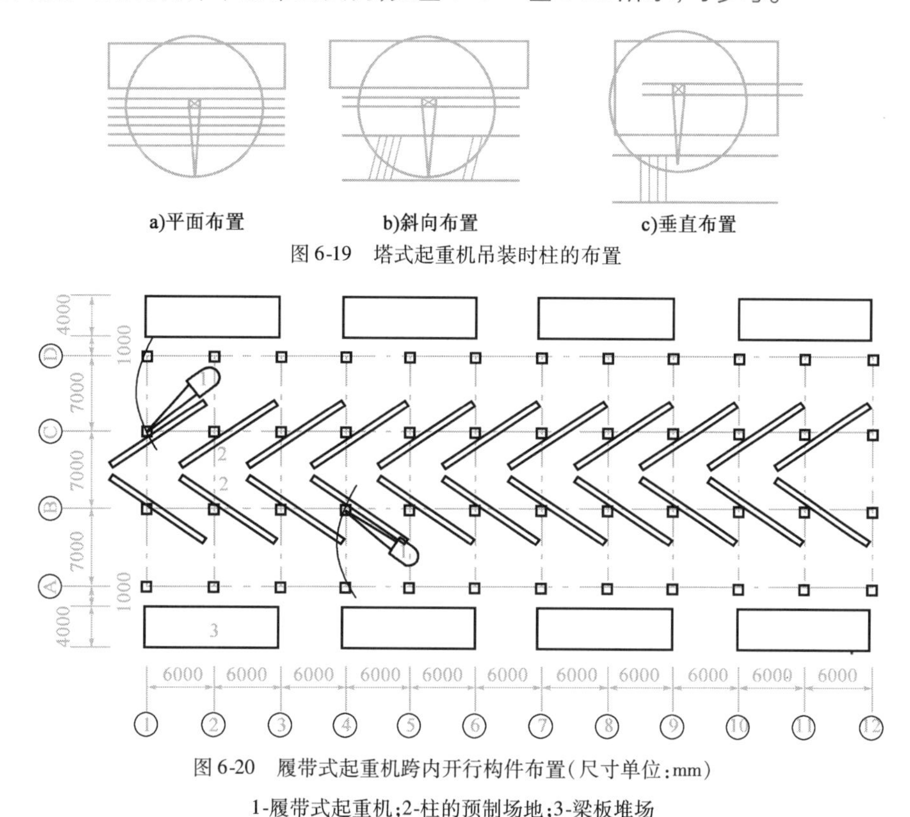

a)平面布置　　b)斜向布置　　c)垂直布置

图6-19　塔式起重机吊装时柱的布置

图6-20　履带式起重机跨内开行构件布置（尺寸单位：mm）

1-履带式起重机；2-柱的预制场地；3-梁板堆场

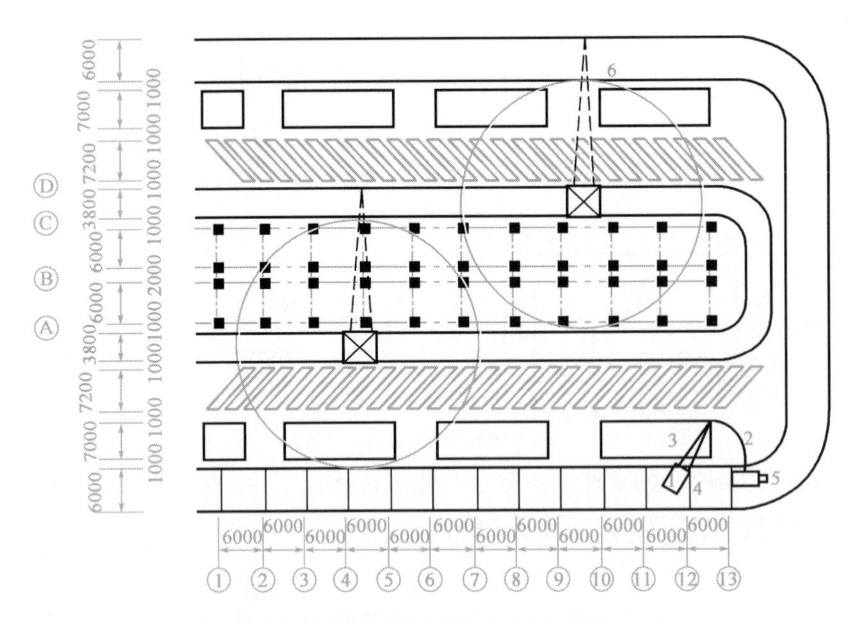

图 6-21　塔式起重机吊装时构件布置(尺寸单位:mm)

1-塔式起重机;2-柱的预制场地;3-梁板堆场;4-汽车式起重机;5-载重汽车;6-临时道路

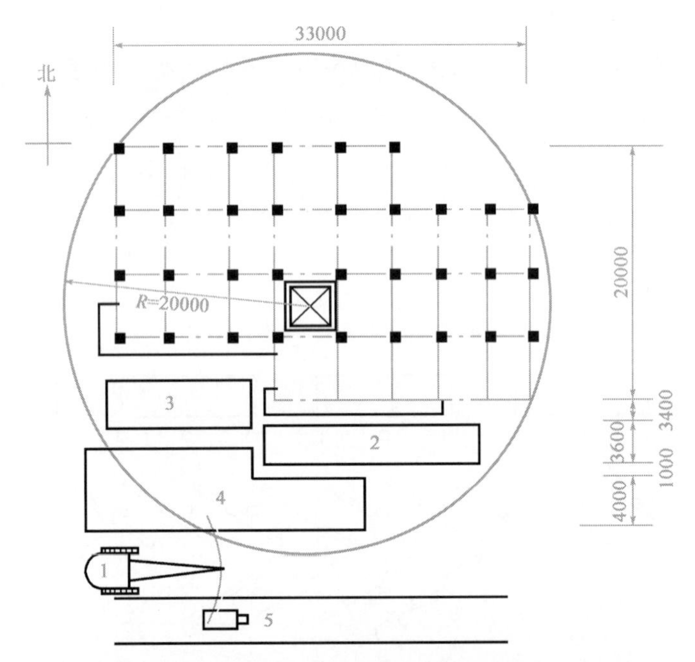

图 6-22　自升式塔式起重机吊装时构件布置(尺寸单位:mm)

1-自升式塔式起重机;2-梁板堆放区;3-楼板堆放区;4-柱、梁堆放区;5-运输道路

6.4.2　结构安装方法及安装顺序

多层装配式结构多采用分件安装法,只有当起重机布置在跨内时才采用综合安装法。装配式结构的构件安装顺序实例如图 6-23、图 6-24 所示。

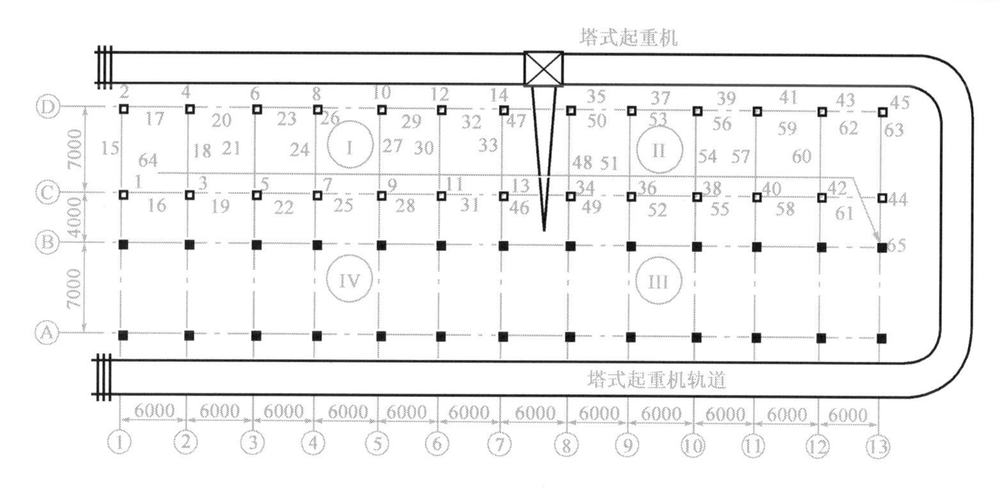

图 6-23　塔式起重机跨外环形，用分层分段流水吊装法吊装梁板式结构的一个楼层顺序(尺寸单位:mm)

Ⅰ、Ⅱ、Ⅲ…-吊装段编号;1、2、3…-构件吊装顺序

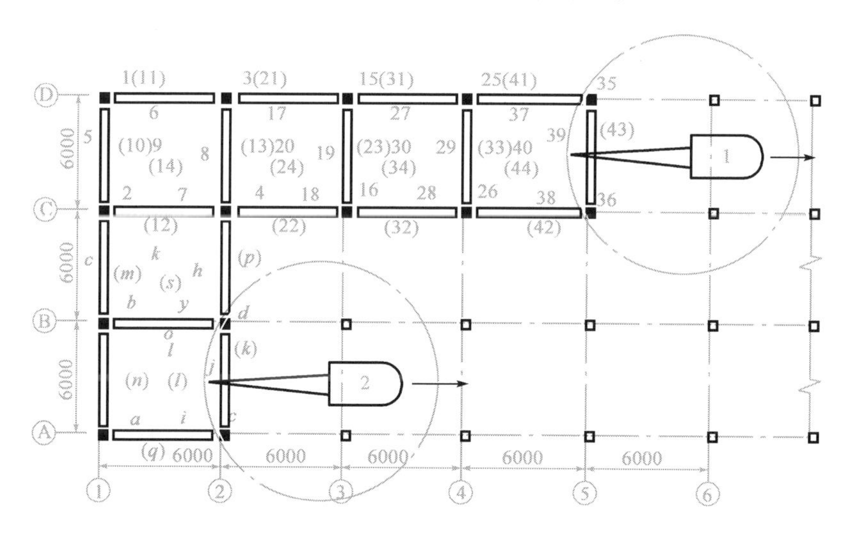

图 6-24　用综合吊装法吊装框架结构时构件的吊装顺序(尺寸单位:mm)

1、2、3…-1 号起重机吊装顺序;*a*、*b*、*c*…-2 号起重机吊装顺序;带(　)为第二层梁板吊装顺序

6.5　钢结构安装

钢结构具有强度高、抗震性能好、便于机械化施工等优点，广泛应用于高层建筑和网架结构中。本节主要讲述高层钢结构和网架结构的施工。图 6-25 为国家体育场“鸟巢”的钢结构造型。

6.5.1　高层钢结构建筑施工

钢结构施工中，先将钢材制成半成品和零件，然后按图纸规定的运输单元，装配连接成整体。高层钢结构建筑与高层装配式钢筋混凝土建筑在施工平面布置、施工机械、构件吊装等方面有相近之处，但在具体施工方法上有所不同。

1) 钢结构拼装和连接

图6-25　国家体育场“鸟巢”

钢结构拼装常用的工具有卡兰、槽钢加紧器、矫正夹具及拉紧器、正反丝扣推撑器和手动千斤顶等。

钢结构在连接时应保持正确的相互位置，其方法主要有焊接、铆接和螺栓连接（图6-26、图6-27）。焊接不削弱杆件截面，节约钢材，易于自动化操作，但对疲劳敏感，广泛应用于工业及民用建筑钢结构中。对于直接承受动力荷载的结构连接，不宜采用焊接。铆接传力可靠，易于检查，但构造复杂，施工繁琐，主要用于直接承受动力荷载的结构连接。螺栓连接分为普通螺栓连接和高强螺栓连接两种。螺栓连接安装简单，施工方便，在工业与民用建筑钢结构中应用广泛。对于一些需要装拆的结构，采用普通螺栓连接较为方便。

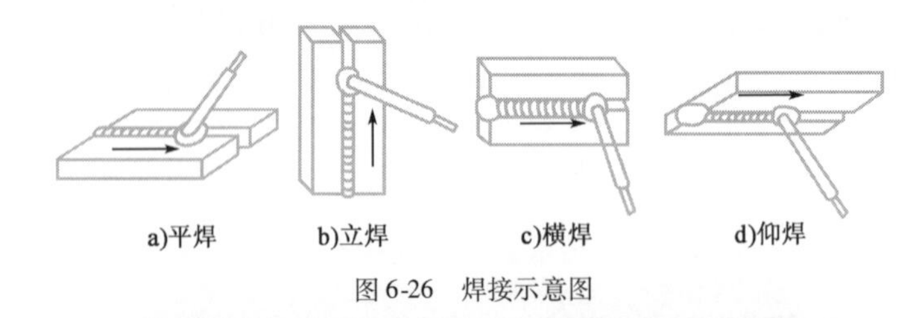

图6-26　焊接示意图

图6-27　钢柱与基础的地脚螺栓连接

2）结构安装与校正

钢结构的安装质量与柱基础的定位轴线、基准高程有直接关系。在柱基中心表面与钢柱之间预留 50mm 的空隙，便于钢柱安装前的高程调整。为了控制上部结构高程，在柱基表面，利用无收缩砂浆立模浇筑高程块，高程块顶部埋设 16～20mm 的钢面板，如图 6-28 所示。第一节钢柱吊装完成后，应用清水冲洗基础表面，然后支模灌浆。钢柱在吊装前，应在吊点部位焊吊耳，施工完毕后再割去。钢柱的吊装有双机抬吊和单机抬吊两种方式，如图 6-29 所示。钢柱就位后，应按照先后顺序调整高程、位移和垂直度。为了控制安装误差，应取转角柱作为标准柱，调整其垂直偏差至零。

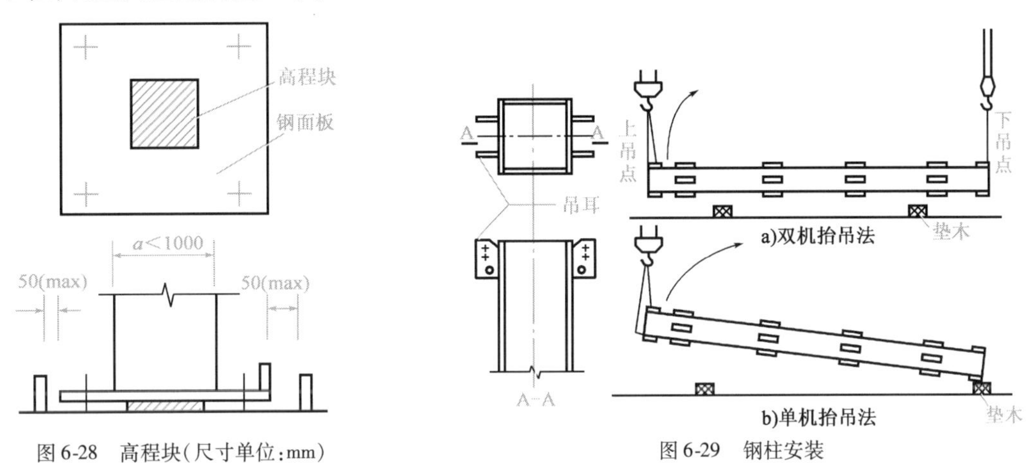

图 6-28　高程块（尺寸单位：mm）

图 6-29　钢柱安装

钢梁吊装前，在上翼缘开孔作为起吊点。对于重量较小的钢梁，可利用多头吊索一次吊装数根。为了减少高空作业，加快吊装速度，也可将梁柱拼装成排架，整体起吊。

6.5.2　钢网架结构吊装施工

工程上常用的钢网架吊装方法有高空拼装法、整体安装法和高空滑移法三种。

1）高空拼装法

所谓高空拼装法，是指利用起重机把杆件和节点或拼装单元吊至设计位置，在支架上进行拼装的施工方法。高空拼装法的特点是网架在设计高程处一次拼装完成，但拼装支架用量较大，且高空作业多。图 6-30 为施工时采用的高空拼装法。

2）整体安装法

将网架在地面拼装成整体，利用起重设备提升到设计高程，加以固定，这种方法称为整体安装法。该法不需要高大的拼装支架，高空作业少，但需要大型起重设备。整体安装法可采用多机抬吊或拔杆提升等方法，如图 6-31 所示。

6.5.3　高空滑移法

高空滑移法是指将网架在拼装处拼装，利用牵引设备向前滑移至设计处，如此逐段拼装直至完毕。与高空拼装法相比，高空滑移法拼装平台小，高空作业少，拼装质量易于保证，是近年来采用逐渐增多的施工方法。图6-32为某影剧院拱架滑移施工示意图。

a)落地支架拼装网架

b)网架高空拼装施工

图6-30　高空拼装法

a)钢网架地面拼装

b)预备抬吊

c)网架整体吊装

d)网架就位

图6-31　多机抬吊钢网架

a)单向拱架滑移施工中

b)滑移就位全景

图6-32　某影剧院拱架滑移施工

【知识拓展】

膜 结 构

膜结构是一种非传统的全新结构形式，是用高强度柔性薄膜材料与支撑体系结合形成的具有一定刚度的稳定曲面，能承受一定外荷载的空间形式。现代膜结构发展为使用钢材、铝合金、木材等作为结构件，用精细化工织物膜或氟化物薄膜作为覆盖帷幕。膜结构广泛应用于体育场、大型商场、剧院、大型航空港、轻工厂房等建筑中，典型的有上海八万人体育场、浙江嬴兴华庭商业街商场、昆明园艺博览广场、上海黄浦江渡船客运码头等。我国建设的国家游泳中心（“水立方”）是世界上最大的膜结构工程，如图6-33所示。

1)膜结构的特点和分类

(1)特点

①膜结构最大限度地发挥了膜材的承载能力，创造出无柱的灵活大空间，造型多样、美观。

②膜材对光反射高、吸收低，且热传导性较低，有效阻止了太阳能进入室内。

③膜材的半透明性利用自然漫反射，进行自然采光，节约能源。

④膜结构中的膜材、钢构支撑系统均可在工厂内制作，便于工业化，缩短工期，具有良好的经济性。

a)“水产方”全景

b)“水立方”近景

图6-33 国家游泳中心（“水立方”）

(2)分类

按照膜在结构中所起的作用和膜的结构形式，膜结构体系一般分为以下几种：

①张拉膜。由稳定的空间双曲张拉膜面、支撑桅杆体系、支撑索与边缘索等构成。

②骨架式膜。钢或其他材料构成的刚性骨架，具有自稳定性、完整性，膜张拉并置于骨架上构成骨架式膜结构。

③充气膜。包括气承式膜结构和气囊式膜结构。

④索桁架膜结构。以张拉索和膜材作为结构体系，承受外部作用力的轻质索支撑张拉膜结构。

⑤张拉整体与索穹顶膜结构。由连续拉力杆件和局部压力杆，在一定的空间内按照特定几何关系构成的具有自稳定性的闭合结构体系，称为张拉整体结构。基于张拉整体概念，可以构造球面、圆柱面、平板、伸展臂桁架等空间结构体系。

2)膜材及其特性

用于膜结构建筑的膜材是一种具有强度高、柔韧性好的薄膜材料，由纤维编织成织物基层，在基层两面外涂树脂涂层加工而成。基层是受力构件，起到承受和传递荷载的作用。树脂涂层起到密实、保护基层以及防火、防潮、透光、隔热等作用。

根据建筑结构使用强度的一般要求，建筑膜材的织物基层一般选用聚酯纤维或玻璃纤维，而作为涂层常用的树脂有聚氯乙烯树脂、硅酮及聚四氟乙烯树脂。

在力学上，织物基层及涂层分别具有下列性质：

织物基层：抗拉强度、抗撕裂强度、耐热性、耐久性、防火性。

涂层：耐候性、防污性、加工性、耐水性、透光性。

3）施工要点

（1）膜结构支架制作安装

膜结构支架制作质量与钢结构类似，其最大的要求是所有钢构件的表面必须打磨光滑。不得有尖角毛刺，以防划伤膜面。膜结构支架安装时应注意几何尺寸和焊缝表面质量。为防止膜面安装后起皱，并保证设计所需的张力，要求膜结构的安装尺寸误差尽可能小，特别要控制支架的平行度、对角线等相关尺寸的误差。安装焊缝必须打磨平整，以防划破膜面。

（2）膜面安装

膜结构的骨架安装完后，经核实尺寸要求无误，方可在技术人员的指导下进行膜的吊装。膜面的安装必须按顺序要求的方位：上、下（膜经向），左、右（膜纬向），进行张拉到位，张拉后的膜面不可有褶皱、破损、积水等情况。

思考与练习

6-1 材料运输所使用的设备有哪些？

6-2 试述砖混结构的施工顺序。

6-3 现浇混凝土结构常用的运输方案有哪些？

6-4 阐述多层钢筋混凝土框架结构浇筑的原则和顺序。

6-5 起重机开行路线与构件平面布置和就位平面布置有什么关系？

6-7 工程上常用的钢网架吊装方法有哪些，各有什么特点？

单元7　市政管道工程施工

7.1 室外地下管道的开槽施工

室外地下管道开槽施工包括下管、稳管、接口、质量检查与验收等工作。

管道安装铺设前，首先应检查管道沟槽开挖深度、沟槽断面、沟槽边坡及堆土位置是否符合规定，检查管道地基处理情况等。同时，还必须对管材、管件进行检验，质量要符合设计要求，确保不合格或已经损坏的管材及管件不下入沟槽。

7.1.1　下管与稳管

1)下管

下管就是将管节从沟槽上运到沟槽下的过程，见图7-1。在把管子下入沟槽之前，应先在槽上排列成行，即排管。管道经过检验、修复后，运至沟边，按照设计要求经过排管、核对管节、管件位置确认无误后方可下管。下管可分集中下管和分散下管。下管一般都沿着沟槽把管道下到槽位，管道下到槽内基本上就位于铺管的位置，同时要减少管道在沟槽内的搬动，这种方法称为分散下管；如果沟槽旁边场地狭窄，两侧堆土，或沟槽内设支撑，分散下管不便，或槽底宽度大，便于槽内运输时，则可选择适宜的几处集中下管，再在槽内把管道分散就位，这种方法称为集中下管。

图7-1　下管

(1)下管方法

下管方法分为人工下管和机械下管两种。应根据管材种类、单节重量和长度、现场情况、机械设备情况等选择。

①人工下管：适用于管径小、重量轻，施工现场狭窄、不便于机械操作，工程量较小，而且机械供应有困难的情况。

②机械下管：适用于管径大、自重大，沟槽深、工程量大，施工现场便于机械操作的情况。

(2)人工下管

人工下管法包括贯绳下管法、压绳下管法、塔架下管法、溜管下管法等。

①压绳下管法：是人工下管法中最常用的一种方法(图7-2)，适用于中、小型管子，方法灵

活,可作分散下管。压绳下管法包括人工撬棍压绳下管法和立管压绳下管法两种。

图 7-2　压绳下管法

a. 人工撬棍压绳下管法。在距沟槽上口边缘一定距离处,将两根撬棍分别打入地下一定深度,然后用两根大绳分别套在管道两端,下管时将大绳的一端缠绕在撬棍上并用脚踩牢,另一端用手拉住,听从一人号令,徐徐放松绳子,直至将管子放至沟槽底部,如图 7-3 所示。

b. 立管压绳下管法。在距离沟边一定距离处,直立埋设一节或两节管子,埋入深度为 1/2 管长,管内用土填实,将两根大绳缠绕在立管上,绳子一端固定,另一端由人工操作,利用绳子与立管管壁间的摩擦力控制下管速度,操作时两边要均匀松绳,防止管道倾斜,如图 7-4 所示。此法适用于较大直径的管道集中下管。

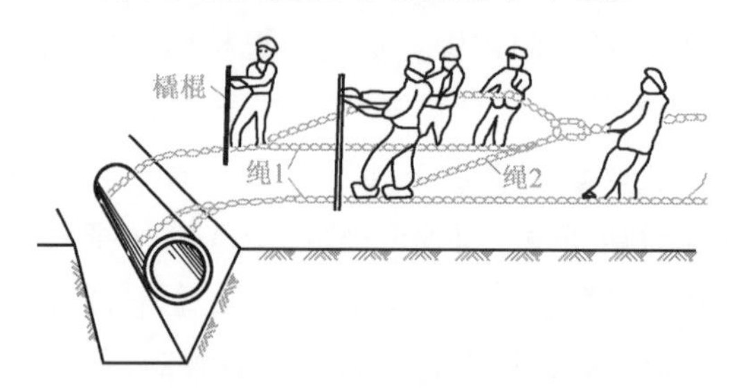

图 7-3　人工撬棍压绳下管法

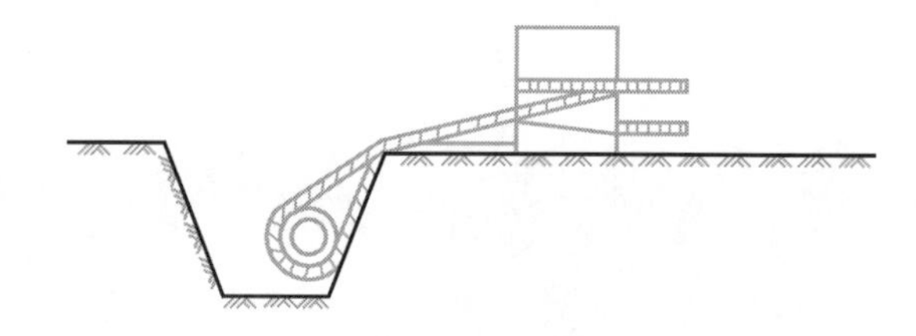
图 7-4　立管压绳下管法

②塔架下管法。利用装在塔架下的吊链进行下管,其方法是先将管子滚至架下横跨沟槽的横梁上,然后将它吊起,撤掉横梁后,将管子下到槽底。塔架的种类有三脚塔架、四角塔架及高凳等。此法适用于较大管径的集中下管。

(3)机械下管

图 7-5　机械下管

如图 7-5 所示,机械下管一般是用汽车式或履带式起重机进行下管,机械下管有分段下管和长管段下管两种方式。

机械下管注意事项如下:

①机械下管时,起重机距沟边至少有 1m 间隔,避免沟壁坍塌。

②吊车不得在架空输电线路下作业。在架空线路附近作业时,其安全距离应符合规定。

③机械下管应有专人指挥。指挥人员必须熟悉机械吊装的有关安全操作规程和指挥信号,驾

驶员必须听从信号进行操作。

④绑(套)管子应找好重心,平吊轻放。不得忽快忽慢和突然制动。

⑤起吊及搬运管材、配件时,对于法兰盘面、非金属管材承插口工作面、金属管防腐层等,均应采取保护措施,以防损坏。吊装闸阀等配件时,不得将钢丝绳捆绑在操作轮及螺栓孔上。

⑥在起吊作业区内,任何人不得在吊钩或被吊起的重物下面通过或站立。

⑦管节下入沟槽时,不得与槽壁支撑及槽下管道相互碰撞;沟内运管不扰动天然地基。

图7-6为机械吊装组合下管示意图。

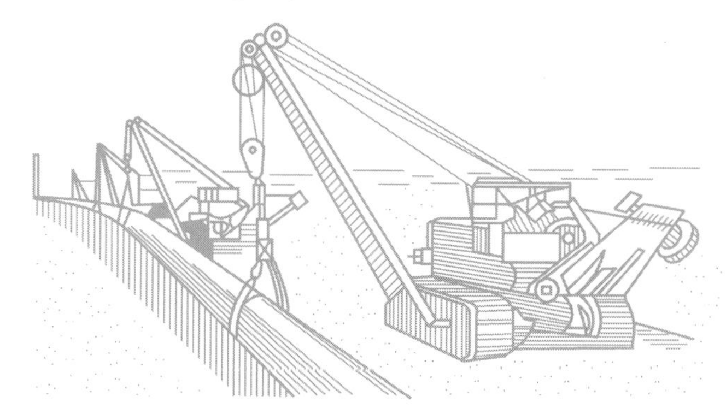

图7-6　机械吊装组合下管示意图

(4)不同管材的下管方法

①钢管。钢管下沟的方法,可按照管道直径及种类、沟槽情况、施工场地周围环境与施工机具等情况而定。通常要采用汽车式或履带式起重机下管,当沟旁道路狭窄,周围树木、电线杆较多,管径较小时,可以使用人工下管。

②铸铁管。铸铁管下沟的方法与钢管基本相同,要尽可能地采用起重机下管。人工下管时,多采用压绳下管法。铸铁管以单根管道放到沟内,不可碰撞或突然坠入沟内,避免将铸铁管碰裂。

③塑料管。聚乙烯管道应在沟底高程和管基质量检查合格后,方可敷设。聚乙烯管道敷设时,应随管走向埋设金属示踪线;距管顶不小于300mm处应埋设警示带,警示带上应标出醒目的提示字样。

④钢筋混凝土管。钢筋混凝土管重量较大,通常采用机械下管方法。在施工条件较差时,可因地制宜采用其他方法。

2)稳管

稳管是将管道按设计高程和位置,稳定在地基或基础之上。对距离较长的重力流管道工程,一般由下游向上游进行施工,以便使已安装的管道投入使用,同时也有利于地下水的排除。

(1)管轴线位置控制

管轴线位置控制是指所铺设的管线符合设计规定的坐标位置,其方法是在稳管前由测量人员将管中心钉测设在坡度板上,稳管时由操作人员将坡度板上中心钉挂上小线,即为管子轴线位置,如图7-7所示。

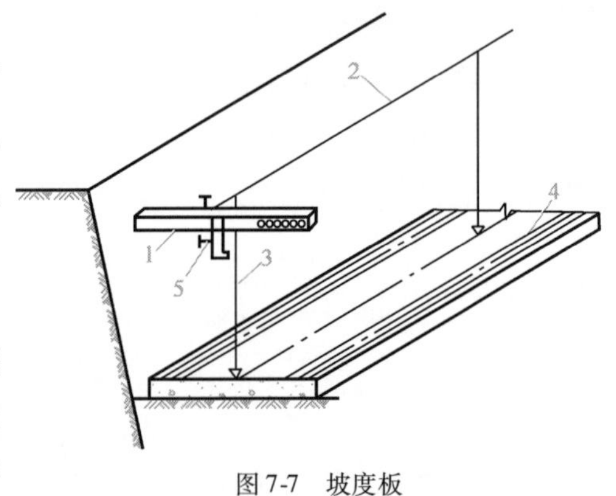

图7-7 坡度板

1-坡度板;2-中心线;3-中心垂线;4-管基础;5-高程钉

①中线对中法。如图7-8a)所示,在中心线上挂一垂球,在管内放置一块带有中心刻度的水平尺,当垂球线穿过水平尺的中心刻度时,则管子已经对中。若垂线往水平尺中心刻度左边偏离,则管子往右偏离中心线相等距离,调整管位置,使其居中为止。

②边线对中法。如图7-8b)所示,在管子同一侧,钉一排边桩,其高度接近管中心处,在边桩上钉小钉子,其位置距中心垂线保持同一常数值。稳管时,将边桩上的小钉挂上边线,即边线与中心垂线相距同一距离。在稳管操作时,使管外皮与边线保持同一距离,则表示管道中心处于设计轴线位置。

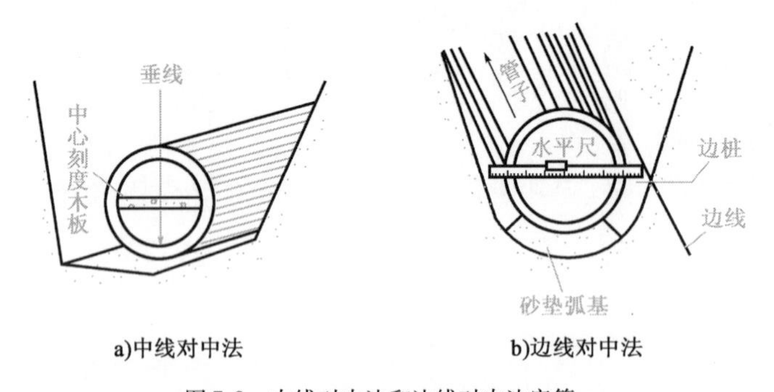

图7-8 中线对中法和边线对中法安管

(2)管内底高程控制

沟槽开挖接近设计高程时,由测量人员埋设坡度板,坡度板上标出桩号、高程和中心钉。坡度板埋设间隙,排水、燃气管道一般为15~20m。管道平面及纵向折点和附属构筑物处,根据需要增设坡度板。稳管时,用一木制丁字形高程尺,上面标出下反数刻度(坡度线上任何上点到管底的垂直距离是一个常数称为下反数),将高程尺垂直放在管内底中心位置,调整管子高程,使高程尺下反数的刻度与坡度线相重合,则表明管内底高程正确。

7.1.2 管材与管道接口

1)铸铁管及其接口

铸铁管是采用铸造生铁(灰口铸铁)以离心浇注法或砂型法铸造而成,可用作给水管道、供热通风及煤气管道。它能承受较大的水压、气压，耐腐蚀性强，并且价格较无缝钢管、有缝钢管低廉。但因铸铁管为脆性材料，在方法不当时易撞坏。铸铁管由于焊接、套丝、煨弯等加工困难，因此它的接口形式主要采用承插式（图 7-9）及法兰连接两种方法。

（1）承插式接口

承插式接口主要用于内径为 100～1200mm 的铸铁管（图 7-10）。刚性接口是承插铸铁管的主要接口形式之一，由嵌缝材料和密封填料组成，如图 7-11 所示。其形式主要有麻—石棉水泥接口、石棉绳—石棉水泥接口、麻—膨胀水泥砂浆接口、麻—铅接口等。施工时，先填塞嵌缝填料，然后再填塞密封材料，养护后即可。

图 7-9　承插式接口

图 7-10　球墨铸铁管道接口

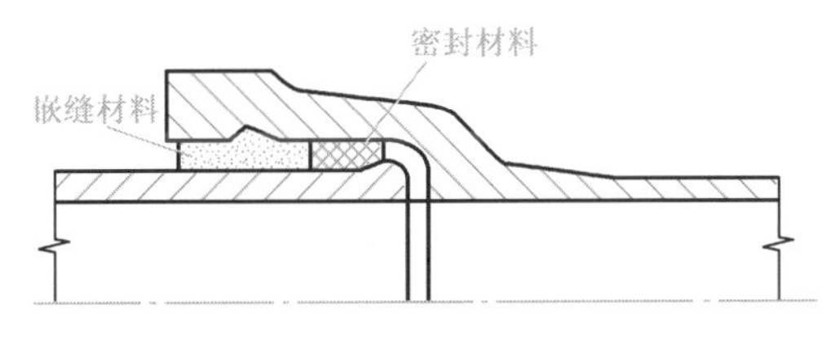

图 7-11　接口形式

①嵌缝材料。嵌缝的主要作用是使承插口缝隙均匀，增加接口的黏着力，确保密封填料击打密实，而且能防止填料掉入管内。嵌缝的材料有麻、橡胶圈、粗麻绳和石棉绳等。

②密封材料：

a. 石棉水泥填料。它是一种最常用的密封填料，有较高的抗压强度。石棉纤维对水泥颗粒有较强的吸附能力，水泥中掺入石棉纤维可以提高接口材料的抗拉强度。水泥在硬化过程中收缩，石棉纤维可以阻止其收缩，提高接口材料与管壁的黏着力及接口的水密性。

b. 膨胀水泥砂浆。用膨胀水泥砂浆作为密封填料，也是铸铁管常用的一种刚性接口形式。膨胀水泥是由作为强度组分的硅酸盐水泥及作为膨胀剂的矾土水泥和二水石膏组成，在水化过程中体积膨胀，增加其与管壁的黏着力，提高了水密性，且产生密封性微气泡，提高接口抗渗性能。

（2）柔性接口

承插式铸铁管的刚性接口抗应变性能差，受外力作用时，填料容易碎裂而渗水，尤其在弱地基、沉降不均匀地区和地震区，接口的破坏率较高。为此，在上述不利条件下，应尽量以柔性接口来取代。

①楔形橡胶圈接口。将管道的承口内壁加工成斜形槽，插口端部加工成坡形，安装时在承口斜槽内嵌入起密封作用的楔形橡胶圈，如图7-12所示。由于斜形槽的限制作用，胶圈在管内水压的作用下与管壁压紧，具有自密性。此种接口抗震性能良好，并且可以提高施工速度，减轻劳动强度。

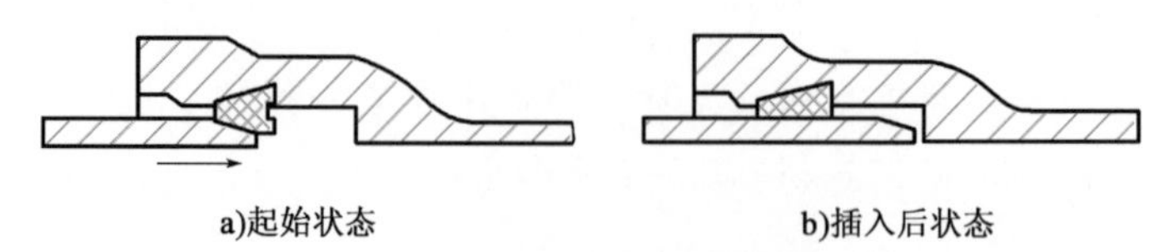

图7-12 承插口楔形橡胶圈接口

②其他形式橡胶圈接口。为了改进施工工艺，铸铁管可以采用角唇形、圆形、螺栓压盖形及中缺形胶圈接口，如图7-13所示。

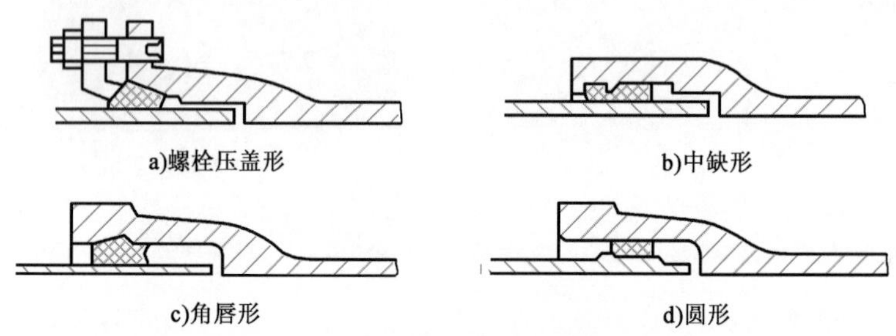

图7-13 其他形式橡胶圈接口

螺栓压盖形的特点是抗震性能良好，安装拆修方便，但是配件较多，造价较高；中缺形是插入式接口，接口仅需一个胶圈，操作简单，但是承口制作尺寸要求较高；角唇形的承口可固定安装胶圈，但胶圈耗胶量较大，造价较高；圆形则具有耗胶量小，造价低的优点，但只适用于离心铸铁管。

2）钢管及其接口

钢管的接口多为螺纹接口、焊接接口、法兰盘接口和各种柔性接口。由于钢管耐腐蚀性差，使用前需进行防腐处理。

（1）钢管螺纹连接

在管段端部加工螺纹，然后拧上带内螺纹的管子配件（如管箍、三通、弯头、活接头），再与其他管段连接起来构成管路系统。

①接口形式。螺纹形式分为圆柱螺纹和圆锥螺纹，如图7-14所示。圆柱螺纹也称平行螺纹，用于活箍等管件；圆锥螺纹具有1/16的锥度，螺纹长度较短，用于管道接口。

②套丝连接。又称丝口连接，人工套丝的工具是管道丝板，每种规格的丝板都附有相应的板牙，加工螺纹时可按口径分别选用相应丝板和板牙，如图7-15所示。

（2）钢管焊接

焊接的优点是：

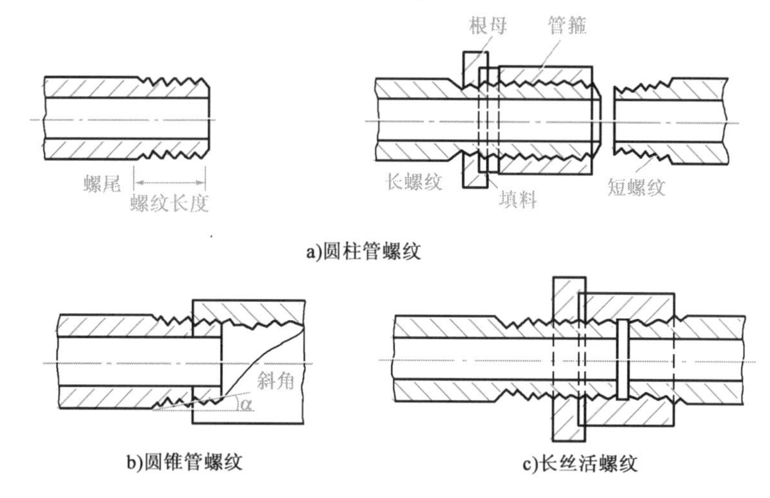

图 7-14　螺纹形式

图 7-15　丝口连接管道

①接口牢固严密，焊缝强度一般达到管强度的 85% 以上，甚至超过母材强度；

②焊接系管段间直接连接，构造简单，管路美观整齐，节省了大量定型管件（如管箍、三通等），也减少了材料管理工作；

③焊接口严密且不用填料，减少维修工作；

④焊接口不受管径限制，速度快，比起螺纹连接减轻了劳动强度。

钢管电弧焊接接口常为对接焊或角接焊，即在一个焊口中往往平、立、横、仰四种方法都用到。由于管材的自重，管口会产生椭圆度。两管端的椭圆度不一样或由于施工时管口两端基础误差使管口不能完全正对接，称为错口（图7-16），错口过大，也会影响施焊质量，所以错口应控制在一定范围内。

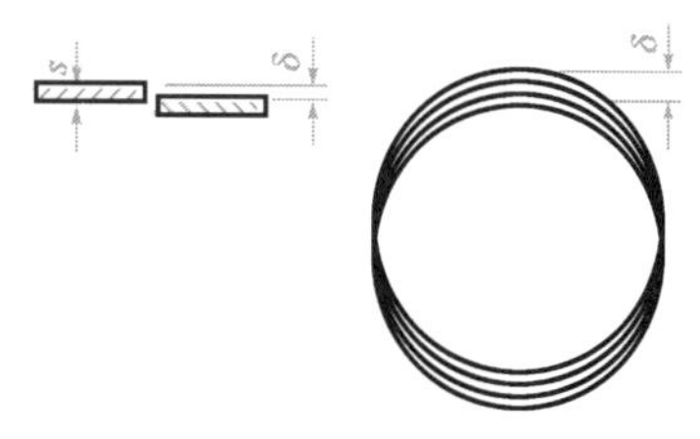

图 7-16　管端对口的错口量

（3）钢管法兰连接

在高压管路系统中，凡经常需要检修或定期清理的阀门、管路附属设备与管子的连接，一般采用法兰连接。法兰连接强度高，严密性好，拆卸安装方便，但垫圈易腐蚀。

法兰盘接口是依靠螺栓的拉紧将两个法兰盘紧固在一起,较其他接口耗钢量多,用人工多,造价较高。

3)塑料管及其接口

(1)聚合塑料管接口

聚合塑料管中的硬聚氯乙烯塑料管在管道中较常用到。接口形式分为不可拆卸和可拆卸两种。不可拆卸的接口有焊接、承插和套管胶接等,可拆卸接口有法兰接口。

①焊接口。塑料焊接是根据塑料的热塑性,用热压缩空气对塑料加热,在塑料软化温度时,使焊件和焊条相互黏结。但焊接温度超过软化点时,塑料会分化燃烧而无法焊接。此种接口技术要求高,但成本低,整体性好,不易漏水,而且接头变化灵活。

②承插接口。对于承插连接的管口,先将管端扩口,插口端切成坡口,插入深度视管径确定,管口应保持干燥、清洁。此种接口易连接,封存性好,但胶合剂有异味,接口只能使用一次,不得重复使用。

③法兰接口。塑料管法兰接口,常采用可拆卸式;法兰系塑料,与管口连接有焊接、凸缘接、翻边接等形式;法兰盘面应垂直于管口;垫圈常采用橡胶。此种接口易连接,但易渗漏,接口零件可重复使用,如图7-17所示。

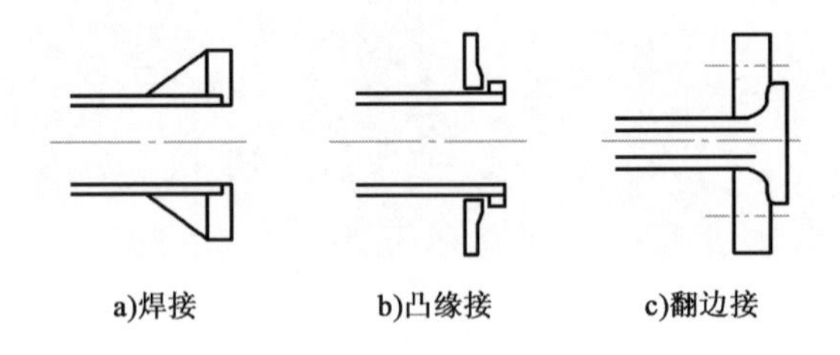

图7-17　塑料管法兰盘接口的法兰盘与管口连接图

(2)缩聚塑料管接口

缩聚塑料管以玻璃钢管最为常见,常用于小型排水管道。玻璃钢管接口分为可拆卸和不可拆卸两种。可拆卸式接口为法兰连接,不可拆卸式接口为承插式或套管式。

4)钢筋混凝土管及其接口

钢筋混凝土管多用于大口径的给水管道和污水、雨水管道。其接口形式有刚性、柔性和半柔半刚性三种。给水管道多采用柔性接口;雨、污水管道多采用刚性接口;半柔半刚性接口介于柔性和刚性两种形式之间,使用条件和柔性接口类似。

(1)抹带接口

抹带接口有水泥砂浆抹带和钢丝网水泥砂浆抹带,如图7-18所示。

(2)承插式接口

承插式接口多用于管径在400mm以下的混凝土管,接口材料有普通水泥砂浆、膨胀水泥砂浆、石棉水泥、沥青砂浆或沥青油膏等。

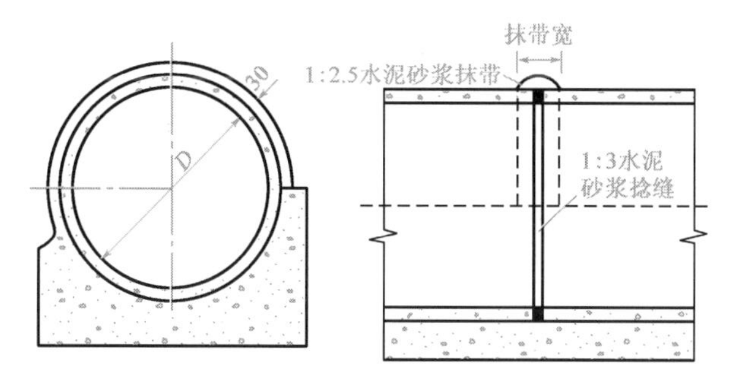

a)水泥砂浆抹带接口

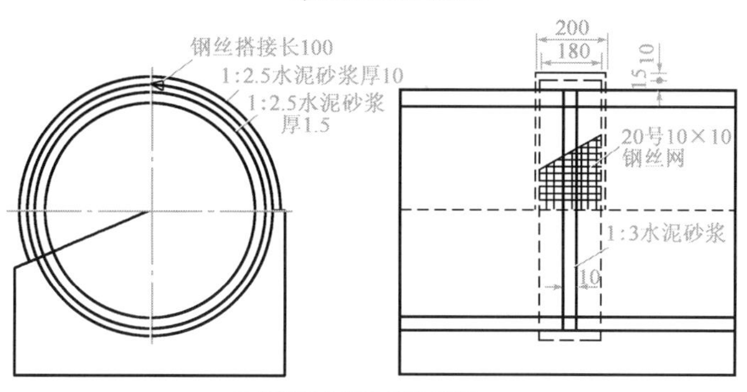

b)钢丝网水泥砂浆抹带接口

图 7-18　抹带接口(尺寸单位:mm)

(3)柔性接口

柔性接口有沥青砂浆灌口(图 7-19)、石棉沥青带接口及沥青麻布接口等形式。为了防止因地基不均匀沉降而造成管道漏水,可采用此接口。

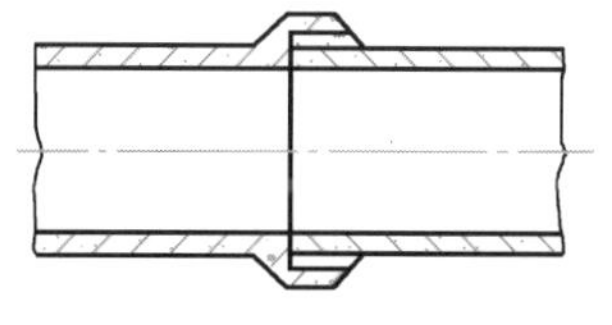

图 7-19　沥青砂浆灌口

7.1.3　管道的交叉处理

1)管道综合布置的原则

①各种管道的平面排列不得重复,并尽量减少和避免相互间的交叉。

②管道排列时,应注意其用途、相互关系及彼此间可能产生的影响。如污水管应远离生活饮用水;直流电缆不应与其他金属管靠近,以避免增加后者腐蚀。

③干管应靠近主要使用单位及连接支管最多的一侧。

④街区管道平面排列时,应按从建筑物向道路方向和由浅埋至深埋的顺序安排,一般常用的管道排列顺序如下:通信电缆或电力电缆、燃气管道、污水管道、给水管道、热力管道、雨水管道,如图 7-20 所示。

⑤各种管线平面高程设计相互发生冲突时,应按下列原则处理:小口径管道让大口径管道,可弯的管道让不能弯的管道,临时性管道让永久性管道,有压管让自流管,新设管道让已建管道,低压管道让高压管道,一般管道让低温、高温管道,支管道让主管道。

⑥易燃易爆气体管道和热力管道不可敷设在电缆沟的上方。

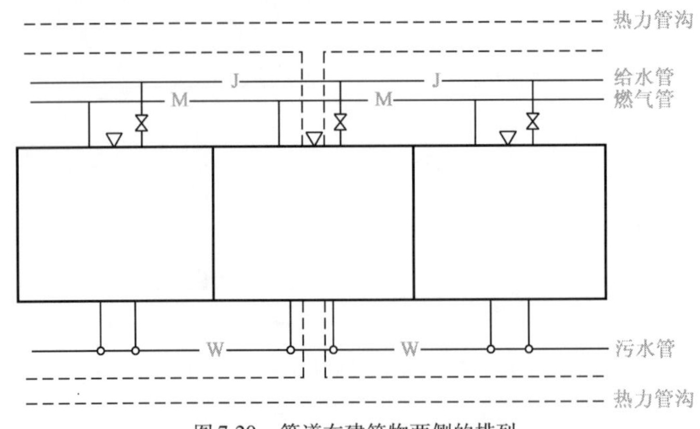

图 7-20　管道在建筑物两侧的排列

⑦管线在布置时，管线之间的水平及垂直最小净距应符合规定，如特殊情况，满足不了规定的净距，则在施工中应采取特殊措施。

2）管道与管道交叉施工

（1）给水管道、排水管与其他管道交叉

给水管道与其他管道及构筑物的最小水平净距应符合规定。给水管应设在排水管上方，且其垂直净距不应小于 0.4m；当给水管设在污水管侧下方时，给水管必须采用金属管材，并应根据土壤的渗水性及地下水位情况，妥善确定净距。

当给水管与排水干管的过水断面交叉，若管道高程一致时，在给水管道无法从排水干管跨越施工的条件下，亦可使排水干管保持管底坡度及过水断面面积不变的前提下，将圆管改为沟渠，以达到缩小高度的目的。给水管设置于盖板上，管底与盖板间所留 0.05m 间隙中填置砂土，沟渠两侧填夯砂夹土，如图 7-21 所示。

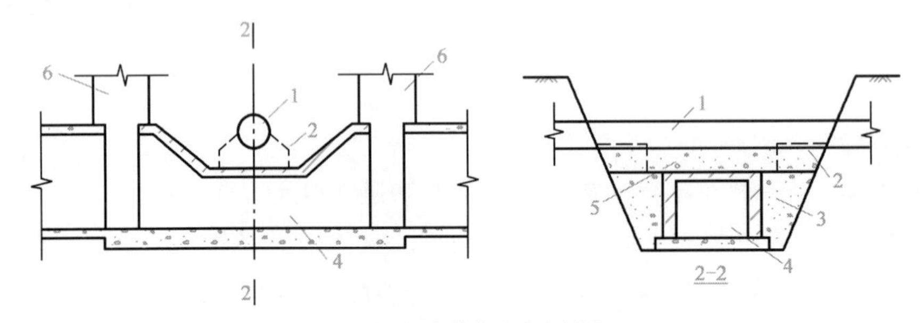

图 7-21　排水管扁沟法穿越图

1-给水管；2-混凝土管座；3-砂夹石；4-排水沟渠；5-黏土层；6-检查井

（2）管道与构筑物交叉施工

①给水管道与构筑物交叉施工。当地下构筑物埋深较大时，给水管道可从其上部跨越。冰冻深度较深地区，应按冰冻深度要求确定管道最小覆土厚度。此外，在给水管道最高处，应安装排气阀并砌筑排气阀井，如图 7-22 所示。

②排水管道与构筑物交叉施工。排水管道为重力流，其与构筑物交叉时，仅能采用倒虹吸管自构筑物底部穿越，如图 7-23 所示。

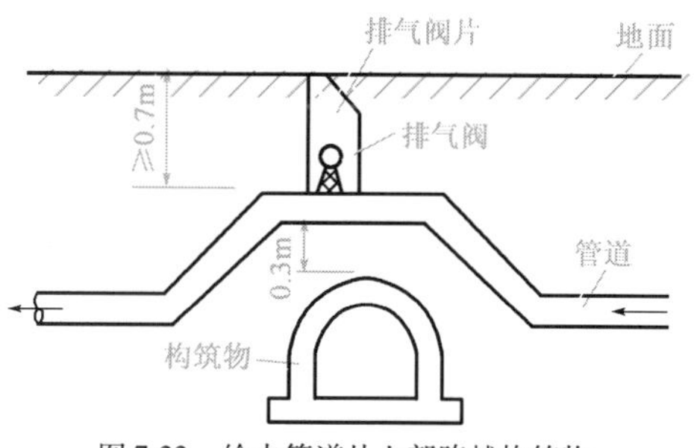

图 7-22　给水管道从上部跨越构筑物

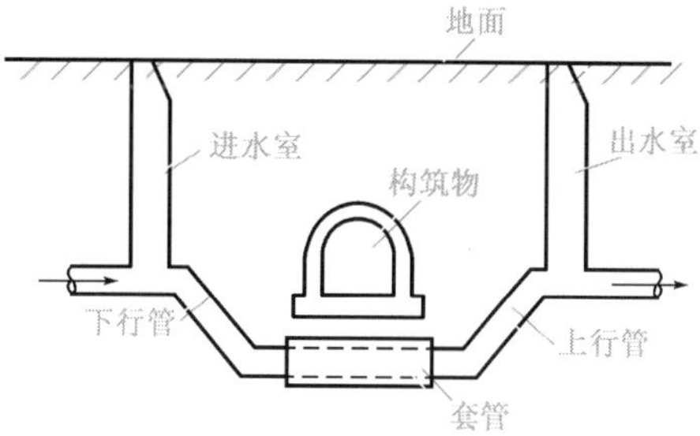

地面
进水室
出水室
构筑物
下行管
上行管
套管

图 7-23　排水管道倒虹吸管穿越构造物

（3）两种管道交叉并同时施工

①混凝土或钢筋混凝土预制圆形管道与其上方钢管道或铸铁管道交叉且同时施工时，宜在混凝土管两侧砌筑砖墩支撑，如图 7-24 所示。

②混合结构或钢筋混凝土矩形管渠与其上方钢管道或铸铁管道交叉，当顶板至其上方管道底部的净空在 70mm 及以上时，可在侧墙上砌筑砖墩支撑管道，如图 7-25 所示。当净空小于 70mm 时，可在顶板与管道之间采用低强度等级的水泥砂浆或细石混凝土填实，如图 7-26 所示。

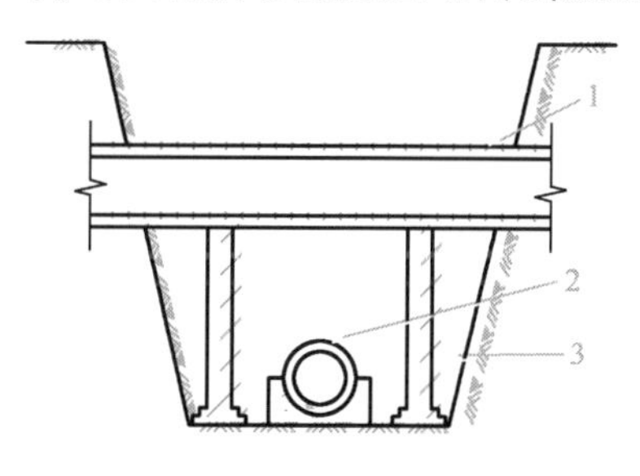

图 7-24　圆形管道两侧砖墩支撑

1-铸铁管道或钢管道；2-混凝土圆形管道；3-砖砌支墩

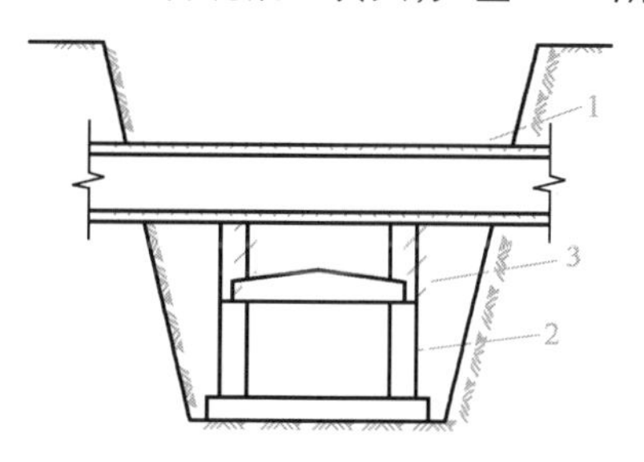

图 7-25　矩形管渠上砖墩支撑

1-铸铁管道或钢管道；2-混合结构或钢筋混凝土矩形管渠；3-砖砌支墩

③当排水管道与其上方的电缆管块交叉时，应符合下列规定：

a. 排水管道与电缆管块同时施工时，可在回填材料上铺一层中砂或粗砂，其厚度不宜小于 100mm，如图 7-27 所示。

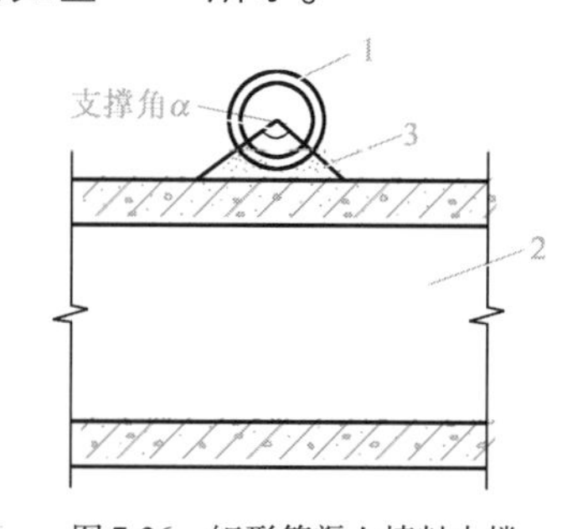

图 7-26　矩形管渠上填料支撑

1-铸铁管道或钢管道；2-混合结构物或钢筋混凝土矩形管渠；3-低强度等级的水泥砂浆或稀释混凝土

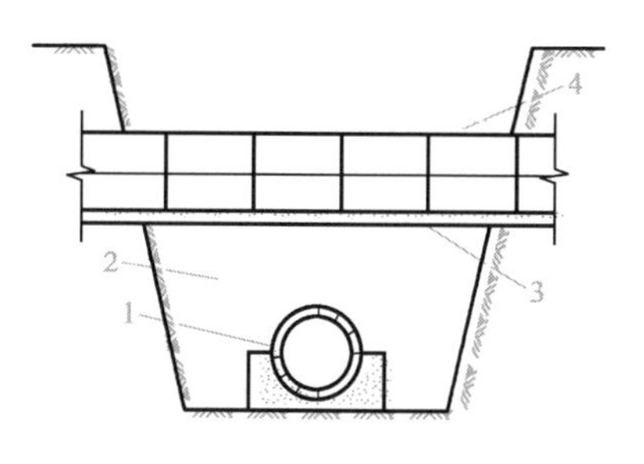

图 7-27　电缆管下方填土

1-排水管道；2-回填材料；3-中砂或粗砂；4-电缆管块

b. 当电缆管块已建成时,应符合下列规定:

当采用混凝土回填时,混凝土应回填到电缆管块基础底部,其间不得有空隙;

当采用砌砖回填时,砌砖体的顶面宜在电缆管块基础底面以下不小于200mm,再用低强度等级的混凝土填至电缆管块基础底部,其间不得有空隙。

7.1.4 管道的质量检查与验收

1) 管道检查

排水管道工程竣工后,应分段进行工程质量检查。质量检查内容包括:

①外观检查。对管道基础、管座、管道接口、节点、检查井、支墩及其他附属构筑物进行检查。如图7-28、图7-29所示。

图7-28 埋地管道检验

图7-29 管道焊接质量检查

②断面检查。对管子的高程、中线和坡度进行复测检查。

③接口严密性检查。排水管道一般做闭水试验。

2) 竣工验收

(1) 管道竣工测量

①管道竣工纵断面图。如图7-30所示,应能全面反映管道及其附属构筑物的高程。一定要在回填土以前测定检查井口和管顶的高程。如果管道互相穿越,在断面图上应表示出管道的相互位置,并注明尺寸。

②管道竣工平面图。如图7-31所示,应能全面反映管道及其附属构筑物的平面位置。测绘的主要内容有管道的主点、检查井位置以及附属构筑物施工后的实际平面位置和高程。图上还应标有检查井编号、井口顶高程和管底高程,以及井间的距离、管径等。对于给水管道中的阀门、消火栓、排气装置等,应用符号标明。可利用施工控制网测绘管道竣工平面图。当已有实测详细的平面图时,可以利用已测定的永久性建筑物,来测绘管道及其构筑物的位置。

(2) 竣工验收内容

室外排水管道验收时,应填写中间验收记录表和竣工验收记录表。验收的内容主要包括管道及附属构筑物的地基与基础,管道的位置与高程,管道的结构与断面尺寸,管道的接口、变

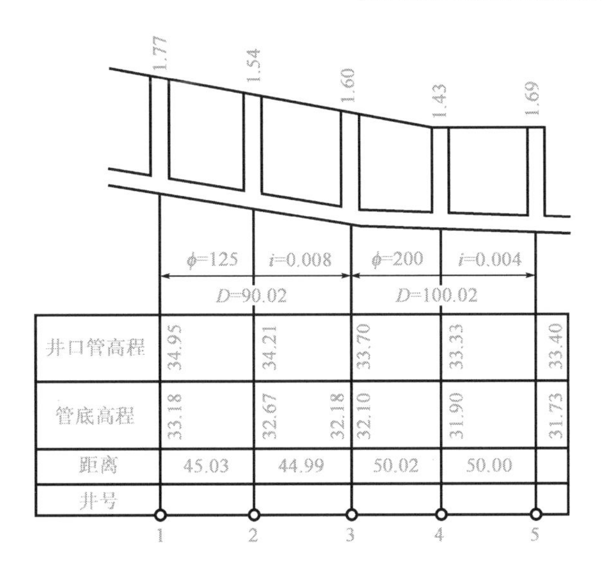

图 7-30　管道竣工纵断面图

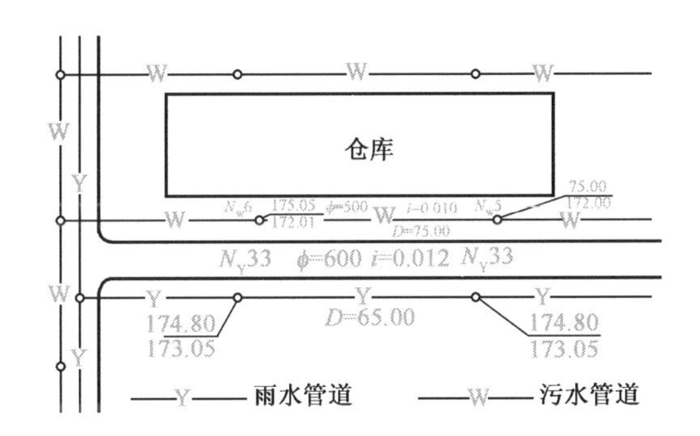

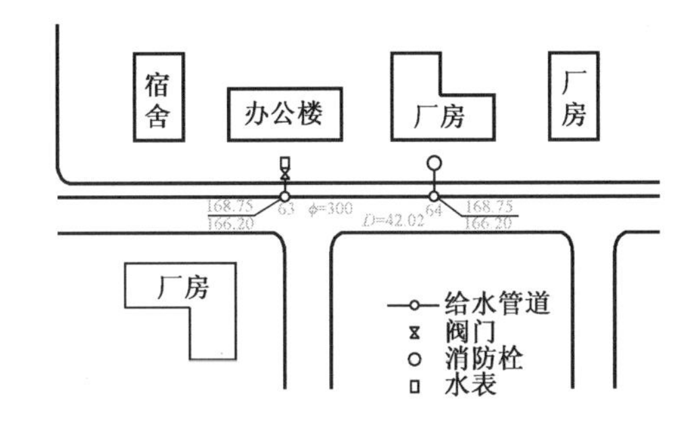

图 7-31　管道竣工平面图

形缝及防腐层，管道及附属构筑物防水层，地下管道交叉的处理。

(3) 竣工验收资料

室外排水管道工程竣工后，施工单位应提交下列文件：施工设计图并附设计变更图和施工洽商记录，主要材料、制品和设备的出厂合格证或试验记录，管道的位置及高程的测量记录，混凝土、砂浆、防腐、防水及焊接检验记录，管道的闭水试验记录，中间验收记录及有关资料，回填土压实度的检验记录，工程质量检验及评定记录，工程质量事故处理记录，隐蔽工程验收记录及有关资料，竣工后管道平面图、纵断面图及管件结合图等，有关施工情况的说明。

7.2 室外地下管道的不开槽施工

地下管道不开槽施工是指一切在地下铺设或修复旧管道利用少开挖或不开挖技术的施工方法。采用这一方法不需要在地面全线开挖，而只要在管线的特定场所出发，采用暗挖的方法就可在地下敷设管道。不开槽施工铺设管道的应用有以下几个方面。

①穿越管道。管道穿越的对象通常有高速公路、高等级公路、城市交通干道以及铁路等不便中断交通的交通要道。另外，还有穿越江河等不便中断水上交通或无法进行排水施工的河流、大江和海峡。

②通向水域管道。通常有深水取水管道和深水排污管道两大类，管道的一端与水体连通。

③构(建)筑物下管道。管道在地面构(建)筑物下铺设，这在城区是经常遇到的，这些构(建)筑物通常有居民区、厂区、公园、街道、地下已有管道、隧道、防洪大堤等。

④设置较深的管道。有些管道虽然可以开槽埋设，但因埋置太深，土方量较大，也往往采用不开槽方法施工。

常采用顶管法进行室外地下管道的不开槽施工。

根据管道顶进方式不同，顶管法施工(图7-32)可分为掘进式顶管法和挤压式顶管法。掘进式顶管法按掘土方式又分为人工掘进顶管和机械掘进顶管，挤压式顶管法又分为不出土挤压顶管和出土挤压顶管。

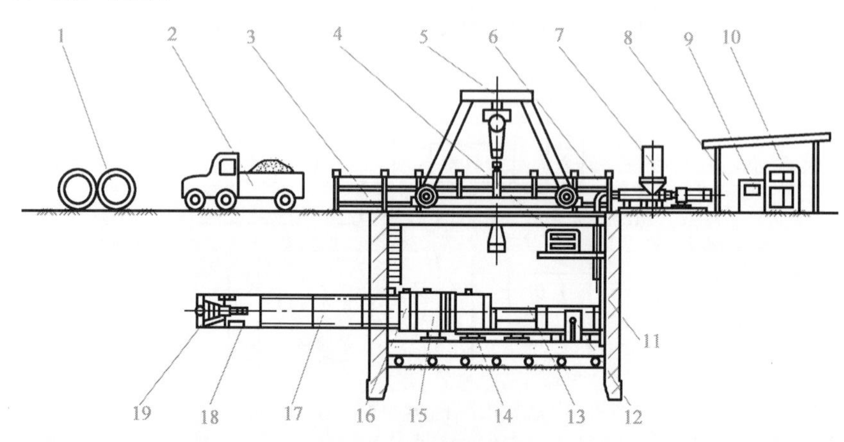

图7-32　顶管法施工

1-混凝土管；2-运输车；3-扶手；4-主顶油泵；5-行车；6-安全扶手；7-润滑注浆系统；8-操纵房；9-配电系统；10-操纵系统；11-后座；12-测量系统；13-主顶油缸；14-导轨；15-弧形顶铁；16-环形顶铁；17-混凝土管；18-运土车；19-机头

掘进顶管法施工工艺:开挖工作坑→工作坑底修筑基础、设置导轨→制作后背墙、顶进设备(千斤顶)安装→安放第一节管子(在导轨上)→开挖管前坑道→管子顶进→安接下一节管道→循环。如图7-33所示。

①人工掘进顶管(图 7-34):

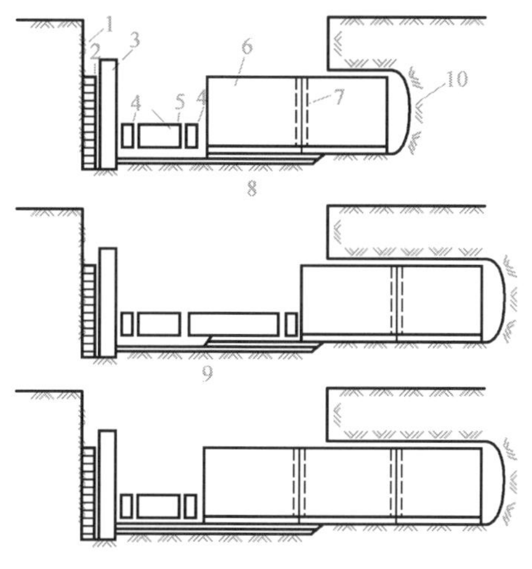

图 7-33　掘进顶管过程示意图

1-后座墙;2-后背;3-立铁;4-横铁;5-千斤顶;6-管子;7-内胀圈;8-基础;9-导轨;10-掘进面

图 7-34　人工掘进顶管

工作坑又称竖井,其位置按下列条件选择:管道井室的位置;可利用坑壁土体做后背;便于排水、出土和运输;对地上与地下建筑物、构筑物易于采取保护和安全施工的措施;距电源和水源较近,交通方便;单向顶进时宜设在下游一侧。

工作坑按照其功能不同,通常可分为单向坑、双向坑、多向坑、转向坑、交汇坑,如图 7-35 所示。

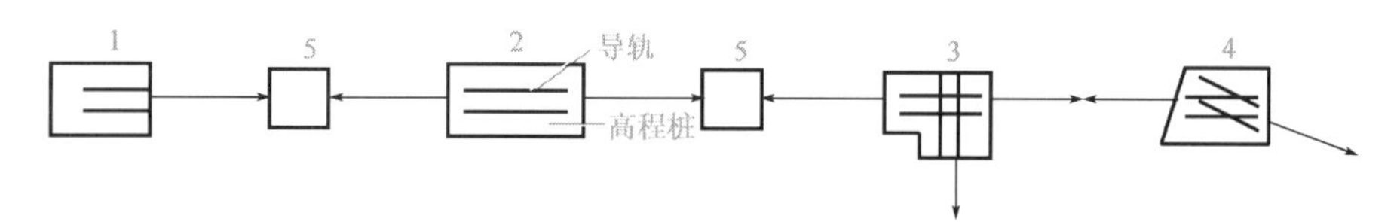

图 7-35　工作坑种类

1-单向坑;2-双向坑;3-多向坑;4-转向坑;5-交汇坑

工作坑纵断面形状有直槽形、阶梯形等。由于操作需要,工作坑最下部的坑壁通常为直壁,高度不小于 3m。如果开挖斜槽,则顶管前进方向两端要为直壁。土质不稳定的工作坑壁要设支撑或板柱,支撑形式如图 7-36 所示。

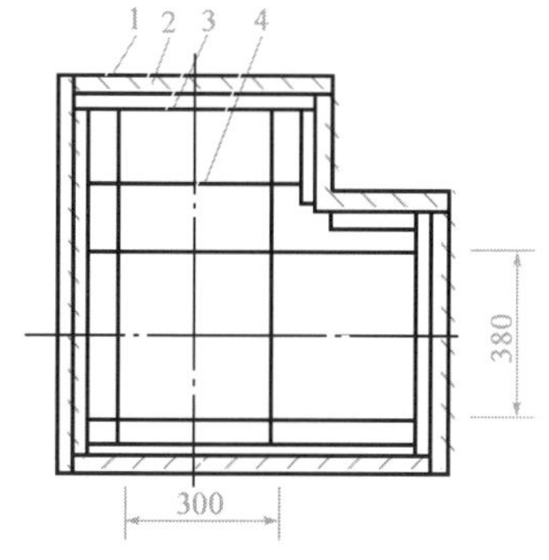

图 7-36　工作坑壁支撑(尺寸单位:mm)

1-坑壁;2-撑板;3-横木;4-撑杠

如果在地下水位以上且土质较好,工作坑内采用方木基础;如果在地下水位以下,要浇筑混凝土基础。为防止工作坑地基沉降,导致管子顶进位置误差过大,要在坑底修筑基础或加固地基。

为了安放导轨,要在混凝土基础内预埋方木轨枕。方木轨枕分横铺与纵铺两种。

密实地基土可采用木筏基础，由方木铺成，平面尺寸与混凝土基础相同，分为密铺及疏铺两种。顶管都安装导轨，控制导轨的中心位置及高程，可保证顶入管节中心及高程能符合设计要求。

图7-37　机械掘进顶管

②机械掘进顶管(图7-37)。一般可分为切削掘进、纵向切削挖掘、水平钻进和水力掘进等。

a. 切削掘进。钻进设备主要由切削轮和刀齿组成。

b. 纵向切削挖掘。该设备构造简单，拆装维修方便，挖掘效率高，适用于在粉质黏土和黏土中掘进。

c. 水平钻进。通常采用螺旋掘进机，主要由旋转切削式钻头切土，由螺旋输送器运土。

d. 水力掘进。利用管端工具管内设置的高压水枪喷出高压水，将管前端的水冲散，变成泥浆，然后使用水力吸泥机或泥浆泵将泥浆排出去，这样边冲边顶，不断前进。此法优点是效率高，成本低；缺点是顶进时方向不易控制。

7.3　室外热力管道安装

7.3.1　地上高架管道安装

管架空敷设主要适用于地下水位高、地形高低起伏较大、地形复杂或地下管线复杂、地下建筑物较多或有特殊障碍、有架空管道可供架空敷设或有可利用的建筑物作支架等情况。如图7-38所示。

1)架空敷设的形式

(1)按照支架的高度不同分类

①低支架敷设。当管道保温层至地面净空为0.5～1.0m时为低支架敷设。供热管道可以采用低支架敷设，如图7-39所示。

图7-38　城市高架热力管道

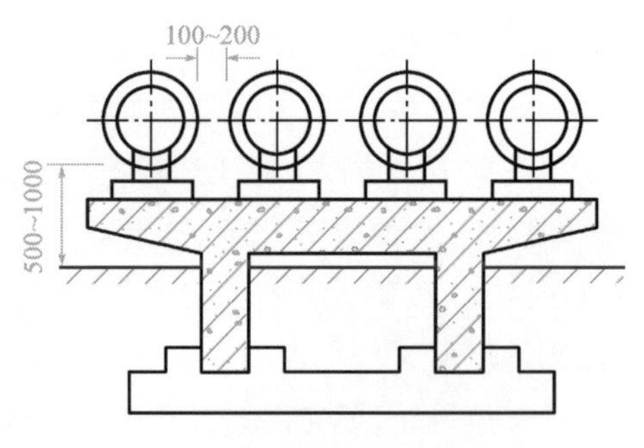

图7-39　低支架(尺寸单位:mm)

②中高支架敷设。当管道保温层至地面净空大于2m时为中高支架敷设。适用于行人通行频繁，需要通行大车，跨越铁路、公路等处的管道敷设，如图7-40所示。

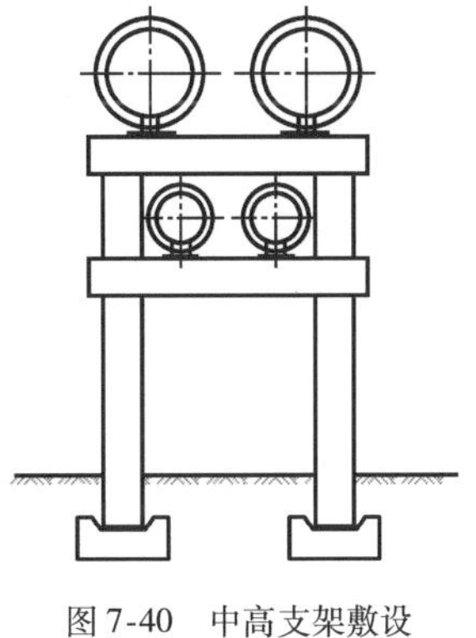

图7-40　中高支架敷设

(2)按照支架承受的荷载分类

按照支架承受荷载可分为中间支架和固定支架。

2)高架管道安装过程和方法

(1)安装过程

管架加工制作和管架基础施工→安装管架(吊装)→搭设支架两侧脚手架→管道吊装→连接→保温→试压验收。

(2)安装方法

①管道安装；②搭设脚手架平台；③采用起重机械；④试压验收。

7.3.2　地下敷设方法

热力管道地下敷设可分为地沟敷设和地下直埋敷设两种形式。

1)地沟敷设

(1)敷设方法

地沟敷设适用于地上交通繁忙，维修量不大的干管和支管，或者成排管道数量多的情况。可根据管道数量、要求，采用通行地沟或不通行地沟的方法。

①通行地沟。当管道数目较多，或管道在地沟内任一侧的排列高度大于或等于1.5m时，可采用通行地沟，如图7-41所示。

②半通行地沟。当管道的种类和数目不多，且不能开挖路面进行管道的维修时，可采用半通行地沟，如图7-42所示。

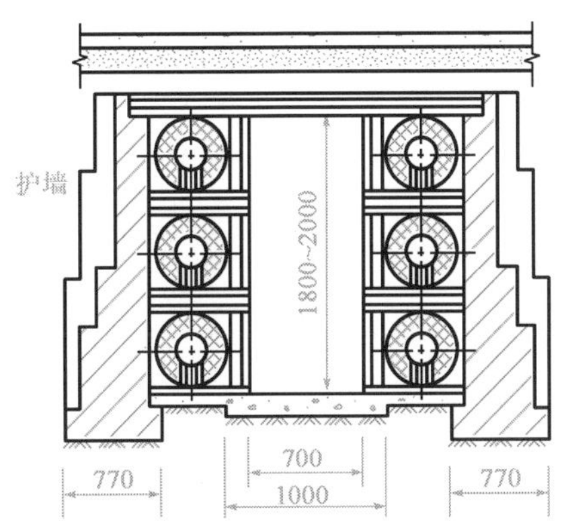

图7-41　通行地沟(尺寸单位：mm)

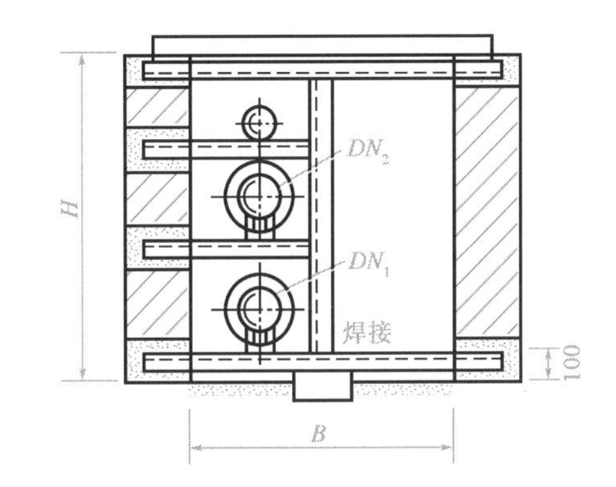

图7-42　半通行地沟(尺寸单位：mm)

③不通行地沟。当管道种类、数量少，管径较小，平常无维修任务时，可采用不通行地沟，如图7-43所示。

(2)地沟施工

①地沟敷设热力管网施工程序：

测量放线→挖槽→地沟施工→排管→对口修口→点焊找直焊接→下管连接→安滑动支架→安阀门等→分段试压→刷防锈漆→保温→总试压→验收→盖盖板→冲洗→试运行→总验收。

②地沟内热力管道的安装(图7-44)要求:

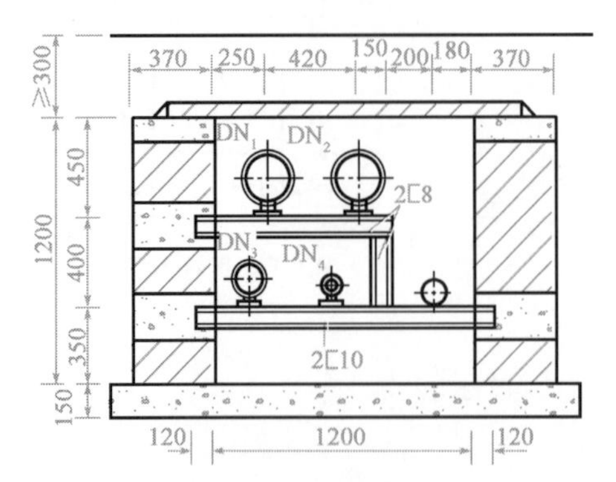

图7-43 不通行地沟(尺寸单位:mm)

图7-44 热力管道安装

a. 热力管道的热水、蒸汽管,如设计无要求,应敷设在载热介质前进方向的右侧,如图7-45所示。

b. 管道(包括保温层)安装位置,其净距应符合规定。

c. 管道对焊时,若接口处缝隙过大,不允许采取强力推拉,为使管头密合,以免管道受应力作用,应另加一段短管,短管长度不应小于管径,最短不得小于100mm。

d. 热力管道坡度要求同室内采暖管道坡度要求。

图7-45 地下敷设热力管道

e. 热力管道中心线水平方向允许偏差为±20mm。高程允许偏差为±10mm;每米水平管道纵、横弯曲允许偏差:管径小于或等于100mm时为0.5mm,管径大于100mm时为1mm;水平管道全长(25m以上)纵、横向弯曲允许偏差:管径小于或等于100mm时不大于13mm,管径大于100mm时为25mm。

f. 每段蒸汽管道的最低位置应安装疏水器。

g. 每段热力管道在最高点安装排气装置,在最低点安装放水装置。

2)直埋敷设

(1)直埋敷设的特点

直埋敷设一般用于在地下水位以上的土层内,是一种经济且有发展前途的敷设方式。它把保温后的管道直接埋于地下,从而节省了大量建造地沟的材料、工时及空间。尤其是无补偿直埋,由于减少了补偿器数量,取消了中间固定支座与滑动支座,将管道放置在原土地基上,可使工程总投资比地沟敷设时下降20%~50%,施工周期缩短一半以上。

(2)直埋敷设管道安装

直埋敷设管道安装，首先应测量放线、开挖沟槽，还要注意直埋敷设管道安装的特点，即管道的保温结构与土壤接触，因此，直接承受土压力和向下传递的地面荷载的作用，同时又受地下潮湿气的影响。对直埋管道的保温结构，除了要求其具有较好的保温性能外，还应具有一定的机械强度、防水和防腐蚀的性能。目前，直埋敷设管道的保温材料以聚氨酯硬质泡沫塑料应用最多。

使用简单的起重设备将做好保温壳的管道下到沟槽内，相连接的两个管口对正，按设计要求焊接，最后将管道接口处的保温层做好。若设计上有要求，也可在做完水压试验后做此项工作。在直埋管道验收合格后，进行沟槽回填的工作，应按设计要求分层回填、分层夯实，回填后应使沟槽上土面呈拱形，以免日久因土沉降而造成地面下凹。

【知识拓展】

管 道 修 复

管道修复是指对破损、泄漏的输送管道采取各种技术使其恢复正常的使用功能，其修复技术包括外防腐层修复与内修复两种技术。管道外防腐层修复技术是指对于管道外防腐层进行外防腐层检测与评估，然后再根据评估报告进行修复。内修复技术难度比较大，一般有穿插法修复和翻转法修复。

穿插法管道修复(图7-46)使用的HDPE管是热塑性高密度聚乙烯管材，利用热塑性聚乙烯管变形后可以恢复到原始物理形状的特性，使用专用设备对外径略大于或等于原管内径的HDPE管进行缩径使之变型，之后将缩径后的内衬管在一定的牵引力和速度下拉入目标管道，再依靠外力使内衬管恢复到原来的直径，使之与外管紧紧地贴合在一起形成管中管。该技术适用于ϕ90～1600mm的城市给排水、燃气管线，电力的输水、输灰管线，石油、化工的集输、污水管线，煤炭洗煤管线等各种管道。

图7-46　穿插法管道修复

翻转法内衬修复(图7-47)工艺的原理是把带防渗膜的纤维软管经树脂充分浸渍后，采用气压或水压使之翻转紧贴在旧管道内壁上，热固成型后形成光滑的内衬玻璃钢管，从而完成对旧管道的修复。该工艺技术可对不同材质输送不同介质及对有一定变形的管道进行修复，适用于ϕ114～1600mm的城市给排水、燃气、石油、电力等管道的修复。修复后的管线为钢管和玻璃钢管的复合结构，其防腐和承压性能优于单一管材并且具有一定的保温作业。翻转法施工流程如图7-48所示。

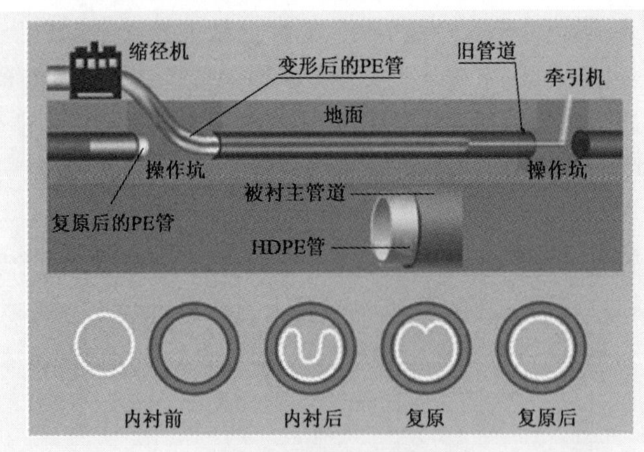

图 7-47　翻转法内衬修复

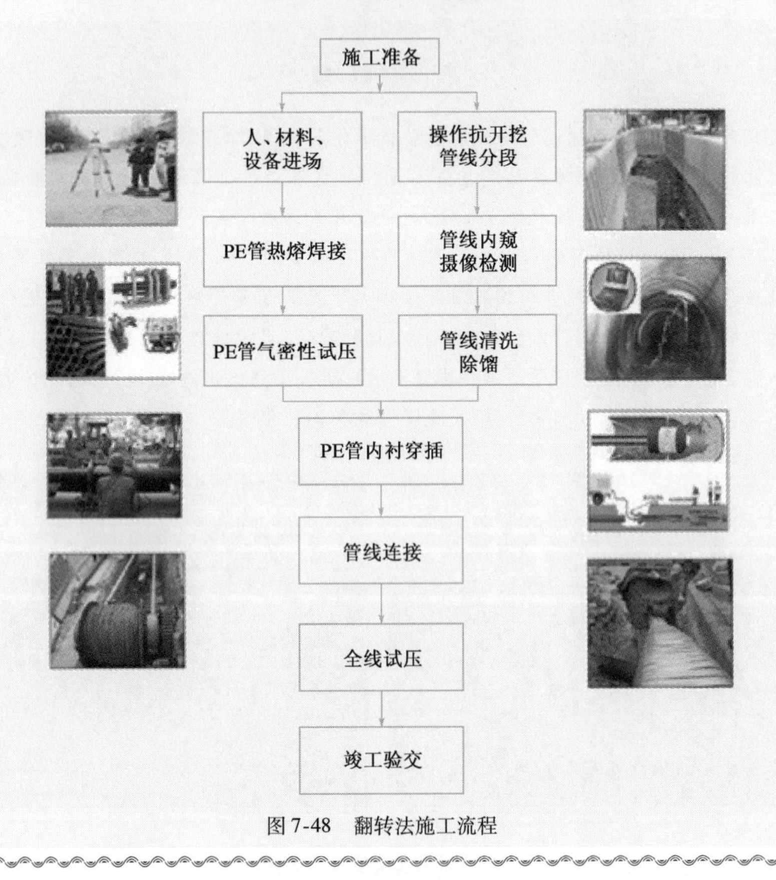

图 7-48　翻转法施工流程

思考与练习

7-1　试叙述室外管道开槽施工的施工工艺。

7-2　管道开槽施工时如何控制其位置和高程？

7-3　铸铁管的接口方式有哪些，各有什么要求？

7-4　钢管的接口方式有哪些,各有什么要求?

7-5　混凝土管、钢筋混凝土管的用途有哪些,安装时有哪些要求?

7-6　管道的交叉方式有哪些,如何处理?

7-7　管道质量检查的内容有哪些,各有哪些要求?

7-8　管道工程验收的内容有哪些?

7-9　管道不开槽施工的用途和适用范围是什么,有什么优缺点?

7-10　试说明顶管法施工的工艺过程。

7-11　试说明室外地上热力管道的安装工艺。

7-12　试说明室外地下热力管道的铺设方法。

单元8　桥梁工程施工

8.1 桥梁工程基本知识

8.1.1　桥梁的基本组成与类型

桥梁由桥跨结构和桥墩、桥台以及基础三个主要部分组成，如图8-1所示。

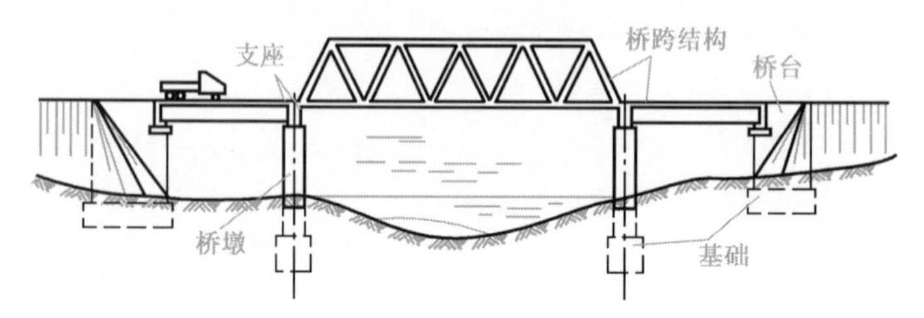

图8-1　桥梁的基本组成

1）桥跨结构（或称桥孔结构、上部结构）

桥跨结构是道路遇到障碍而中断时，跨越这类障碍的结构物。

2）桥墩、桥台

它们是支承桥跨结构的建筑物。桥台设在两端，桥墩则在两桥台之间。桥墩的作用是支承桥跨结构，而桥台除了支承桥跨结构外，还能防止路堤滑坡，并与路堤衔接。为保护桥头路堤填土，每个桥台两侧常做成石砌的锥体护坡。桥墩有重力式和轻型式两种，其形式如图8-2所示。

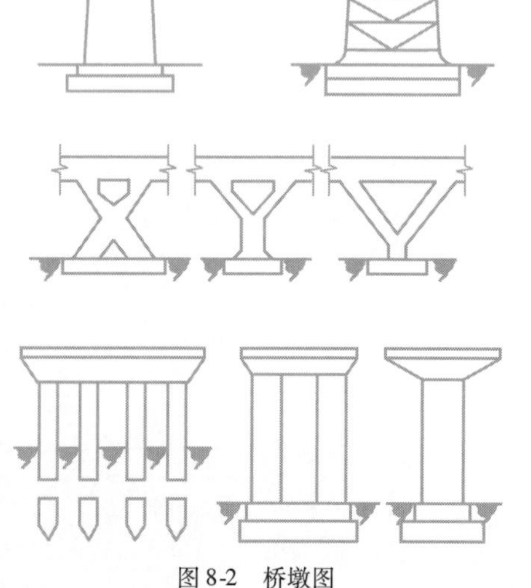

图8-2　桥墩图

8.1.2　桥梁的主要类型

按结构体系划分为以下五类：

1）梁式桥

梁式桥是一种在竖向荷载作用下无水平反作用力的结构。与同样跨径的其他结构体系相比，梁式桥梁内产生的弯矩最大，通常需用抗弯能力强的材料（钢、木、钢筋混凝土等）来建造，如图8-3所示。

2）拱桥

它的主要承重结构是拱圈或拱肋。与同跨径的梁相比，拱的弯矩和变形要小得多。拱桥的承重结构以受压为主，通常可用抗压能力强的砌体材料（如砖、石、混凝土）和钢筋混凝土等来建造。拱桥的跨越能力很大，外形也较美观，在条件许可的情况下，修建砌体拱桥是经济合理的，如图8-4所示。

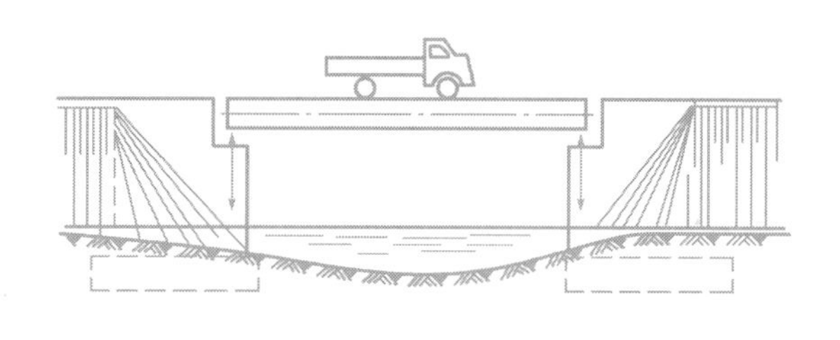

图8-3　梁式桥

图8-4　拱桥

3）刚架桥

它的主要承重结构是梁或板与立柱或竖墙整体结合在一起的刚架结构，梁和柱的连接处具有很大的刚性。其受力状态介于梁桥与拱桥之间。对于同样的跨径，在相同的荷载作用下，刚架桥跨中正弯矩要比一般的梁桥小。因此，刚架桥跨中的建筑高度就可以做得较小。但其施工较困难，若用普通钢筋混凝土修建，梁柱刚结处较易裂缝，如图8-5所示。

4）吊桥

它的主要承重结构是悬挂在两边塔架上的强大缆索。吊桥一般结构自重较轻，跨度很大。但在车辆动荷载和风荷载作用下，有较大的变形和振动，如图8-6所示。

图8-5　刚架桥

图8-6　吊桥

5）组合体系桥

它是根据结构的受力特点，由几个不同体系的结构组合而成的桥梁。组合体系桥的种类很多，但究其实质不外乎利用梁、拱、吊三者的不同组合，上吊下撑以形成新的结构，如图8-7所示。

8.1.3　桥梁工程施工内容

桥梁工程施工，包括桥梁下部结构施工和桥梁上部结构施工，桥梁下部结构施工又包括基础施工和桥梁墩台施工。

1）桥梁基础施工

桥梁基础工程分为扩大基础、桩基础、沉井基础和组合基础等。由于桥梁基础工程位于地面

图 8-7 组合体系桥

以下或水中，涉及面非常广，施工难度大，无法采用统一模式。从桥梁所处的水文、地质状况来看，其施工方法又可大致分为干地施工和水域施工两大类。

2) 桥梁墩台施工

桥梁墩台施工是桥梁施工中的一个重要部分，其施工方法一般分为两类：一类是就地浇筑与石砌；另一类是拼装预制混凝土砌块、钢筋混凝土与预应力混凝土构件。在实际工程中，前者应用较多。

3) 桥梁上部结构施工

桥梁上部结构施工方法很难用一个统一的标准分类，针对不同的桥梁类型，常用的施工方法包括就地浇筑法、预制安装法、逐孔施工法、悬臂施工法、顶推施工法、缆索吊装法、转体施工法等。

就地浇筑法一般仅在小跨径桥或交通不便的边远地区，没有先进施工设备时采用。

预制安装法主要应用于装配式简支梁桥的施工。

悬臂施工法主要用于修建预应力 T 形刚构桥、预应力混凝土悬臂梁桥、连续梁桥、斜腿刚构桥、桁架桥、拱桥及斜拉桥等，悬臂施工法通常又可分为悬臂浇筑和悬臂拼装。

转体法主要应用于单孔或三孔大跨径拱桥。

顶推法和逐孔施工法是预应力混凝土连续梁桥常用的施工方法，适用于中等跨径、等截面桥梁。

桥梁结构是个整体，其施工非常复杂，不仅要考虑具体工艺还要考虑施工顺序。而且不同的桥型，施工方法不同，因此，在实际施工时，要根据具体的施工条件、自然环境状况和社会环境影响等，确定桥梁的施工方法。

8.2 桥梁下部施工

8.2.1 桥梁基础施工

1) 刚性扩大基础的施工

刚性扩大基础的施工一般是采用明挖方法进行的。根据地质、水文条件，结合现场情况选用垂直开挖、放坡开挖或护壁加固的开挖方法。在基坑开挖过程中有渗水时，则需要在基坑四周挖边沟和集水井以便排除基坑积水。基坑的尺寸一般要比基础底面尺寸每边大 0.50 ~ 1.0m，以便设置基础模板和砌筑基础。

基坑开挖至设计高程后，应及时进行坑底土质鉴定。基底检验满足设计要求时，应抓紧进行坑底的清理和整平工作，然后砌筑基础；否则，应采取措施补救或变更基础设计。

(1) 旱地上基坑的开挖及围护

旱地上开挖基坑常采用机械与人工相结合的施工方法。机械挖土时，挖至距设计高程

0.3m,采用人工清底并修整,以保证地基土结构不受破坏。

基坑的坑壁分不围护和围护两大类。当坑壁土质松散或放坡受限、土方过大时,可将坑壁直立并进行围护,分别采用挡板支撑基坑、板桩支撑基坑、混凝土围圈护壁以及喷射混凝土护壁等。

(2)基坑排水

基坑挖至地下水位以下,渗水将不断涌向基坑。消除积水,保持基坑的干燥成为施工中的一项重要工作。目前常用的基坑排水方法,有表面排水和井点法降低地下水两种。

(3)水中开挖基坑和修筑基础

桥梁墩台基础常常位于地表水位以下,有时流速还比较大,若在无水或静水条件下施工,则需设置围堰。

围堰的结构形式和材料根据水深、流速、地质情况、基础埋置深度以及通航要求等确定。常用的围堰形式包括土围堰、草(麻)袋围堰、钢板桩围堰(图 8-8a)及双壁钢围堰(图 8-8b)等。

a)钢板桩围堰

b)双壁钢围堰

图 8-8　围堰

2)桩基础

当地基浅层土质较差,持力层埋藏较深时,需采用深基础,以满足结构对地基强度、变形和稳定性要求。桩基础因适应性强、施工方便等特点而被广泛应用。桩基础常采用钻孔灌注桩和挖孔灌注桩。

3)沉井基础

沉井基础(图 8-9)适用于基底面为岩石、紧密黏土或页岩基础以及深水、潮汐影响较大,覆盖淤泥比较厚的情况。不适用于有严重地质缺陷的地区,如严重松散区域或断层破碎带等。

沉井基础按条件不同,施工方法可以分为两类:需要设置防水围堰的和不需要设置防水围堰的。

图 8-9　沉井施工

(1)沉井的制作

沉井是由柱身、连接法兰及管靴(刃脚)构成。

(2)沉井下沉

沉井下沉前首先设置导向设备,其作用是在沉井下沉时,控制倾斜和位移,以保证沉井位置符合设计要求。在浅水时采用导向框架,在深水时采用整体围笼。沉井下沉方法,根据土质情况和管柱下沉的深度,可分为采用振动沉桩机振动下沉沉井、振动配合管内除土下沉沉井、振动配合吸泥机吸泥下沉沉井、振动配合高压射水下沉沉井,以及振动配合射水、射风、吸泥下沉沉井。

8.2.2 桥梁墩台施工

桥梁墩台按施工方法分为砌体砌筑、就地浇筑和预制装配式。砌筑墩台就是在现场用砂浆和块材(包括砖、石、混凝土砌块)砌筑的方式修筑墩台;就地浇筑混凝土墩台是在现场用支模、灌注混凝土的方式修筑墩台;预制装配式是在工厂或预制场将墩台分成若干块,预制成砌块或构件,运至桥位处拼装成整体结构,装配式墩台多为空心结构。拼装式桥墩主要由就地浇筑实体部分墩身、拼装部分墩身和基础组成。

1)墩台定位

墩台的中心桩测定后,每墩台应各设一组十字桩,用以控制墩台的纵轴和横轴。纵轴顺线路方向,称为纵向中心线;横轴垂直于线路方向,称为横向中心线。

2)钢筋混凝土墩台的施工

(1)墩台钢筋的制备

图 8-10　绑扎好的墩钢筋

钢筋混凝土墩台钢筋包括墩台基础(承台或扩大基础)、墩台身钢筋(图 8-10)的加工,应符合钢筋混凝土构筑物对钢筋的基本要求。成型安装时,桩顶锚固筋与承台或墩台基础锚固筋应连接牢固,形成一体。

(2)墩台模板

墩台模板除与钢筋混凝土抗压构件要求相同外,由于形式复杂,量多消耗大,对其制作安装要求严格,可采用固定式(零拼)模板、拼装式模板和滑升模板。

(3)墩台混凝土的浇筑

墩台混凝土一般体积较大,可分块浇筑。分块宜合理布置,各块面积不宜小于 $50m^2$,高度不宜超过 2m。应采取有效措施控制混凝土水化热温度,可在混凝土中埋放石块。自高处向模板内浇筑混凝土,应防止混凝土的离析。

(4)预制墩柱安装

应在钢筋混凝土承台或扩大基础施工时浇筑混凝土杯口,并保证位置准确,与墩柱留有 2cm 空隙。预制墩柱应作编号,吊入杯口就位时应量测定位并固定后,方可摘除吊钩,灌注杯口豆石混凝土。

3）砌筑墩台的施工

（1）石砌墩台

砌筑前应按设计位置放线，基底应清理坐浆，砌筑顺序先角后面再腹。以砂浆砌缝，不得留有空隙，严禁采用先干砌再灌浆的方法。砌筑方法与一般砌体结构施工方法相同。石砌桥墩如图 8-11 所示。

图 8-11　石砌桥墩

（2）砖砌墩台

应浸润砖块后砌筑，砌筑时应水平分层、内外搭砌、上下错缝，缝宽 0.8～1.2cm，先砌外圈后砌里层。

（3）墩台帽施工

石砌墩台的顶帽一般以混凝土灌注，是支撑上部结构的重要部位，施工包括确定高程与轴线、支设模板、预埋支座垫（与骨架钢筋焊牢）或预留锚栓孔，以及扎筋、浇筑混凝土等。

8.3　简支梁桥安装

简支梁桥安装应在充分保证施工速度和施工安全的前提下，结合桥跨大小、施工现场的实际条件、施工设备的能力等具体情况来合理选择架梁的方法。

简支梁桥的架设，包括起吊、纵移、横移、落梁等工序。根据架设工作面的不同，简支梁桥施工方法分为陆地架设法、浮吊架设法和高空架设法等。

8.3.1　陆地架设法

1）自行式吊车安装

此法主要用于桥不太高，梁的跨径不大，有足够的场地可设置行车便道的情况下［图8-12 a）］。一般陆地桥梁和城市高架桥预制梁安装常采用自行式吊车安装。根据吊装重量不同，可采用单吊或双吊两种。

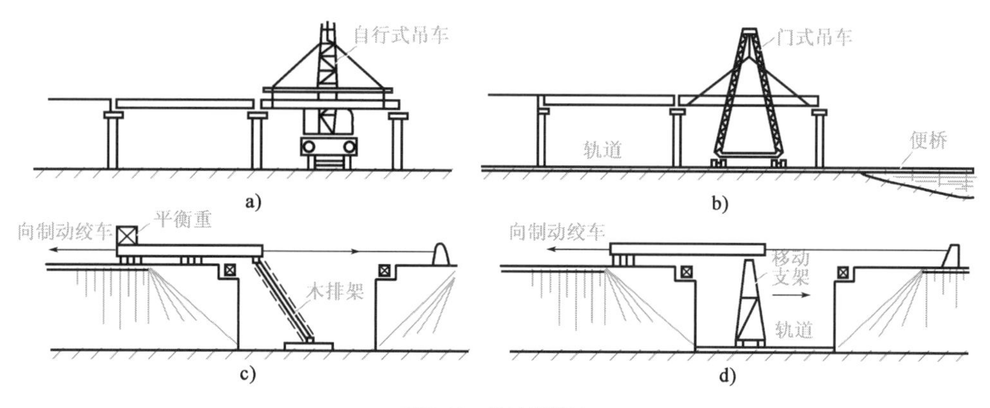

图 8-12　陆地架设法

2)跨墩龙门式吊车安装

跨墩龙门式吊车安装主要适用于岸上和浅水区域安装预制梁。对于桥孔较多、桥不太高时,可以采用一台或两台龙门式吊车来安装(图8-12b)。该方法需铺设吊车行走轨道,并在其内侧铺设运梁轨道。梁运到施工现场后,用龙门式吊车进行起吊、横移,将其安装在预定位置。一孔架完后,向前移动吊车,再架设下一孔,直到全部架完。

3)摆动排架架设法

摆动排架架设法(图8-12c)适用于小跨径桥梁。用排架(木制的或钢制的)作为受力的摆动支点,摆动速度主要由牵引绞车和制动绞车来控制。当预制梁安装就位后,用千斤顶落梁。

4)移动支架架设法

移动支架架设法(图8-12d)主要用于高度不大的中、小跨径桥梁,采用移动支架来架梁。移动支架带着梁随牵引车沿轨道前进,当梁安装就位后,用千斤顶落梁。

8.3.2 浮吊架设法

此法主要用于在海上或水深河道上架桥(图8-13)。其优点是吊车的吊装能力较大,施工较安全,工作效率高;缺点是需要大型浮吊。另外,浮吊架梁时需在岸边设置临时码头来移运预制梁,架设时要锚固牢靠。

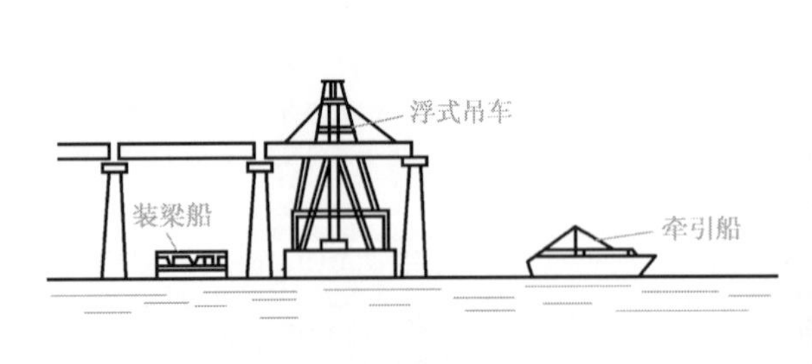

a)浮吊架设法示意图

b)浮吊架设简支箱梁

图8-13 浮吊架设法

8.3.3 高空架设法

联合架桥机架设法是高空架设法的一种,如图8-14所示。联合架桥机的构造主要由三部分组成:钢导梁、门式吊车和托架(又称蝴蝶架)。在架梁前,首先要安装钢导梁,导梁顶面铺设供平车和托架行走的轨道。预制梁由平车运至跨径上,用龙门架吊起将其横移降落就位(图8-14a)。当一孔内所有梁架好以后,将龙门架骑在蝴蝶架上,松开蝴蝶架,蝴蝶架挑着龙门架,沿导梁轨道移至下一墩台上去(图8-14b)。如此循环下去,直至全部架完。联合架桥机全景图见图8-14c)。

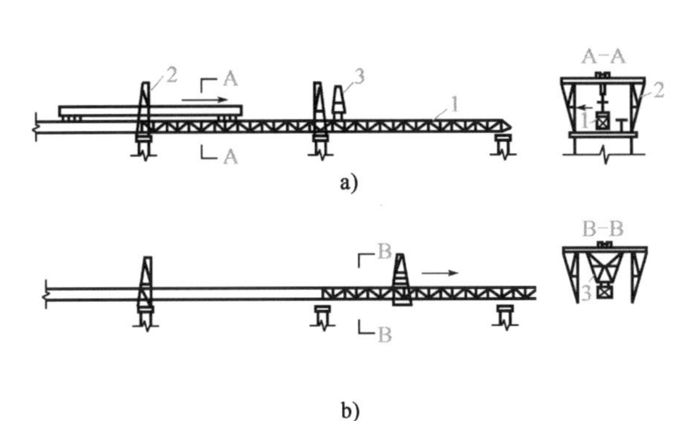

c)

图8-14　联合架桥机架梁

1-钢导梁;2-门式吊车;3-托架(运送门式吊车)

该方法利用已安装好的梁作为下一孔桥梁的安装工作面,不受桥下施工条件的影响,施工时可不阻塞通航,因此,主要用于桥高水深、孔数较多的中、小跨径的简支梁桥架设。

8.4　逐孔法施工

逐孔法主要适用于建造中等跨径桥梁。它从桥梁的一端开始,使用一套设备逐孔施工,周期循环,直到全部完成。逐孔施工法从施工技术方面可以分为使用临时支承组拼预制节段逐孔施工、使用移动支架逐孔现浇施工(移动模架法)、整孔吊装或分段吊装逐孔施工。

逐孔法的机械化、自动化程度很高,且能节省劳力,降低劳动强度,由于上、下部结构可以平行作业,缩短了工期。另外,该方法不需在地面设置支架,对通航和桥下交通影响小,施工较安全。

移动模架法是逐孔法中应用较多的一种,主要用于建造孔数多、桥跨较长、桥墩较高及桥下净空受到约束的桥梁,如图8-15所示。支架分为落地式和梁式。图8-16为移动模架全景,图8-17为移动模架箱梁浇筑。

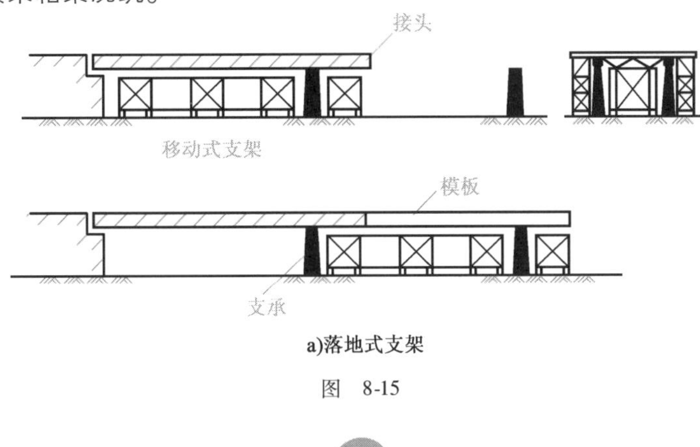

a)落地式支架

图　8-15

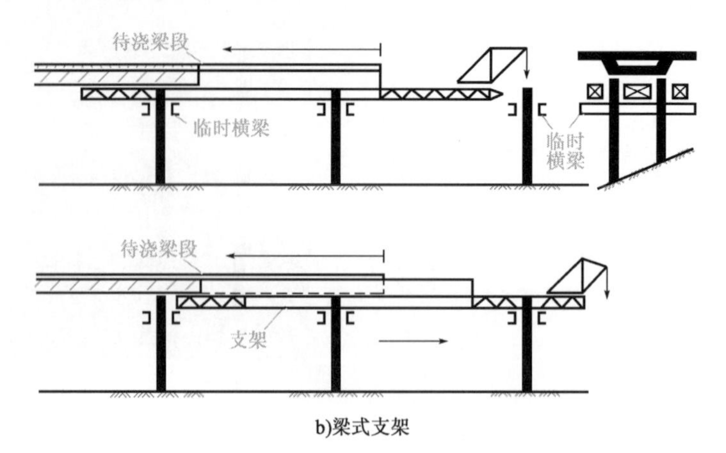

b)梁式支架

图 8-15 使用移动支架逐孔现浇施工

图 8-16 移动模架全景

图 8-17 移动模架箱梁浇筑

8.5 悬臂法施工

悬臂法是从桥墩开始,两侧对称现浇梁段或将预制节段对称进行拼装。前者为悬臂浇筑施工,后者为悬臂拼装施工。

悬臂法利用了预应力混凝土悬臂结构承受负弯矩能力强的特点,将施工时跨中正弯矩转移为支座处的负弯矩,大大提高了桥梁的跨越能力。而且悬臂法可不用或少用支架,施工对通航或桥下交通没有影响。因此,悬臂法主要应用于建造跨径比较大的预应力混凝土悬臂梁桥、连续梁桥、斜拉桥和拱桥等。

悬臂浇筑法和悬臂拼装法各有特点,悬臂浇筑法能保证结构的整体性,施工较为简便。悬臂拼装法可使桥梁上、下部结构平行作业,施工速度快。施工时,可根据具体条件酌情选用。

8.5.1 悬臂浇筑施工

悬臂浇筑法是在桥墩两侧设置工作平台,利用挂篮在墩柱两侧对称、平衡地逐段向跨中悬臂浇筑混凝土梁体,并逐段施加预应力。

1)施工挂篮

图8-18　挂篮施工

挂篮是悬臂浇筑施工(图8-18)的主要工艺设备,它是一个能沿轨道行走的活动脚手架,悬挂在已经张拉锚固的箱梁梁段上。挂篮质量与梁段混凝土的质量比值宜控制在0.3~0.5之间,特殊情况下也不应超过0.7。挂篮的主要组成部分有承重系统、悬吊系统、锚固系统、行走系统、模板与支架系统。图8-19为一挂篮结构简图。

用挂篮浇筑初始几对梁段时,墩顶工作狭窄,两侧挂篮的承重结构应连在一起,如图8-20a)所示。待梁浇筑到一定长度后再将两侧承重结构分开,如图8-20b)所示。

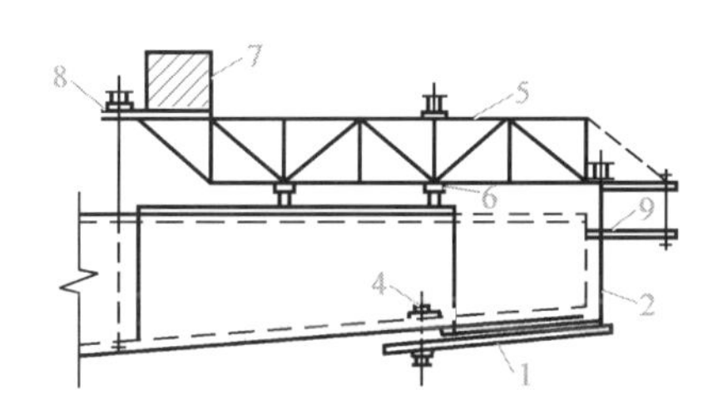

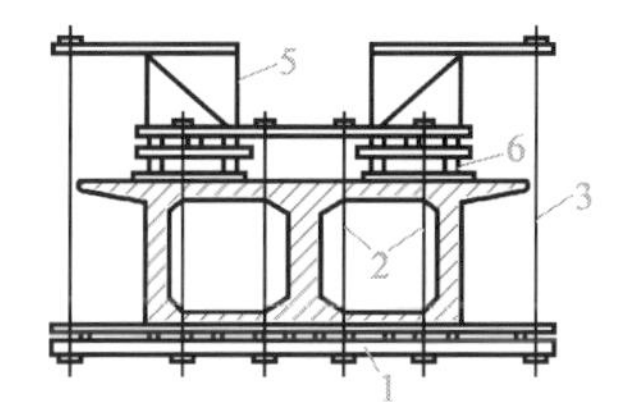

图8-19　挂篮结构简图

1-底模板;2、3、4-悬吊系统;5-承重结构;6-行走系统;7-平衡重;8-锚固系统;9-工作平台

在挂篮上可进行下一梁段的模板安装、钢筋绑扎、管道安装、混凝土浇筑和预应力张拉、灌浆等工作。一个循环完成后,挂篮向前移一个梁段,并固定在新的梁段位置上。不断循环,一直到整个悬臂梁全部浇筑完。

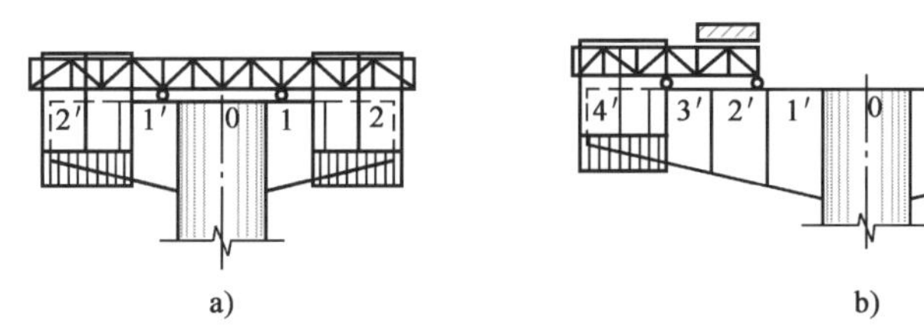

图8-20　使用挂篮的两种施工状态

注:图中数字表示桥墩两侧梁段对称施工的顺序

2)悬臂浇筑施工工艺流程

梁段悬臂浇筑的各项作业是在挂篮安装就位后,在其上进行的,其工艺流程为:挂篮前移就位→安装箱梁底模→安装底板及肋板钢筋→浇底板混凝土及养护→安装肋模、顶模及肋内预应力管道→安装顶板钢筋及顶板预应力管道→浇筑肋板及顶板混凝土→检查并清洁预应力管道→混凝土养生→拆除横板→穿钢丝束→张拉预应力钢束→管道灌浆。

8.5.2 悬臂拼装施工

悬臂拼装法施工是用活动吊机将预制好的梁段吊起,接着向墩柱两侧对称、均衡地拼装就位,然后进行张拉锚固,再逐段地拼装下一梁段。如此反复,直至全部块件拼装完。悬臂拼装施工包括块件预制、运输和拼装及合龙段施工。图 8-21 为箱梁拼装。

图 8-21　箱梁拼装

1)块件预制

块件应在台座上连续啮合预制,一般是在工厂或桥位附近将梁体沿轴线划分成适当长度的块件,然后进行预制。预制块件之间要密贴,通常采用间隔浇筑法来预制块件,让先浇好的块件的端面作为后浇筑块件的端模,如图 8-22 所示。另外,必须在先浇块件端面涂刷隔离剂(薄膜、肥皂水等),使块件出坑时易分离。

2)块件的运输与拼装

(1)块件的运输

块件出坑后,一般先存放于存梁场,拼装时块件由存梁场运至施工地点。存梁场场地应平整,承载力应满足要求。块件的运输方式分为场内运输、块件装船和浮运。当存梁场位于岸边时,可用浮吊直接从存梁场将块件吊放到运梁驳船上浮运。块件装船应在专用码头上进行,采用装船吊机装船。装船浮运,应设法降低浮运重心,并以缆索将块件系牢固。

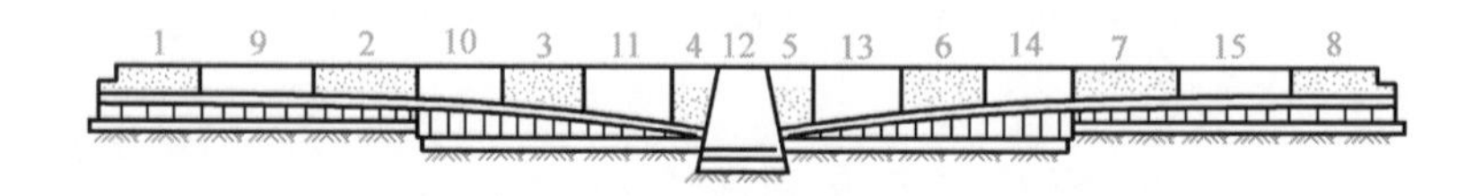

图 8-22　块件预制

注:图中数字表示浇筑次序

(2)块件的拼装

块件的拼装根据施工现场的实际情况采用不同的方法。常用的方法有自行式吊车拼装、门式吊车拼装、水上浮吊拼装、高空悬拼等。

图 8-23a)是用沿轨道移动的伸臂吊机进行块件悬拼的示意图,图 8-23b)是用拼拆式活动吊机进行块件悬拼的示意图,图 8-23c)是用缆索起重机吊运和拼装块件的示意图。

3)穿束与张拉

(1)穿束

预应力钢丝多集中于顶板,而且对称于桥墩,因此,预应力钢筋要依据一对对称于桥墩的预应力钢丝并考虑锚固长度来下料。

穿束有明槽穿束和暗管穿束两种。

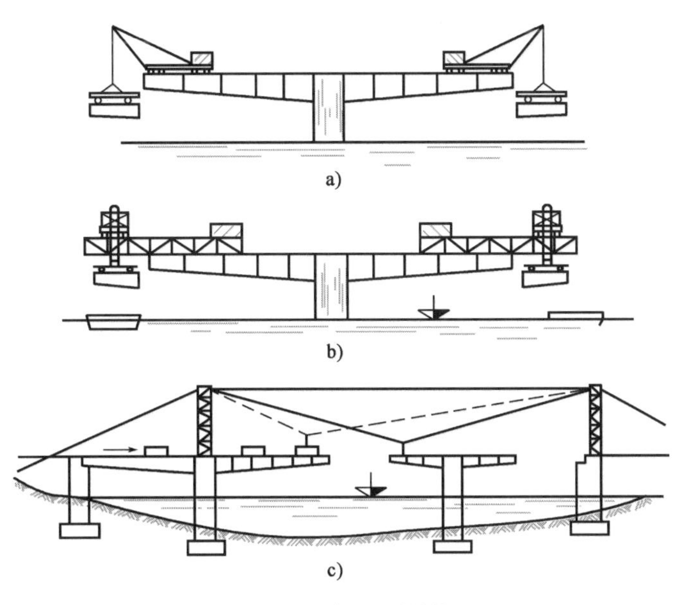

图 8-23　高空悬臂拼装

明槽穿束难度相对较小。预应力钢丝束锚固在顶板加厚部分，在此部分预留有管道，如图 8-24 所示。穿束前应检查锚垫板和孔道，锚垫板应位置准确，孔道内应畅通、没有水和其他杂物。明槽钢丝束一般为等间距布置，穿束前先将钢丝束在明槽内摆平，之后再分别将钢丝束穿入两端管道内。管道两头伸出的钢丝束应等长。暗管穿束一般采用人工推进，实际操作应根据钢丝束的长短进行。

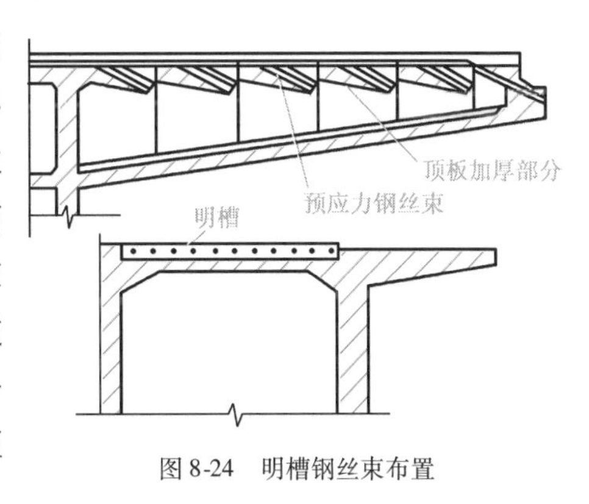

图 8-24　明槽钢丝束布置

(2) 张拉

挂篮移动前，顶、腹板纵向钢丝束应按设计要求的张拉顺序张拉。如设计未作规定，可采取分批、分阶段对称张拉。张拉时注意梁体和锚具的变化。张拉要按现行《公路桥涵施工技术规范》(JTJ 041—2000) 的规定及设计要求执行。

4) 合龙段施工

用悬臂施工法修建的连续刚构桥、连续梁桥和悬臂桁架拱桥等，需在跨中将悬臂端刚性连接、整体合龙。合龙顺序应符合设计要求，设计无要求时，一般先边跨，后中跨。多跨一次合龙时，必须同时均衡对称地合龙。合龙前应在两端悬臂预加压重，并于浇筑混凝土过程中逐步撤除，使悬臂挠度保持稳定。合龙段的混凝土强度等级可提高一级，以尽早张拉。合龙段混凝土浇筑完后，应加强养护，悬臂端应覆盖，防止日晒。

合龙段也可采用挂梁连接,施工方法与简支梁安装相同。

8.6 顶推法施工

顶推法是在桥头逐段浇筑或拼装梁体,在梁前端安装导梁,用千斤顶纵向顶推,使梁体通过各墩顶的临时滑动支座就位的施工方法,如图 8-25 所示。顶推法施工具有不使用脚手架、不中断现有交通、施工费用低等优点,适用于中等跨径的连续梁桥施工。

图 8-25 顶推法施工

8.6.1 顶推装置与顶推工艺

顶推法施工中采用的主要装置是千斤顶、滑板和滑道。根据传力方式的不同,顶推装置分为推头式和拉杆式两种。推头式顶推装置的顶推方法如图 8-26 所示。先用竖向千斤顶将梁顶起,然后用水平千斤顶推动竖顶,将梁向前推动。推完一个行程,降下竖顶,水平千斤顶回油复位,如此循环,将梁不断向前推进。图 8-26a) 可用于桥台处的顶推,图 8-26b) 可用于梁中各点的顶推。

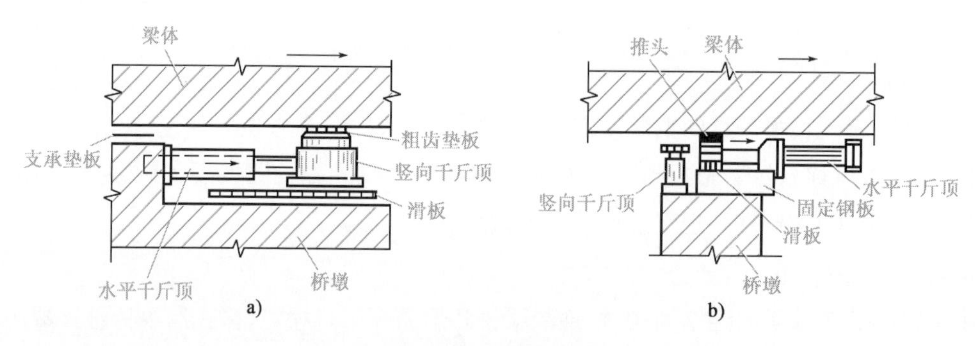

图 8-26 推头式顶推装置

拉杆式顶推装置的布置如图 8-27 所示。传力架固定到桥墩上,穿心式千斤顶固定,到传力架上,拉杆一端锚固在千斤顶活塞顶端,尾部若干点则同时与梁体通过锚固器相连接,其接长采用连接器。这样随着千斤顶活塞的顶出,梁体被拉动,并向前滑移。为了增强锚固器和千斤顶的锚固力,减少拉杆根数,可使用高强度螺纹钢筋作拉杆。为减少摩擦力,梁体与桥墩之间设置滑板。

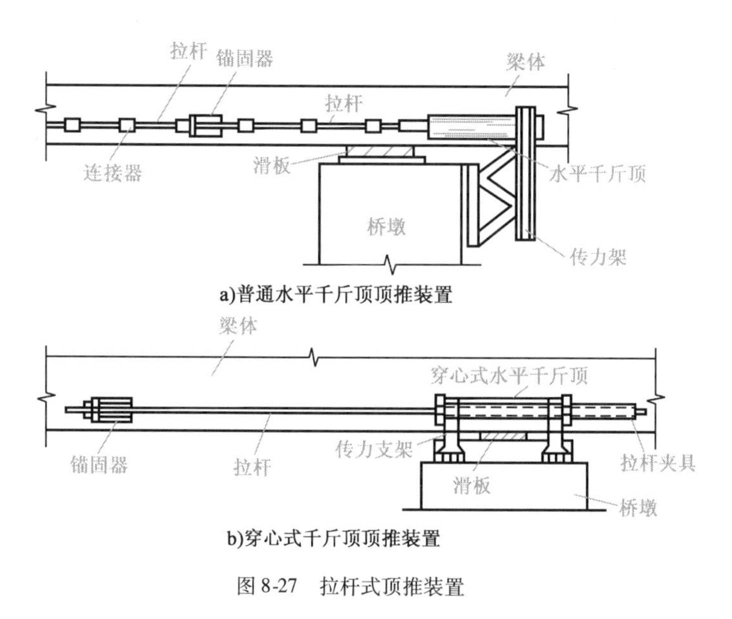

a)普通水平千斤顶顶推装置

b)穿心式千斤顶顶推装置

图8-27　拉杆式顶推装置

锚固器通过箱梁外侧的预埋钢板固定在箱梁上。为了拆装方便,拉锚座常制成插销式活动装置。

8.6.2　顶推法的施工方式

顶推法的施工方式包括单向顶推和双向顶推以及单点顶推和多点顶推等多种。图8-28a)为单向单点顶推方式,适用于建造跨度为40~60m的多跨连续梁桥。图8-28b)为单向多点顶推方式,适用于建造特别长的多联多跨桥梁。图8-28c)为双向顶推方式,适用于不设临时墩而修建中跨跨径很大的连续梁桥。

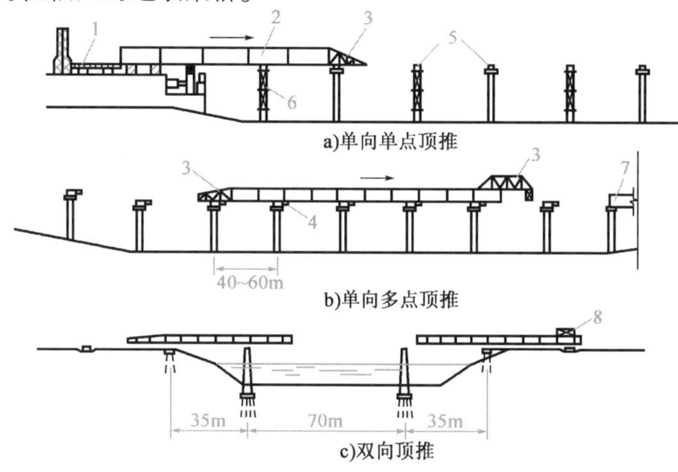

a)单向单点顶推

b)单向多点顶推

c)双向顶推

图8-28　连续梁顶推法施工示意图

1-制梁场;2-梁段;3-导梁;4-千斤顶装置;5-滑道支承;6-临时墩;7-已架完的梁;8-平衡重

8.7 现浇拱桥施工

拱桥是应用较广的一种桥梁体系。由结构力学可知,当拱轴线设计为合理拱轴线时,在竖向荷载作用下,拱结构主要承受轴向压力,故可利用抗压性能好而抗拉性能差的材料(如砖、石、混凝土等)来建造。而且拱桥外形美观、维修费用不高,因此应用广泛。

拱桥的施工可分为有支架施工和无支架施工两大类。前者常用于石拱桥和混凝土预制块拱桥;后者多用于肋拱、双曲拱、箱形拱、桁架拱桥等。有支架和无支架施工有很大区别,因为无支架施工拱轴线不容易保证,施工时必须进行加载程序设计。

拱桥施工的主要施工工序有材料的准备、拱圈放样、拱架制作与安装、拱圈及拱上建筑的砌筑或浇筑等。

8.7.1 拱架的形式和构造

拱架按所用材料可分为木拱架、钢拱架、竹拱架、竹木拱架及"土牛拱胎"等形式。目前在修建中、小跨径的拱桥时,木拱架仍应用很多。木拱架构造形式可分为满布式拱架、拱式拱架及混合式拱架等几种。

满布式拱架主要由拱架上部(拱盔)、卸架设备、拱架下部(支架)三个部分组成,其常用的形式有立柱式和撑架式。

立柱式拱架构造和制作都很简单,但需要立柱较多,一般用于高度和跨度都不大的拱桥。

撑架式拱架(图8-29)是将立柱式拱架加以改进,用支架加斜撑来代替较多的立柱,由于它在一定程度上满足了通航的需要,因此实际工程中应用较多。

拱架应满足强度、刚度和稳定性的要求,节点部位至关重要。杆件在竖直与水平面内,要用交叉杆件连接牢固,以保证稳定。节点连接应采取可靠措施以保证支架稳定。图8-30是满布式拱架常用节点构造的一种形式。

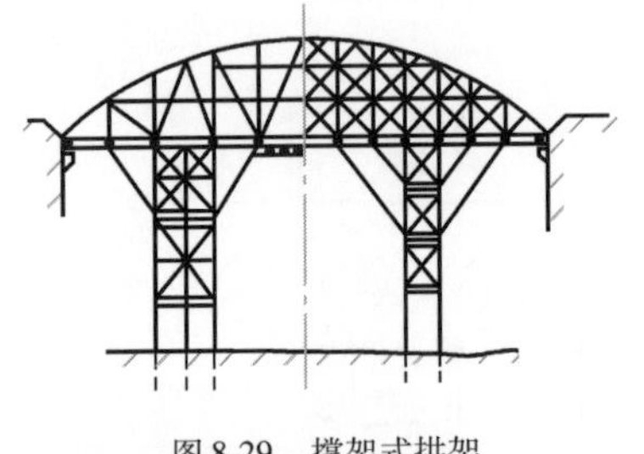

图8-29 撑架式拱架

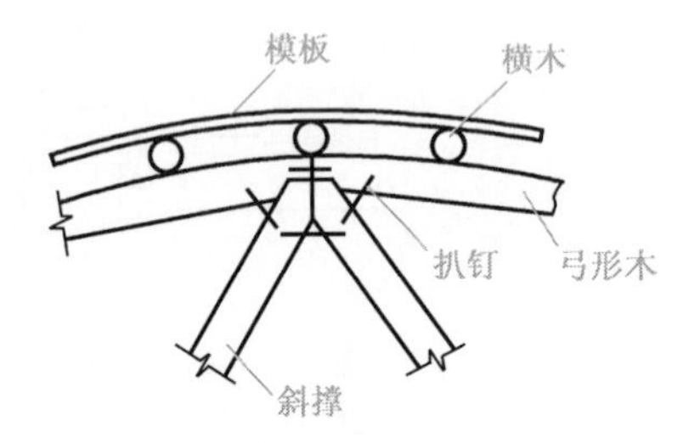

图8-30 满布式拱架的节点构造

8.7.2 拱架的预拱度

拱架预拱度是指为抵消拱架在施工荷载作用下产生的位移(挠度),而在拱架施工或制作时预留的与位移方向相反的校正量。在确定施工拱度时,应考虑:拱架承受施工荷载引起的弹性变形,超静定结构由于混凝土收缩、徐变及温度变化而引起的挠度,墩台水平位移引起的拱圈挠度,由结构重力引起的拱圈弹性挠度等。

8.7.3 拱架制作与安装

拱架宜采用标准化、系列化、通用化的构件拼装。无论使用何种材料的拱架，均应进行施工图设计，并验算其强度和稳定性。制作木拱架时，长杆件接头应尽量减少，两相邻立柱的连接接头应尽量分设在不同的水平面上。安装拱架前，对拱架立柱和拱架支承面应详细检查，准确调整拱架支承面和顶部高程，并复测跨度，确认无误后方可进行安装。各片拱架在同一节点处的高程应尽量一致，以便于拼装平联杆件。满布式拱架一般是在桥孔内逐杆进行安装，三铰桁架拱架都采用整片吊装的方法安装。在风力较大的地区，应设置风缆，以增强稳定性。

8.7.4 拱圈及拱上建筑施工

1）拱圈施工

拱圈修建最主要的是选择适当的砌筑方法和顺序。根据桥梁跨径大小，常用的施工方法有连续浇筑、分段浇筑和分环分段浇筑。

跨径小于16m的拱圈或拱肋，应按拱圈全宽，由两端拱脚向拱顶对称连续浇筑，并在拱脚混凝土初凝前全部完成。如预计不能在限定时间内完成，则应在拱脚预留一个隔缝并最后浇筑隔缝混凝土。

跨度大于16m的拱圈或拱肋，采用连续浇筑，可能会因为拱架下沉而使先浇混凝土开裂。这时可采取沿拱跨方向分段浇筑的方法。分段的位置应以能使拱架受力对称、均匀和变形小为原则。分段时对称施工的顺序一般如图8-31所示。拱顶处封拱合龙温度宜为5～15℃，封拱合龙前拱圈的混凝土强度应达到设计强度。

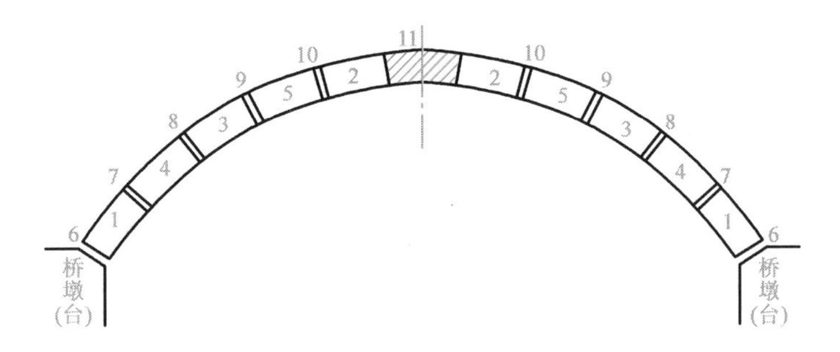

图8-31 拱圈分段施工的一般顺序

浇筑大跨径拱圈（拱肋）混凝土时，宜采用分环施工，下环合拢后再浇筑上环混凝土，浇筑时间较长，但可以减轻拱架负荷。

2）拱上建筑施工

在拱圈合龙及混凝土或砂浆达到设计强度的30%后可进行拱上建筑的施工。对于石拱桥，一般不少于合龙后3d。

空腹式拱上建筑一般是砌完腹孔墩后即卸落拱架，然后再对称均衡地砌筑腹拱圈、侧墙。实腹式拱上建筑应由拱脚向拱顶对称砌筑，砌完侧墙后，再填筑拱腹填料及修建桥面结构等。

8.8 转体法施工

转体法是20世纪50年代以后发展起来的工艺，具有机具设备简单、材料节省、施工期间不受洪水威胁又不影响通航等优点。该法是利用河岸地形预制两个半孔桥跨结构，在岸墩或桥台上进行旋转就位、跨中合龙的施工方法，如图8-32所示。转体施工一般只适用于单孔或三孔的桥梁。

图8-32 拱桥转体

转体施工按桥体在空间转动的方向，可分为竖向转体施工法和平面转体施工法。

竖向转体施工主要用于转体重量不大的各式混凝土拱桥或某些桥梁预制部件（塔、斜腿、劲性骨架）。其基本原理是：将桥体从跨中分成两个半跨，在桥轴方向上的河床预制，岸端设铰，桥台或台后设临时塔架作支承提升系统，通过卷扬机回收提升牵引绳，将桥体竖转至合龙位置，浇筑合龙段混凝土，将转铰点封固，完成竖转施工。

平面转体施工主要适用于刚构梁式桥、斜拉桥、钢筋混凝土拱桥及钢管拱桥。其基本原理是：将桥体从跨中分成两个半跨，在桥梁墩（台）处设置转盘，将待转桥体的部分或全部置于转盘之上，沿岸边预制，通过张拉锚扣体系实现桥体与支架的脱离并平衡桥体重量，通过动力装置（卷扬机、千斤顶等）牵引转盘，将桥体平转至合龙位置，浇筑合龙段接头混凝土，封固转盘，完成平转施工。

这里介绍平面转体施工法。平面转体施工法按有无平衡重，又分为有平衡重平面转体施工法和无平衡重平面转体施工法。

8.8.1 有平衡重平面转体施工

目前，国内有平衡重平面转体施工使用的转体装置主要有两种：一种是环道平面承重转体，见图8-33a）；另一种是轴心承重转体，见图8-33b）。

1)转动体系的构造

转动体系主要包括底盘、上盘、背墙、桥体上部构造、拉杆(或拉索)等几部分。底盘和上盘属于桥台基础的一部分,底盘和上盘之间为可灵活转动的转体装置。背墙是桥台的前墙,拉杆是拱桥的上弦杆或是扣索钢丝绳。

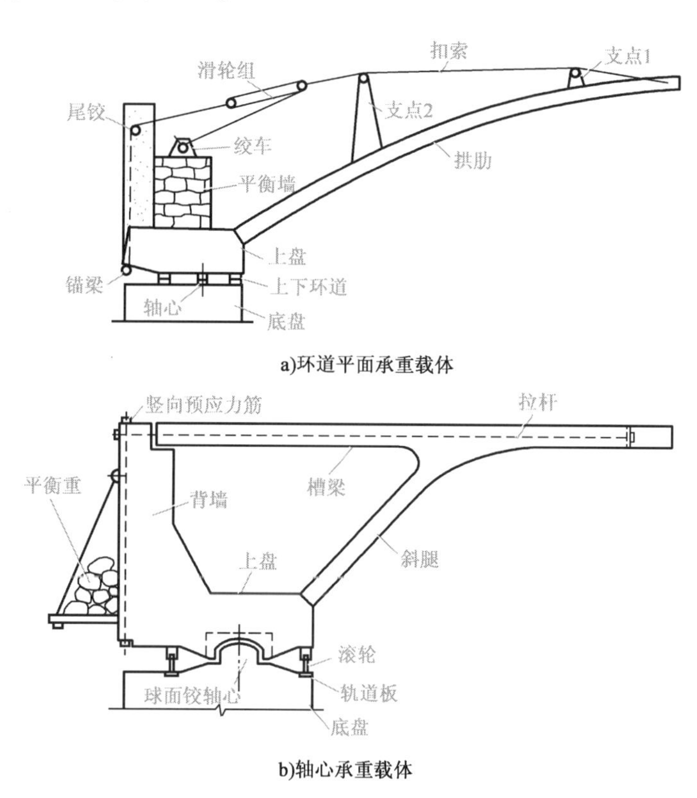

图8-33　转动体系的一般构造

2)有平衡重平面转体拱桥的施工工艺

有平衡重平面转体拱桥的主要施工顺序为:制作底盘→制作上转盘→布置牵引系统的锚碇及措施,试转上转盘到预制轴线位置→浇筑背墙→浇筑主拱圈上部结构→张拉拉杆(或扣索),使上部结构脱离支架,并且和上转盘、背墙形成一个转动体系,通过配重把结构重心调到轴心→牵引转动体系,使半拱平面转动合龙→封上、下盘,夯填桥台背土,封拱顶,松拉杆或索扣,实现体系转换。

扣索或拉杆的作用是固定桥体,使桥体与支架脱离。通常,桥体混凝土达到设计规定强度或者设计强度的80%后,方可分批、分级张拉扣索。扣索索力应进行检测,其允许偏差为±3%。张拉达到设计总吨位左右时,桥体脱离支架成为以转盘为支点的悬臂平衡状态,再根据合龙高程(考虑合龙温度)的要求精调张拉扣索。

转体合龙时应注意:

①应严格控制桥体高程和轴线,误差符合要求。

②应控制合龙温度。合龙温度与设计要求偏差3℃以内，合龙时应选择当日最低温度进行。

③合龙时，宜先采用钢楔刹尖等瞬时合龙，再施焊接头钢筋，浇筑接头混凝土，封固转盘。

④在混凝土达到设计强度的80%后，再分批、分级松扣，拆除扣、锚索。

8.8.2 无平衡重平面转体施工

无平衡重平面转体施工采用锚固体系代替平衡重，其一般构造如图8-34所示，由锚固体系、转动体系和位控体系构成平衡的转体系统。

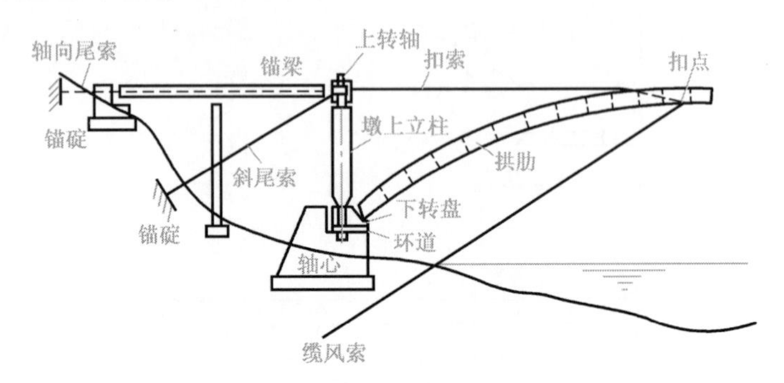

图8-34 拱桥无平衡重转体一般构造

锚固体系由锚碇、尾索、支撑、锚梁（或锚块）及立柱组成。锚碇可设于引道或其他适当位置的边坡岩层中。锚梁（或锚块）支承于立柱上。支撑和尾索一般设计成两个不同方向，形成三角形体系，以稳定锚梁和立柱顶部的上转轴，并使其为一固定点。

转动体系由拱体、上转轴、下转轴、下转盘、下环道和扣索组成。图8-35为上转轴的一般构造，图8-36为下转盘的一般构造。

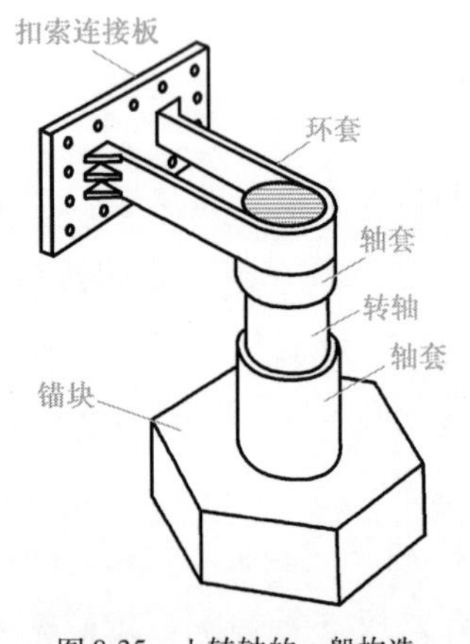

图8-35 上转轴的一般构造

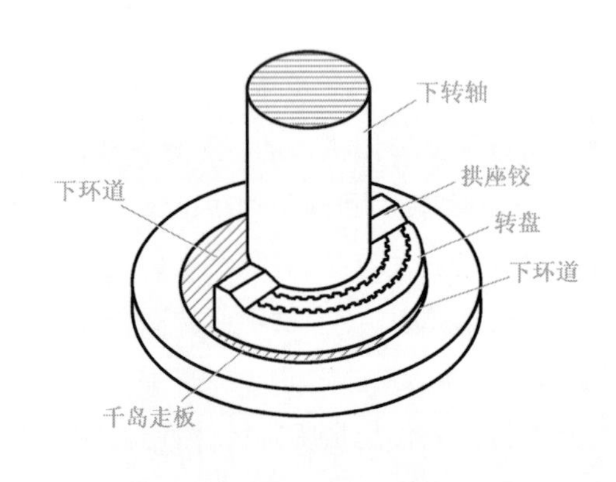

图8-36 下转盘的一般构造

转动体系施工可按下列程序进行：安装下转轴→浇筑下环道→安装转盘→浇筑转盘混凝土→安装拱座铰→浇筑铰脚混凝土→拼装拱体→穿扣索→安装上转轴，等等。

位控体系包括扣点缆风索和转盘牵引系统，用以控制在转动过程中转动体的转动速度和位置。安装时的技术要求应按照规范的有关规定执行。

尾索张拉一般在立柱顶部的锚梁(锚块)内进行,操作程序与一般预应力梁后张法类似。两组尾索应按照上下左右对称、均衡张拉的原则,对桥轴向和斜向尾索分次、分组交叉张拉。

扣索张拉前应设立桥轴向和斜轴向支撑以及拱体轴线上拱顶、3/8、1/4、1/8 跨径处的平面位置和高程观测点,在张拉前和张拉过程中随时观测。张拉到设计荷载后,拱体脱架。

合龙施工时,应对全桥各部位包括转盘、转轴、风缆、电力线路、拱体下的障碍等进行测量、检查,符合要求后,方可正式平转。当两岸拱体旋转至桥轴线位置就位后,两岸拱顶高程超差时,宜采用千斤顶张拉、松卸扣索的方法调整拱顶高差。符合要求后,尽量按设计要求规定的合龙温度进行合龙施工,其内容包括用钢楔顶紧合龙口,将两端伸出的预埋件用型钢连接焊牢,连接两端主钢筋,浇筑拱顶合龙口混凝土。当混凝土达到设计强度的75%后,可卸除扣索。扣索的卸除按对称均衡的原则分级进行。全部扣索卸除后,应测量轴线位置和高程。

【知识拓展】

缆 索 吊 装

缆索吊装施工方法是我国大跨度拱无支架施工的主要方法,利用支承在索塔上的缆索运输和安装桥梁构件。

拱桥缆索吊装施工包括拱肋(箱)的预制、移运和吊装,主拱圈的砌筑,拱上建筑的砌筑,桥面结构的施工等主要工序。它除了拱圈吊装和移运之外,其他工序与有支架拱桥施工方法相类似。

1)吊装设备及其布置形式

缆索吊装设备,按其用途和作用可以分为主索、工作索、塔架和锚固装置四个基本组成部分。其中主要机具设备包括主索、起重索、牵引索、结索、扣索、浪风索、塔架(包括索鞍)、地锚(地垅)、滑轮、电动卷扬机或手摇绞车等。其布置形式如图 8-37 所示。

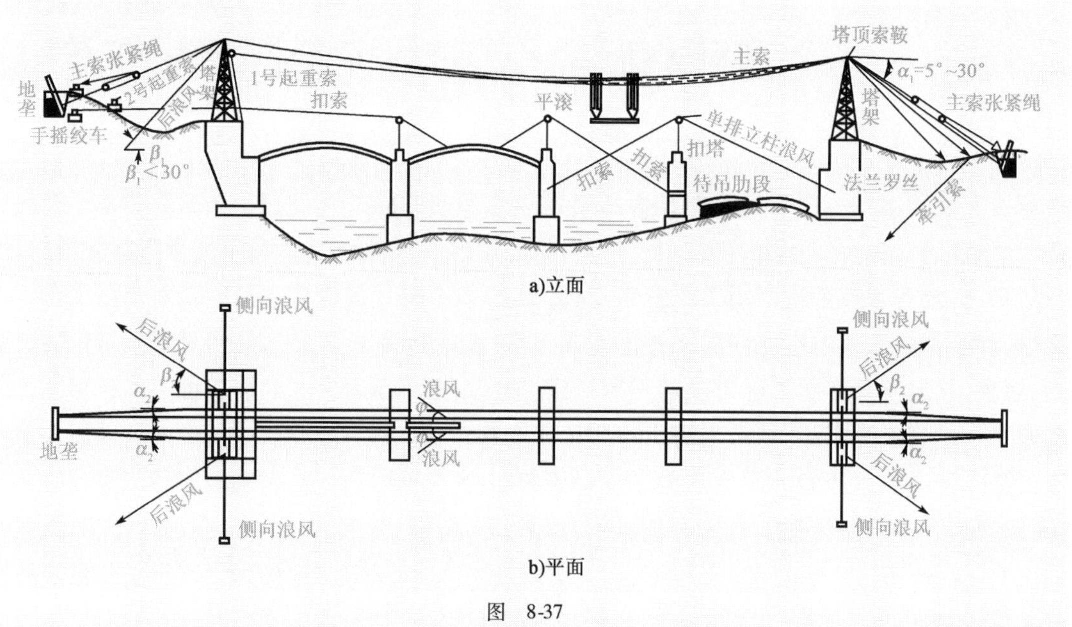

图 8-37

c)缆索吊装全景

图8-37 缆索吊装设备及其布置形式

构件一般在桥头岸边预制和预拼后,送至施工场地进行安装。吊装应从一桥孔的两端向中间对称进行。在最后一节构件就位后,将各接头位置调整到规定高程,放松吊索将各段合拢。

2)施工加载程序设计

对于采用无支架或早脱架方法建成的拱肋(裸肋),进行以后各工序施工时,施工荷载由刚建成的拱肋承担(支架已拆除或没有支架)。不合理安排后续工序,会使拱顶及拱脚压重不恰当,施工加载不平衡,导致拱轴线变形不均匀,严重时会导致塌桥。因此,必须事先对施工步骤、顺序进行设计。这一工作,习惯上称为施工加载程序设计。

中、小跨径拱桥,拱肋的截面尺寸在一定范围内,可不做施工加载程序设计,按有支架施工方法对拱上结构做对称、均衡的施工。

大、中跨径的箱形拱桥或双曲拱桥,一般按分环分段、均衡对称加载的原则进行设计。先在拱的两个半跨上,分成若干段,然后在相应部位同时进行相等数量的施工加载。

对于坡拱桥,应使低拱脚半跨的加载量稍大于高拱脚半跨的加载量。

多孔拱桥的两个邻孔之间,要求均衡加载。两孔的施工进度不能相差太远,否则桥墩会承受过大的单向推力而产生很大位移,导致施工进度快的一孔的拱顶向下沉,而邻孔的拱顶向上升,严重时会使拱圈开裂。

施工加载程序设计的一个重要内容是计算每道工序施工时拱圈各计算截面的挠度值,以便施工过程中控制拱轴线的变形情况。施工过程中,对比实测挠度与计算挠度,发现问题及时调整。

施工加载程序设计比较复杂,可参考桥梁施工设计手册和相关施工技术规范。

思考与练习

8-1 简述常用简支梁桥的安装方法及适用条件。

8-2 简述逐孔法、悬臂法、顶推法、转体法的施工特点及应用条件。

8-3 常用拱架的种类有哪些,有何特点?

8-4 简述拱圈及拱上建筑的施工过程。

8-5 简述悬臂浇筑施工和悬臂拼装施工的施工工艺及顶推法的顶推工艺。

8-6 常用的转体施工方法有哪几种?简述每种方法的施工工艺。

单元9　道路工程施工

9.1 路基工程施工

9.1.1　路基施工要求

路基是按照路线位置和一定技术要求修筑的带状构造物，是路面的基础，承受由路面传递的行车荷载。它贯穿公路全线，与桥梁、隧道相连，构成公路的整体。

1）路基工程的重要性

路基工程质量是路基强度和稳定性的保证。不少公路病害的引发原因就是路基施工质量不良，引起交通阻塞，并消耗大量的养护和维修费用。

2）路基工程的特点

路基工程具有以下特点：①路基土石方工程量大，沿线分布不均匀；②路基工程的项目较多，如土方、石方、圬工砌体等；③公路施工是野外操作，经常会遇到自然条件差、运输不便、设备与施工队伍的供应与调度困难等问题；④路基工地分散，工作面狭窄，遇有特殊地质不良地段，使一般的技术问题复杂化；⑤隐蔽工程较多。

3）路基工程的施工方法

路基工程的施工方法主要有：①人工施工，这种方法工作效率低、劳动强度大、进度慢；②简易机械化施工，这种方法的生产效率较高；③水力机械化施工；④使用配套机械的机械化施工。

为了保证公路与城市道路最大限度地满足车辆运行的要求，提高车速，增强安全性和舒适性，降低运输成本，延长道路使用年限，要求路基路面具有下述一系列基本性能。

（1）承载能力

要求路基路面结构整体及其各组成部分具有与行车荷载相适应的承载能力。结构承载能力包括强度与刚度两方面，强度即抵抗车轮荷载引起的各个部位的各种应力的性质，刚度即在车轮荷载作用下不发生过量变形的性质。

（2）稳定性

路基在地表上开挖或填筑，改变原地层结构。大气降水使得路基路面结构内部的湿度状态发生变化。大气温度周期性的变化对路面结构的稳定性有重要影响，如冻胀、翻浆。

（3）耐久性

路基路面工程从规划、设计、施工至建成通车需要较长时间，且投资大的工程应有较长的使用年限。因此，路基路面工程应具有耐久的性能。

（4）路面表面平整度

路面表面平整度是影响行车安全、行车舒适性以及运输效益的重要使用性能。

(5)抗滑性能

抗滑性是路面的表面特征,用轮胎与路面的摩擦系数来表示。摩擦系数越大,抗滑性能越好,反之亦然。

9.1.2 路基断面形式

路基横断面的典型形式有路堤、路堑和填挖结合三种类型。

路堤,指全部用岩土填筑而成的路基,如图9-1所示。

路堑,指全部在天然地面开挖而成的路基,如图9-2所示。

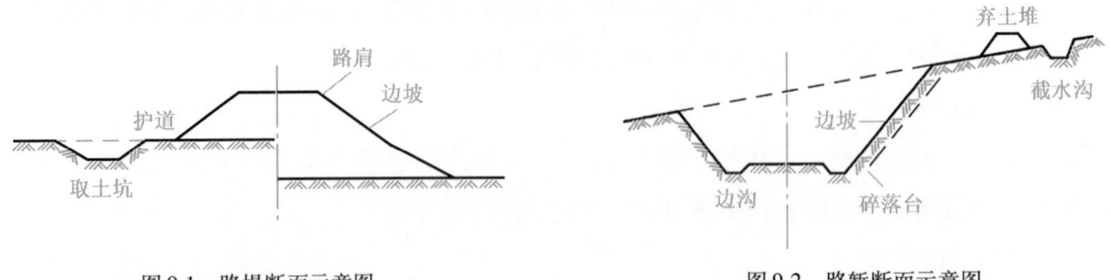

图9-1 路堤断面示意图　　图9-2 路堑断面示意图

半填半挖路基,当天然地面横坡大,且路基较宽,需要一侧开挖而另一侧填筑时,为填挖结合路基,如图9-3所示。

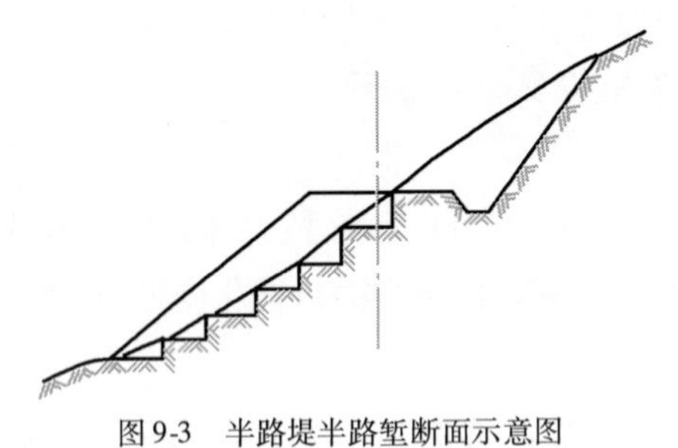

图9-3 半路堤半路堑断面示意图

9.1.3 路基构造及技术要求

一般高速公路路基横断面结构示意图见图9-4。

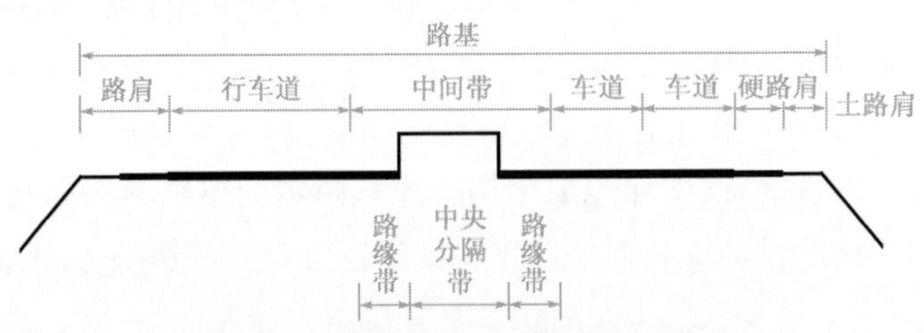

图9-4 一般高速公路路基横断面结构示意图

1)路基宽度

路基宽度为行车道与路肩之和。

2)路基高度

路基高度，是指路基设计高程与原地面高程之差。

3）路基边坡坡度

路基边坡坡度，一般用边坡高度与边坡宽度的比值来表示。边坡坡度的大小取决于边坡的高度和边坡土的性质，且与当地的气候和水文地质条件有关。

（1）路堤边坡

对于填土路堤边坡，地质条件好的边坡高度不大于 20m 时，边坡坡度不宜陡于规范的规定值；边坡高度大于 20m 的路堤，边坡形式宜采用阶梯形，边坡坡度宜进行稳定性分析计算确定。

对于砌石路堤边坡，填石路基应选用当地不易风化的片、块石砌筑，内侧填石；岩石风化严重或软质岩石路段，不宜采用砌石路基。砌石顶宽不小于 0.8m，基底面向内倾斜，砌石高度不宜超过 15m。砌石内、外坡率不宜大于规范的规定值。

（2）路堑边坡

对于土质路堑边坡，边坡高度不大于 20m 时，边坡坡度不宜大于规范的规定值；边坡高度大于 20m 时，应进行个别勘察设计。

对于岩石路堑边坡，边坡高度不大于 30m，且无外倾软弱结构面时，边坡坡度按规范确定；边坡高度大于 30m 时，应进行个别处理设计。

4）路基附属设施

（1）取土坑与弃土堆

路线外集中取土坑的设置，应根据各地段所需取土数量，结合排水、地形、土质、施工方法统一设计。

路基弃土堆设计应与当地农田建设和自然环境相结合，并注意保护林木、农田、房屋及其他工程设施。

（2）护坡道与碎落台

护坡道（图 9-5）主要是维持路基边坡稳定性，一般设置在挖方坡脚、变坡处。

碎落台（图 9-6）主要供零星土石碎块下落时临时堆积，保护边沟不被阻塞，也有护坡道的作用，一般设置在挖方边坡坡脚。

图 9-5　护坡道

图 9-6　碎落台

9.2 路堤施工

路堤填挖、基床处理以及地段排水系统和取弃土方案等应在施工前充分考虑，合理布置。对土方量大而集中的重点地段，先做施工组织设计。

1）路堤本体施工

路堤填筑按“三阶段、四区段、八流程”的施工工艺组织施工。三阶段：准备阶段、施工阶段、整修验收阶段；四区段：填土区段、平整区段、碾压区段、检测区段；八流程：施工准备→基底处理→分层填筑→摊铺平整→洒水晾晒→碾压夯实→检查签证→路基整修。

2）路基防护

为确保路基的强度和稳定性，便于养护和维修，防止水土流失，应按设计要求对路基进行防护。路基防护时，应结合地形地质情况，一定程度上兼顾路容美化和协调自然环境。设置路堤排水和防护的主要措施有排水沟、边坡植树、铺草皮及种草籽、干砌片石等。

（1）边坡植物防护

在适宜植物生长的季节施工，铺、种植物的坡面应平整、密实、湿润，见图9-7。

（2）干砌片石路堤护坡

基础埋置深度除满足设计要求外，当其边侧有取土坑时，还应采取一定的措施保护基脚，见图9-8。护坡砌筑厚度均匀，砌层片石纵、横向搭接压缝，间隙塞满，外露面整齐。

图9-7　植物防护

图9-8　干砌片石

设有反滤层的护坡，随垫随砌，不用非渗水性材料做反滤层。采用卵石砌坡时，同层卵石块径大体一致，卵石的长轴线垂直坡面，栽砌挤紧。

3）过渡段

（1）路堤与桥台过渡段

桥台台后与路堤相接的一定范围内均属过渡段。首先进行地基处理，如有必要，桥台锥体部分的地基也一并处理。在经处理后的地基上填筑路堤本体，再进行桥台基础及台身的施工，最后进行过渡段和桥台锥体的填筑。如过渡段在软土地基上，台后设置有钢筋混凝土搭板时，其钢筋混凝土搭板在路堤稳定、桥台锥坡及过渡段两侧防护工程按设计完成后再进行施工。

路桥过渡段施工前，排干桥台基坑内积水，基坑地面以下部分回填混凝土，并保证基坑底部与侧壁之间密实，无虚土。桥台与路基接合部设厚0.15m带排水槽的渗水墙，渗水墙采用无砂混凝土块砌筑，渗水墙底部设软式透水管，将渗流水横向排出路基外。路桥过渡段每层填筑均要严格按设计要求施工，控制好碎石的级配及填料厚度，填筑层均设人字横向排水坡。台背后 2m 范围内禁止大型振动机械驶入，避免其对桥台造成挤压。

(2) 路堤与横向结构物过渡段

过渡段施工前，根据工点实际情况，对横向结构物两侧采取防、排水措施。过渡段填方材料符合暂行规定的要求，过渡段按施工技术细则要求分层填筑，表层以下压实标准满足路基施工规范有关标准。

横向结构物两侧必须对称填筑，在填筑过程中注意做好防排水工作，每层均应做好横向人字坡和纵向排水。基坑基顶以下部分回填混凝土或者碎石，并保证基坑底部与侧壁之间密实，无虚土。水泥级配碎石混合料宜在 2h 内使用完毕。路堑地段回填片石混凝土时，应做好基坑边坡防护，防止发生意外。

9.3 路堑施工

路堑施工就是按设计要求进行挖掘，并把挖掘出来的土方运到路堤地段作填料，或者运到弃土地点。土质路堑、石方路堑分别如图 9-9、图 9-10 所示。

图 9-9　土质路堑

图 9-10　石方路堑

9.3.1　土质路堑开挖

路堑开挖方式应根据路堑的深度和纵向长度，以及地形、土质、土方调配情况和开挖机械设备条件等因素确定，以加快施工进度，提高工作效率。

1) 施工中应注意的问题

(1) 路堑排水

应先在适当的位置开挖截水沟，并设置排水沟，以排除地面水和地下水。路堑设有纵坡时，下坡的坡段可以直接挖到底，而上坡的坡段必须先挖成向外的斜坡，最后再挖去剩下的土方。路堑为平坡时，两端都要先挖成向外的斜坡，最后挖去余下的土方。

(2) 废方处理

废方不得妨碍路基的排水和路堑边坡的稳定。同时，弃土应尽可能用于改地造田，美化环境。

(3) 设置支挡工程

开挖时，应自上而下，逐层进行，以防边坡塌方，尤其在地质不良地段，应分段开挖，分段支护。

2)土方路堑的开挖方式

(1)全断面横挖法

全断面横挖法,即从路堑的一端或两端按横断面全宽逐渐向前开挖,这种开挖方法适宜较短的路堑,如图9-11所示。

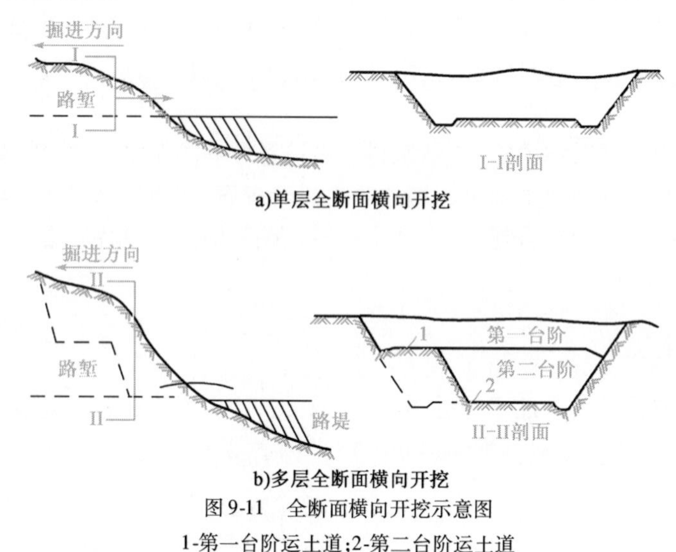

图9-11 全断面横向开挖示意图

1-第一台阶运土道;2-第二台阶运土道

(2)纵挖法

纵挖法,即沿路堑纵向将高度分成不大的层次依次开挖,这种方法适用于较长的路堑。纵挖法又分为分层纵挖法、通道纵挖法和分段纵挖法,如图9-12所示。

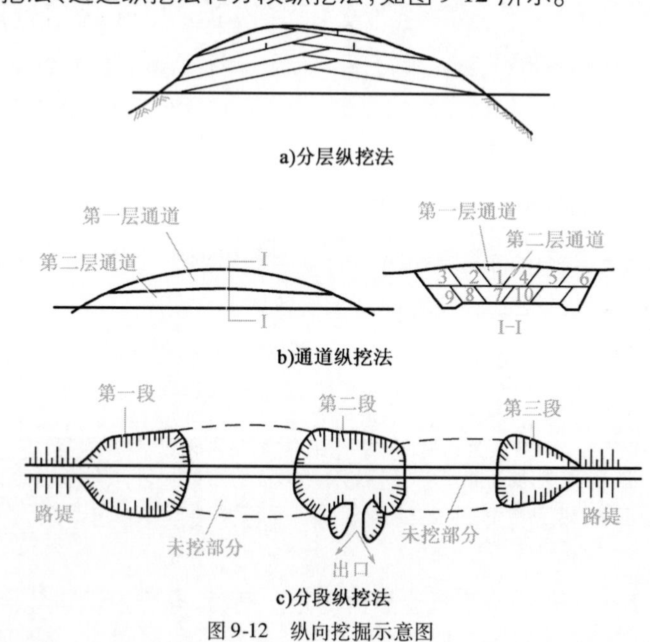

图9-12 纵向挖掘示意图

(3)混合式开挖法

混合式开挖法,适用于路堑纵向长度和挖深都较大的情况。

3)雨期开挖路堑

土质路堑开挖前,在路堑边坡坡顶2m以外开挖截水沟并疏通出水口。对于土质路堑宜分层开挖,每挖一层均应设置排水纵横坡。挖方边坡不宜一次挖到设计高程,应沿坡面留30cm厚,待雨期过后整修到设计坡度,以挖作填的挖方应随挖随运随填。

土质路堑挖至设计高程以上30~50cm时应停止开挖,并在两侧挖排水沟。待雨期过后再挖到路床设计高程后再压实。

土的强度低于规定值时应按设计要求进行处理。

雨期开挖岩石路堑,炮眼应尽量水平设置。边坡应按设计坡度自上而下层层刷坡,坡度应符合设计要求。

9.3.2　石方路堑开挖

石方路堑的开挖通常采用爆破法,有条件时宜采用松土法,局部情况可采用破碎法开挖。施工时采用的爆破方法,要根据石方的集中程度、地质、地形条件及路基断面形状等具体条件而定。主要方法有钢纤炮、深孔爆破、葫芦炮、光面爆破与预裂爆破和抛坍爆破。

9.3.3　路基冬期施工技术

路基冬期施工是指在反复冻融地区,昼夜平均温度在-3℃以下,连续10d以上时,施工就要按冬期施工来进行。当昼夜平均温度虽然上升到-3℃以上,但冻土未完全融化时,亦应按冬期施工进行。

路基冬期施工一般不宜进行高速公路、一级公路的土路基和地质不良地区的二级以下公路路堤施工,不宜进行铲除原地面草皮,挖掘填方地段的台阶施工,不宜整修路基边坡,不宜在河滩低洼地带进行被水淹没的填土路基施工。

9.4　路基压实

9.4.1　土质路基压实

1)路基压实的意义

路基压实的主要意义在于:使土的强度大大增加;使土基的塑性变形明显减小;使土的透水性降低,毛细水上升高度减小。

图9-13、图9-14分别为静力光轮压路机和轮胎压路机进行土方路基压实工作图。

图9-13　静力光轮压路机工作图

图9-14　轮胎压路机工作图

2）影响压实效果的因素

（1）含水率对压实效果的影响

土中含水率对压实效果的影响比较显著。当含水率较小时，压实效果比较差；含水率逐渐增大时，压实效果渐佳；土中含水率过大时，压实效果反而不佳。

（2）土质对压实效果的影响

在同一压实功作用下，含粗粒越多的土，其最大干密度越大，而最佳含水率越小。

（3）压实功对压实效果的影响

同一类土，其最佳含水率随压实功的加大而减小，而最大干密度则随压实功的加大而增大。单纯用增大压实功来提高土的干密度未必经济、合理，压实功过大还会破坏土体结构，效果适得其反。

（4）压实厚度对压实效果的影响

在相同土质和相同压实功的条件下，压实效果随压实厚度的递增而减弱。试验证明，表层压实效果最佳，越到下面压实效果逐渐变差。因此，不同压实机械和不同的土质压实时控制的程度不同。

3）压实机具的选择与操作

（1）静力光轮压路机

静力光轮压路机只适用于碾压较薄的填土路基，如图9-15所示。这是因为静力光轮压路机的滚轮与土料的接触面积较大，单位压力小，压实能力由表面向下逐渐减小，使得上层密度大于下层密度，路基的整体密实性差。

（2）轮胎式压路机

轮胎式压路机适用于压实各种土料，对压实较为潮湿的黏性土最有效，其碾压有效深度可达30cm以上，如图9-16所示。

图9-15　静力光轮压路机

图9-16　轮胎式压路机

（3）振动压路机

振动压路机是利用其自身的重力和振动压实各种建筑和筑路材料。在公路建设中，振动压路机最适宜压实各种非黏性土料、碎石、碎石混合料以及各种沥青混凝土而被广泛应用，如图9-17所示。

4）土基压实标准——压实度

压实度是现行规范规定的路基压实标准。

压实度 k = 工地上实际压实达到的干密度 ρ_d/最大干密度 ρ_{dmax}

进行压实施工要首先确定压实系数，压实系数 k 与路基所处的层位、路面等级及自然条件有关。

5）碾压工序的控制

确定不同种类天然土最大干密度和最佳含水率；检查控制填土含水率；分层填筑，分层压实；全宽填筑，全宽碾压。

图 9-17　振动压路机

9.4.2　填石、土石混填及高填方路堤压实

1）填石路堤施工

填石路堤的基底处理同填土路堤。

高速公路、一级公路和铺设高级路面的其他等级公路的填石路堤均应分层填筑，分层压实。二级及二级以下且铺设低级路面的公路，在陡峻山坡段施工特别困难或大量爆破以挖作填时，可采用倾填方式将石料填筑于路堤下部，但倾填路堤在路床底面下不小于 1.0m 的范围内仍应分层填筑压实。

2）土石路堤的混填方法

土石路堤填筑应分层填筑，分层压实。当含石量超过 70% 时，整平应采用大型推土机辅以人工按填石路堤的方法进行；当含石量小于 70% 时，土石混合直接铺筑；松铺厚度控制在 40cm 以内，接近路堤设计高程时，需改用土方填筑。

9.5　路基排水与加固

9.5.1　地面排水

路基排水设施主要有边沟、截水沟、排水沟、跌水与急流槽等。

1）边沟

设置在挖方路基的路肩外侧或低路堤路基的坡脚外侧，用以汇集和排除路基范围内和流向路基的小量地面水的沟槽称为边沟，如图 9-18 所示。

2）截水沟

截水沟是设置在挖方路基边坡坡顶以外或山坡路堤的上方，垂直于水流方向，用以截引路基上方流向路基的地面径流的排水设施，如图 9-19 所示。

3）排水沟

设置排水沟的目的是将水流从路基排至路基范围以外的低洼处或排水设施中，如图 9-20 所示。在平厚、微丘区，当原有地面沟渠蜿蜒曲折，并且影响路基稳定时，可用排水沟来改善沟渠线路。有时为了减少涵洞数量，也使用排水沟来合并沟渠。

图9-18　边沟

图9-19　截水沟

4)跌水与急流槽

设置于需要排水的高差较大而距离较短或坡度陡峻地段的阶梯形构筑物,称为跌水,其作用主要是降低流速和消减水的能量。急流槽是具有很陡坡度的水槽,其作用主要是在很短的距离内,在水面落差很大的情况下进行排水。跌水与急流槽如图9-21所示。

图9-20　排水沟

图9-21　跌水与急流槽

9.5.2　地下排水

常用的路基地下排水设施有暗沟、渗沟和渗井等。

地下排水的特点是排水量不大,主要以渗流方式汇集水流,并就近排出路基范围以外。

1)暗沟

暗沟又称盲沟,即地面以下引导水流的沟管,并沿沟排泄至指定地点,实际不可见,如图9-22所示。

2)渗沟

采用渗透方式将地下水汇集于沟内,并通过沟底通道将水排到指定地点,这种排水设施统称为渗沟,图9-23为渗沟的出水口。

3)渗井

当地下存在多层含水层,其中影响路基的上部含水层较薄,排水量不大,且平式渗沟难以布置,采用立式(竖向)排水,设置渗井,穿过不透水层,将路基范围内的上层地下水引入更深的含水层中去,以降低上层的地下水位或全部予以排除。

9.5.3　路基防护与加固

1)路基防护

路基防护的主要目的是保护路基边坡表面免受雨水冲刷，减缓温差及温度变化的影响，防止和延缓软弱岩土表面的风化、碎裂、剥蚀，保护边坡整体稳定性，同时还有美化绿化作用。图 9-24 ~ 图 9-29 为几种主要的路基防护形式。

图 9-22　暗沟

图 9-23　渗沟的出水口

2）路基加固

路基加固常用于加固湿软地基，包括天然沉积层和人工冲填的土层，如沼泽土、淤泥及淤泥质土、水力冲积土等。

图 9-24　喷射混凝土防护

图 9-25　护面墙

图 9-26　绿化坡面防护

图 9-27　混凝土边坡防护

（1）砂垫层法（加速沉降发展，缩短固结过程）

砂垫层是指作为湿软土层地基固结所需要的上部排水层，同时又是路堤内土体含水率增多的排水层。

（2）砂井排水法（缩短排水距离，减少固结时间）

图 9-28　浆砌块石护坡

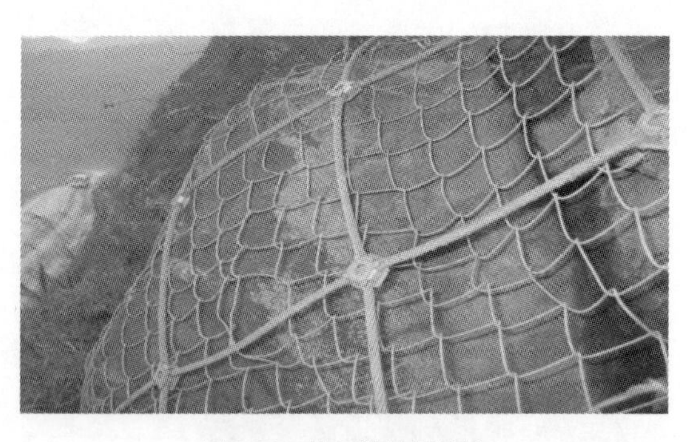

图 9-29　锚杆铁丝网护坡

砂井排水法是在湿软地基中设置垂直排水砂井，缩短排水距离，减少固结时间，以达到提高地基抗剪强度的一种方法。一般情况下，砂井上堆载预压的加载量大致可取与设计荷载接近，这样可预压至 80% 的固结度。

(3) 塑料板排水法

通过滤膜的渗水和塑料板凹槽在路基自重或荷载作用下，挤压基底土层，排水板便直接排出地下土层中的自由水。

9.5.4　挡土墙

挡土墙是用来支承路基填土或山坡土体，防止填土或土体变形失稳的一种构造物。在路基工程中，挡土墙可用以稳定路堤和路堑边坡，减少土石方工程量和占地面积，防止水流冲刷路基，并经常用于整治坍方、滑坡等路基病害。

1) 挡土墙的类型

(1) 重力式挡土墙

在平衡土压力方面，重力式挡土墙的特点是利用墙身和墙背回填土的重力和地基反力来保持土体稳定，图 9-30 为重力式挡土墙的四种形式。

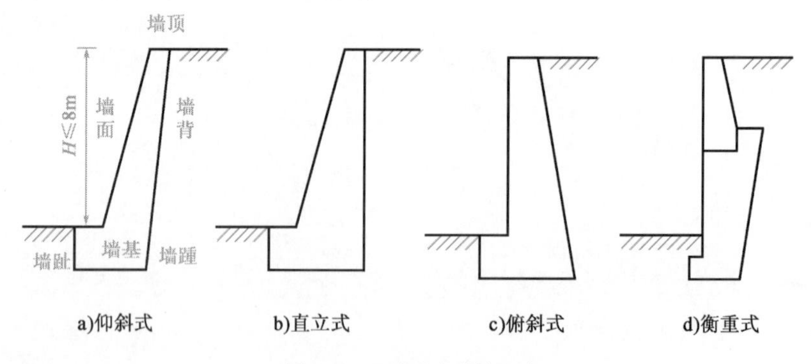

图 9-30　四种重力式挡土墙

(2) 轻型挡土墙

几种常见的轻型挡土墙有锚杆挡土墙、薄壁挡土墙、加筋挡土墙。

锚杆挡土墙的特点是在填土内埋入锚固件，或在稳定土层中插入锚杆，利用锚固件的抗拔力，将挡土板拉紧，如图9-31所示。

薄壁挡土墙由钢筋混凝土结构构成，用墙背踵板上的地基抗力抵抗土的压力，如图9-32所示。

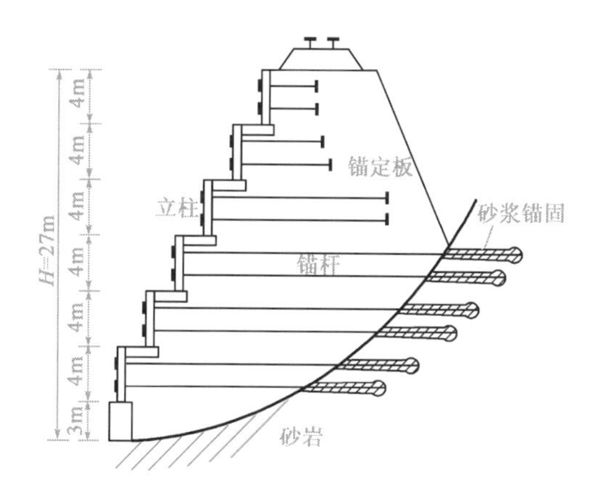

图9-31 锚杆挡土墙

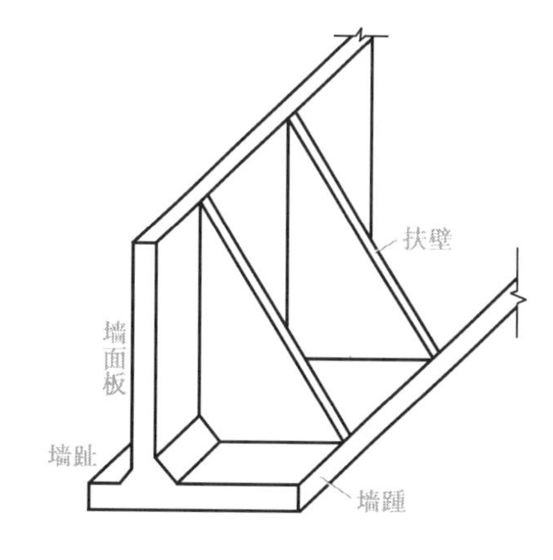

图9-32 薄壁挡土墙

加筋土挡土墙的特点是利用拉筋与土之间的摩擦力抵抗土压力，并以拉筋端部分墙面板连接挡土。

2）重力式挡土墙施工

重力式挡土墙一般采用明挖基础，当基底松软或水下挖基困难时，可采用换填基础、桩基础或沉井基础。图9-33为浆砌块石重力式挡土墙施工。

3）薄壁挡土墙施工

混凝土挡土墙的特点是墙身断面小、自重轻、圬工省，适用于石料缺乏、地基承载力较低的路堤和路肩墙，如图9-34所示。

图9-33 浆砌块石重力式挡土墙施工

图9-34 混凝土挡土墙施工

挡墙基槽开挖，不得扰动基底原状土，如有超挖，应回填原状，并按道路击实标准夯实。确保基槽边坡稳定，防止塌方。做好排降水设施，保持基底干槽施工。对土坑、树坑应回填砂石、石灰土，夯实处理，以免基底不均匀沉降。对基底淤泥、腐殖土应清理干净，回填好土或石灰土夯实。

挡墙基础模板在垫层(找平层)上支安,必须牢固,不得松动、跑模、下沉。模板拼缝严密不漏浆,模内保持清洁。模板隔离剂涂刷均匀,不得污染钢筋。预埋件按设计位置与基础钢筋焊牢,以免振捣混凝土时发生变形和位移。

4)加筋土挡土墙施工

加筋土挡土墙具有圬工工程量少、地基强度要求不高、抗震性能好、造价低、施工方便、进度快等特点,在公路工程中广泛应用于挡土墙和桥台部位,图 9-35 为加筋土挡土墙。

图 9-35　加筋土挡土墙

9.6 软土路基施工

9.6.1　软土的工程地质特征

习惯上常把淤泥、淤泥质土、软黏性土总称为软土,而把有机质含量很高的泥炭、泥炭质土称为泥沼。泥沼比软土具有更大的压缩性,但它的渗透性强,受荷后能够迅速固结,工程处理比较容易。所以本节主要讨论天然强度低、压缩性高且渗透性小的软土上的路基施工。

1)软土地基

软土地基指黏土或粉土微小颗粒含量极高,或由孔隙率大的有机质土、泥浆、松砂组成的土层。

软土天然含水率大,胀缩性高,承载力低,在荷载作用下易产生滑动或固结沉降。

2)湿软地基

湿软地基指受地表长期积水和地下水位影响较大的软土地基。

9.6.2　软土地基处理

处理软土地基的常用方法有换填土层法、挤密法、化学加固法。湿软地基处理主要用排水固结法。实际工程中,多种方法结合使用效果更好。

1)换填土层法

换填土层法,即将原地基湿软土基挖除,更换新的、符合要求的土质。

(1)开挖换土法

采用挖掘机械,铲除软土层后换填好土,分层压实。

全部挖除换土法,适用于软土层厚不大于 2m 的情况;局部挖除换土法,适用于软土层较厚或上部软土层较下部软土层强度低得多的情况。

施工要点:选择良好的填料;放好开挖边坡的坡度;填料应及时运进,随挖随填,防止挖方边坡坍塌。

(2)强制换土法(抛石挤淤法)

强制换土法适用于长年积水的洼地，排水困难，泥炭呈流动状态，较薄，在特别软弱的地面上施工机械无法进入的情况。

施工时，把好土直接撒铺在软土地基表层，靠土的自重将软土挤向周围，并从路中线逐渐向两侧填筑。

(3)爆破换土法

爆破换土法适用于土层厚，稠度大，路堤较高，施工期紧迫的工程。

2)挤密法

挤密法以增大密度为目的，加固处理方法分为四类：反压护道法、堆土预压法、重锤夯实法和深层拌和法。

(1)反压护道法

反压护道法是在路堤两侧填筑一定宽度的护道，使路堤下的软土向两侧隆起的趋势得到平衡，以提高路堤在施工中的滑动破坏安全系数，达到路堤稳定的目的。

(2)堆土预压法

在施工前，在地基表面分级堆土或分级加载，使地基土压实、沉降、固结，从而提高地基强度，减少建成后的沉降量，达到预定标准后再卸载。

(3)重锤夯实法

重锤夯实法即利用重锤从高空自由下落时产生的冲击能，使地面下一定深度内土层达到密实状态。

(4)深层拌和法

通过特制的深层搅拌机械，在地基中就地将软黏土和固化剂(多数用水泥浆)强制拌和，使软黏土硬结成具有整体性、水稳性和足够强度的地基土。

3)化学加固法

化学加固法是将某些化学溶液注入地基土中，通过化学反应生成胶凝物质或使土颗粒表面活化，在接触处胶结固化，以增强土颗粒间的联结，提高土体的力学强度。

4)排水固结法

排水固结法是对天然地基，或先在地基中设置砂井(袋装砂井或塑料排水带)等竖向排水体，然后分级逐渐加载，或在施工前在场地上先行加载预压，使土体中的孔隙水排出，逐渐固结，地基发生沉降，同时强度逐步提高。

9.7 路基修整与检查验收

9.7.1 路基修整

1)路床修整

土质路基表面的修整，可用机械配合人工切土或补土，并配合压路机械碾压。深路堑边坡修整应按设计要求坡度，自上而下进行削坡修整，不得在边坡上以土贴补。石质路基边坡，应做到设计要求的边坡比。坡面上的松石、危石应及时清除。

2)边沟修整

边沟的修整应挂线进行。对各种水沟的纵坡(包括取土坑纵坡)应仔细检查,应使沟底平整,排水畅通,凡不符合设计及规定要求的,应按规定修整。

截水沟、排水沟及边沟的断面、边坡坡度,应符合设计要求。沟的表面应整齐、光滑。填补的凹坑应拍捶密实。

修整路堤边坡表面时,应将其两侧超填的宽度切除。

9.7.2 路基质量验收标准

1)土方路基

路基必须分层填筑压实,表面平整坚实,无软弹和翻浆现象,路拱合适,排水良好,压实度、土壤强度和路床的整体强度符合设计要求。

2)石方路基

开炸石方应避免超量爆破,上边坡必须稳定,坡面的松石、危石必须清除干净。路基表面应整修平整,边线直顺,曲线圆滑。填方路基表面不得露有直径大于15cm的石块。

3)路肩

路肩必须表面平整密实,不积水。路肩边缘直顺,曲线圆滑。

4)边沟(排水沟、截水沟)

边沟线条直顺、曲线圆滑、沟底平整、排水通畅。浆砌片石边沟砂浆应饱满密实,砂浆配合比符合设计要求。边沟勾缝平顺、缝宽均匀,无脱落现象。边沟断面均匀平整,无凹凸不平现象,沟底无积水现象。

9.8 路面(底)基层施工

9.8.1 碎、砾石(底)基层施工

在粉碎的或原状松散的土中掺入一定量的无机结合料(包括水泥、石灰或工业废渣等)和水,经拌和得到的混合料在压实与养生后,其抗压强度符合规定要求的材料称为无机结合料稳定材料,以此修筑的路面(底)基层称为无机结合料稳定路面(底)基层,图9-36为路面(底)基层洒水养护过程。

9.8.2 水泥稳定土(底)基层施工

水泥稳定土施工宜安排在春末或夏季,施工期间的最低气温应在5℃以上,并保证在冻前半个月至一个月完成,以防冻融破坏。

在雨季施工水泥稳定土结构层时应特别注意气候变化,勿使水泥混合料遭雨淋,并采取措施排除表面水,勿使运到路上的集料过分潮湿,以免降低水泥稳定土强度。

9.8.3 质量控制与质量验收

土和粒料的各种性能应符合设计和施工要求,土块要经粉碎,并根据当地料源选择质坚干

净的粒料。

水泥用量按设计要求控制准确，摊铺时要注意消除粗细料离析现象。混合料处于最佳含水率状况下，用重型压路机碾压至要求的压实度，无“弹簧”现象。

碾压检查合格后立即覆盖或洒水养生，养生期要符合规范要求。

9.9 水泥混凝土路面施工技术

9.9.1 水泥混凝土路面的特点

水泥混凝土路面具有以下优点：强度高，稳定性好，耐久性好，养护费用少、经济效益高，有利于夜间行车。

水泥混凝土路面具有以下缺点：对水泥和水的需要量大，有接缝，开放交通较迟，修复困难。

9.9.2 轨模式摊铺机施工

轨模式摊铺机是由摊铺机、整面机、修光机等组成的摊铺列车，如图 9-37 所示。轨模式摊铺机施工，是机械化施工中最普通的一种方法，是由支撑在平底型轨道上的摊铺机将混凝土拌和物摊铺在基层上。轨模式摊铺机施工混凝土路面包括施工准备、拌和与运输混凝土、摊铺与振捣、表面修整及养护等工作。

图 9-36 路面(底)基层洒水养护

图 9-37 轨模式摊铺机施工

9.9.3 滑模式水泥混凝土摊铺机施工

滑模式摊铺机比轨模式摊铺机更高度集成化，整机性能好，操纵方便，生产效率高，但对原材料、混凝土拌和物的要求更严格，设备费用较高。

图 9-38 为滑模式摊铺机施工图。

1) 施工程序

施工程序：安装边模，设置传力杆，混凝土的制备与运送，混凝土的摊铺和振捣，接缝的设置，表面整修，混凝土的养生与填缝。

(1) 安装边模

在摊铺混凝土前，应先安装两侧模板。模板内侧应涂刷肥皂液、废机油或其他润滑剂，以便拆模。

(2)设置传力杆

当两侧模板安装好后,即在需要设置传力杆的胀缝或缩缝位置上设置传力杆,图9-39为胀缝处传力杆的架设。

图9-38　滑模式摊铺机施工

图9-39　胀缝处传力杆的架设

(3)制备与运送混凝土混合料

混凝土混合料的制备可采用两种方式,即在工地由拌和机拌制和在中心工厂集中制备,而后用汽车运送到工地。

拌制混凝土时要准确掌握配合比,特别要严格控制用水量。每天开始拌和前,应根据天气变化情况,测定砂、石材料的含水率,以调整拌制时的实际用水量。每拌所用材料均应过秤。

(4)混凝土的摊铺和振捣

①人工摊铺及振捣。当运送混合料的车辆运达摊铺地点后,一般直接倒向安装好侧模的路槽内,并用人工找补均匀。要注意防止出现离析现象。

②机械摊铺及振捣。振实工序的工作内容主要是用插入式振捣机组或弧形振动梁对摊铺整平后的混凝土进行振捣密实、均匀,使混凝土路面成形后获得尽可能高的抗折、抗压强度。

(5)接缝设置

①胀缝。先浇筑胀缝一侧混凝土,取去胀缝模板后,再浇筑另一侧混凝土,钢筋支架浇在混凝土内。

②横向缩缝。即假缝,用切缝法、锯缝法设置。图9-40为切缝法设置横向缩缝。

③纵缝。纵缝为平缝带拉杆时,应根据设计要求,预先在模板上制作拉杆置放孔,模板内侧涂刷隔离剂,拉杆采用螺纹钢筋制作。

缝槽顶面采用锯缝机切割,深度为3~4cm,并用填缝料灌缝。

④接缝。混凝土养护期满即可填封接缝,填封时接缝必须清洁、干燥。填缝料应与缝壁黏附紧密,不渗水,灌注高度一般比板面低2mm左右。图9-41为接缝填封施工。

(6)养生

一般用潮湿养生,当表面已有相当硬度,用手指轻压不现痕迹时即可开始养生。图9-42为潮湿养生的两种方法。

2)施工注意的事项

滑模摊铺机施工中,最常见的问题是坍边和麻面。

坍边的主要形式有边缘出现坍落、边缘倒现、松散边等。如果拌和质量高,坍边现象则可减少到零。

图 9-40　切割法设置横向缩缝

图 9-41　接缝填封施工

a)直接洒水养生

b)覆盖洒水养生

图 9-42　潮湿养生

麻面主要是由于混凝土拌和物坍落度过低造成的,混合料拌和不均匀也是原因之一。因此,应严格控制混凝土拌和物的坍落度,使用计量准确且拌和效果好的拌和机,同时对混凝土的配合比作适当调整。

9.9.4　钢筋混凝土路面施工

1)接缝的构造与布置

混凝土面层由一定厚度的混凝土板组成,具有热胀冷缩的性质。温度变化将引起板的中部隆起、周边和角隅翘起。这些变形会造成板的断裂或拱胀等破坏。

为避免这些缺陷,混凝土路面不得不在纵横两个方向设置许多接缝,把整个路面分割成许多板块。混凝土板一般采用矩形,纵向和横向接缝一般垂直相交,纵缝两侧的横缝不得互相错位。

(1)横缝

横缝是垂直于行车方向的接缝,分为胀缝、缩缝和施工缝。

①胀缝。可保证板在温度升高时能部分伸张,从而避免路面板在热天发生拱胀和折断破坏,同时胀缝也能起到缩缝的作用。

②缩缝。可保证因温度和湿度的降低而收缩时沿该薄弱断面缩裂,从而避免产生不规则的裂缝。

③施工缝。混凝土路面每天完工或因雨天及其他原因不能继续施工时,形成的分隔新旧混凝土路面的缝。

施工缝应尽量做到胀缝处。如不可能,也应做至缩缝处,并做成施工缝的构造形式。

(2)纵缝

纵缝是指平行于混凝土路面行车方向的那些接缝。纵缝间距一般按 3 ~4.5m 设置,这对行车和施工都较方便。

2)混凝土面板的施工程序和施工技术

面板的施工程序:安装边模,设置传力杆,混凝土的制备与运送,混凝土的摊铺和振捣,接缝的设置,表面整修,混凝土的养生与填缝。

图 9-43 为平板式振捣器振捣,图 9-44 为混凝土振动梁摊铺。

图 9-43　平板式振捣器振捣

图 9-44　混凝土振动梁摊铺

表面修整:混凝土终凝前必须用人工或机械抹平其表面。

防滑:为保证行车安全,混凝土表面应具有粗糙抗滑的表面。一般做成刻槽。

填缝工作宜在混凝土初步结硬后及时进行。填缝前,首先将缝隙内泥砂杂物清除干净,然后浇注填缝料。

安装边模、设置传力杆等的施工方法同 9.9.3 滑模式混凝土摊铺机施工。

9.9.5　混凝土预制块铺砌路面施工

混凝土预制块适用于停车场、厂区、庭院路面铺砌。施工方法如下:

对进场的预制混凝土块进行挑选,将有裂缝、掉角、翘曲和表面上有缺陷的板块剔出,强度和品种不同的板块不得混杂使用。

拉水平线,根据路面场地面积大小可分段进行铺砌,先在每段的两端头各铺一排混凝土板块,以此作为标准进行码砌。

图 9-45 为混凝土预制块铺砌施工,图 9-46 为混凝土预制块铺砌完成的路面。

9.9.6　钢纤维混凝土路面施工

纤维混凝土是使用纤维和水泥基料(水泥石、砂浆或混凝土)组成的复合材料的统称。水泥石、砂浆与混凝土的主要缺点是抗拉强度低、极限延伸率小、性脆,加入抗拉强度高、极限延伸率大、抗碱性好的纤维,可以克服这些缺点。

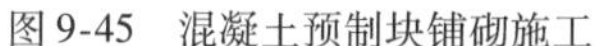

图9-45　混凝土预制块铺砌施工

图9-46　混凝土预制块铺砌路面

钢纤维是当今世界各国普遍采用的混凝土增强材料。钢纤维混凝土是在普通混凝土中掺入乱向分布的短钢纤维所形成的一种新型的多相复合材料。这些乱向分布的钢纤维能够有效地阻碍混凝土内部微裂缝的扩展及宏观裂缝的形成,显著改善了混凝土的抗拉、抗弯、抗冲击及抗疲劳性能,具有较好的延性。

9.9.7　水泥混凝土路面施工质量控制和检查

路面用混凝土设计时,应对取用的各原材料(粗集料、细集料、水泥、水、外加剂)分别进行检验,以判断其是否适用。

1)混凝土路面竣工验收的主要项目

(1)外观上不能有蜂窝、麻面、裂缝、脱皮、石子外露和缺边掉角等现象。

(2)路缘石应直顺,曲线应圆滑。

(3)纵横缝的布置。纵缝与横缝一般做成垂直正交,使混凝土板具有90°的角隅。纵缝两旁的横缝一般成一条直线。在交叉口范围内,为了避免板形成角度较小的锐角,并使混凝土板块的长边与路面行车方向一致,大多采用辐射式的接缝布置形式。

至于缩缝传力杆的设置问题,对低交通量道路,当缩缝间距小于4.5~6.0m,可不设传力杆;对高交通量道路,除采用间距小的缩缝和稳定类基层时例外,任何时候都应该设置传力杆。

(4)钢筋布置。当采用板中计算厚度的等厚式板时,或混凝土板纵、横向自由边缘下的基础有可能产生较大的塑性变形时,应在其自由边缘和角隅处设置边缘钢筋和角隅钢筋两种补强钢筋,如图9-47所示。

图9-47　边缘钢筋与角隅钢筋布置图

2)特殊部位混凝土路面处理

混凝土路面同柔性路面相接处,为避免出现沉陷和错台,或柔性路面受顶推而拥起,宜将混凝土板埋入柔性路面内。

9.10 沥青混凝土路面施工

9.10.1 沥青路面的特性

沥青路面是用沥青材料作结合料黏结矿料修筑面层与各类基层和垫层所组成的路面结构。

由于沥青路面使用沥青结合料，因而增强了矿料间的黏结力，提高了混合料的强度和稳定性，使路面的使用质量和耐久性都得到提高。与水泥混凝土路面相比，沥青路面具有表面平整、无接缝、行车舒适、耐磨、振动小、噪声低、施工期短、养护维修简便、宜于分期修建等优点，因而获得越来越广泛的应用。

9.10.2 洒布法沥青路面面层施工

用洒布法施工的沥青路面面层有沥青表面处治和沥青贯入式两种，沥青表面处治是用沥青和细料矿料分层铺筑成厚度不超过3cm的薄层路面面层，通常采用层铺法施工。按照洒布沥青及撒铺矿料层次的多少，可分为单层式、双层式和三层式三种，单层式和双层式为三层式的一部分。

三层式表面处治的施工工艺如下：

（1）清理基层：在表面处治施工前，应将路面基层清扫干净，使基层的矿料大部分外露，并保持干燥；若基层整体强度不足时，则应先予以补强。

（2）洒透层（或黏层）沥青：洒布第一层沥青时，沥青要洒布均匀，当发现洒布沥青后有空白、缺边时，应立即用人工补洒，有积聚时应立即刮除。施工时应采用沥青洒布车喷洒沥青，其洒布长度应与矿料撒布能力相协调。铺撒第一层矿料：洒布主层沥青后，应立即用矿料撒布机或人工撒布第一层矿料，如图9-48所示。矿料要撒布均匀，达到全面覆盖一层、厚度一致、矿料不重叠、不露沥青，当局部有缺料或过多处，应适当找补或扫除。

（3）碾压：撒布一段矿料后，用60～80kN双轮压路机碾压，如图9-49所示。碾压时，应从一侧路缘压向路中，宜碾压3～4遍，其速度开始不宜超过2km/h，以后可适当增加。

图9-48　沥青路面摊铺施工

图9-49　沥青路面碾压

（4）洒第二层沥青，撒布第二层矿料，碾压，再洒布第三层沥青，撒布第三层矿料，碾压。

（5）初期养护：沥青表面处治后，应进行初期养护。当发现有泛油时，应在泛油部位均匀补撒与最后一层矿料规格相同的嵌缝料；当有过多的浮动矿料时，应扫出路外；当有其他损坏现象时，应及时修补。

9.10.3　热拌沥青路面面层施工

热拌沥青混合料路面施工可分为沥青混合料的拌制与运输和现场铺筑两阶段。

在拌制沥青混合料之前，应根据确定的配合比进行试拌，试拌时对所用的各种矿料及沥青应严格计量，对试拌的沥青混合料进行试验以后，即可选定施工配合比。

热拌沥青路面铺筑施工工艺如下：

（1）基层准备和放样：铺筑沥青混合料前，应检查确认下层的质量，当下层质量不符合要求，或未按规定洒布透层、黏层沥青或铺热下封层时，不得铺筑沥青面层。

（2）摊铺：热拌沥青混合料应采用机械摊铺，对高速公路和一级公路宜采用两台以上摊铺机联合摊铺，以减少纵向冷接缝，相邻两台摊铺机纵向相距10～30m，横向应有5～10cm宽度摊铺重叠，如图9-50所示。

（3）碾压：压实后的沥青混合料应符合平整度和压实度的要求，因此，沥青混合料每层的碾压成型厚度不应大于10cm，否则应分层摊铺和压实。其碾压过程分为初压、复压和终压三个阶段。初压是在混合料摊铺后较高温度下进行，宜采用60～80kN双轮压路机慢速度均匀碾压两遍，初压后应检查平整度，必要时应适当调整路拱；复压是在初压后，采用重型轮机压路机或振动压路机碾压4～6遍，达到要求的压实度，并无显著轮迹，因此，复压是达到规定密实度的主要阶段，如图9-51所示；终压紧接着复压进行，选择60～80kN的双轮压路机碾压不少于两遍，并应消除在碾压过程中产生的轮迹，确保路表面的良好平整度。

图9-50　沥青路面摊铺

图9-51　沥青路面碾压

（4）接缝施工：沥青路面的各种施工，包括纵缝、横缝和新旧路的接缝等处，往往由于压实不足，容易产生台阶、裂缝、松散等质量事故，影响路面的平整度和耐久性。

（5）摊铺时，采用梯队作业的纵缝应采用热接缝。施工时，应将先铺的混合料留下10～

20cm 宽度，暂时不碾压，作为后摊铺部分的高程基准面。纵缝应在后铺部分摊铺后立即进行碾压，压路机应大部分压在已先铺碾压好的路面上，仅有 10 ~ 15cm 的宽度压在新铺的车道上，然后逐渐移动跨缝碾压以消除缝迹。

【知识拓展】

路基路面工程检测技术

1）路面弯沉值检测

国内外普遍采用回弹弯沉值来表示路基路面的承载能力，回弹弯沉值越大，承载能力越小，反之则越大。通常所说的回弹弯沉值是指标准后轴双轮组轮隙中心处的最大回弹弯沉值。在路表测试的回弹弯沉值可以反映路基路面的综合承载能力。回弹弯沉值在我国已广泛使用且有很多试验和研究成果，不仅用于新建路面结构的设计（设计弯沉值）和施工控制与验收（竣工验收弯沉值），也用于旧路补强设计。图 9-52 为贝克曼梁法检测弯沉值，图 9-53 为自动弯沉仪。

图 9-52　贝克曼梁法图

图 9-53　自动弯沉仪

2）加州承载比

承载比是美国加利福尼亚州提出的一种评定基层材料承载能力的试验方法。承载能力以材料抵抗局部荷载压入变形的能力表征，并采用标准碎石的承载能力为标准，以相对值的百分数表示 CBR 值。这种方法后来也用于评定土基的强度。由于 CBR 的试验方法简单，设备造价低廉，在许多国家得到广泛应用。采用 CBR 法确定沥青路面厚度，有配套的图表，应用十分方便，受到工程技术人员的欢迎。图 9-54 为承载比试验仪，图 9-55 为现场检测承载比。

图 9-54　承载比试验仪

图 9-55　现场测定承载比

思考与练习

9-1　什么是路基？路基工程有何特点？

9-2　路基除断面尺寸应符合设计标准外，还应满足哪些基本的要求？

9-3　影响路基边坡稳定性的因素有哪些？

9-4　在挡土墙上设置沉降缝和伸缩缝的目的是什么？

9-5　土基为什么要进行压实？影响压实效果的主要因素有哪些？

9-6　公路路面性能有哪些要求？

9-7　路基排水的意义是什么？

9-8　试叙述路基路面各结构层的作用与要求。

9-9　简述热拌沥青混合料压实的施工工艺。

9-10　简述什么是透层黏层，以及它们的作用和适用场合。

9-11　简述胀缝的作用及适用位置和构造。

单元 10　隧道及地下工程施工

10.1 开挖

10.1.1　开挖方式

隧道及地下工程开挖方式有全断面开挖法和导洞开挖法两种。开挖方式的选择主要取决于隧道围岩的类别、断面尺寸、机械设备和施工技术水平。合理选择开挖方式,对加快施工进度,节约工程投资,保证施工质量和施工安全意义重大。

1)全断面开挖法

全断面开挖法是将整个断面一次钻爆开挖成洞,待全洞贯通后或待掘进相当距离以后,根据围岩允许暴露的时间和具体施工安排再进行衬砌和支护。这种施工方法适用于围岩坚固完整的情况。全断面开挖的洞内工作面较大,工序作业干扰相对较小,施工组织工作比较容易安排,掘进速度快。全断面开挖可根据隧道断面面积大小和设备能力,采用垂直掌子面掘进或台阶掌子面掘进,如图 10-1 所示。

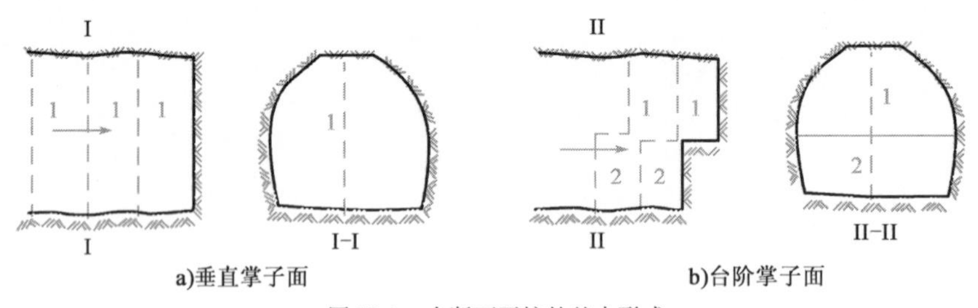

图 10-1　全断面开挖的基本形式

1、2-开挖顺序

垂直掌子面掘进因开挖面直立,作业空间大,当使用大型施工机械设备时,作业效率高,施工进度快。图 10-2 为垂直掌子面掘进机械化施工示意图。

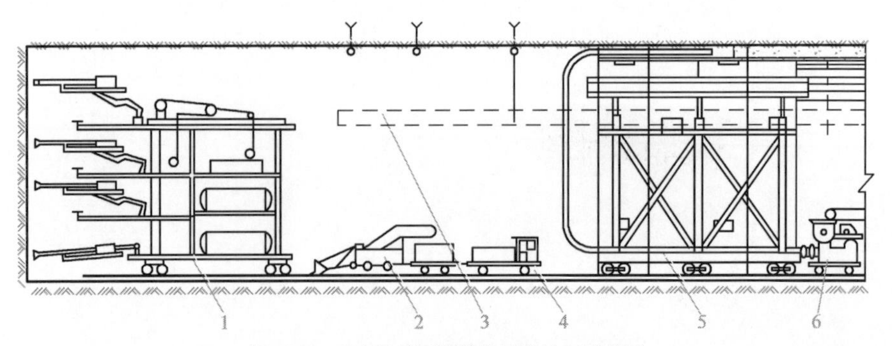

图 10-2　垂直掌子面掘进机械化施工示意图

1-钻孔台车;2-装渣机;3-通风管;4-蓄电池车;5-钢模台车;6-混凝土泵

台阶掌子面掘进是将整个断面分为上下两层，上层超前于下层一定距离掘进。为了方便出渣，上层超前距离不宜超过2～3.5m，且上下层应同时爆破，通风散烟后，迅速清理上台阶并向下台阶扒渣，下台阶出渣的同时，上台阶可以进行钻孔作业。由于下台阶爆破是在两个临空面情况下进行的，可以节省炸药。当隧道断面面积较大，但又缺乏钻孔台车等大型施工机械时，可以采用这种开挖方式。

2）导洞开挖法

导洞开挖法就是在开挖断面上先开挖一个小断面洞（即导洞）作为先导，然后再扩大至设计要求的断面尺寸和形状。这种开挖方式，可以利用导洞探明地质情况，解决施工排水问题，导洞贯通后还有利于改善洞内通风条件，扩大断面时导洞可以起到增加临空面的作用，从而提高爆破效果。

导洞开挖，根据导洞位置不同，有上导洞、下导洞、中间导洞和双导洞等不同形式。

（1）上导洞开挖法

导洞布置在隧道的顶部，断面开挖对称进行，开挖与衬砌施工顺序如图10-3所示。这种方法适用于地质条件较差，地下水不多，机械化程度不高的情况。其优点是安全问题比较容易解决，如顶部围岩破碎，开挖后可先行衬砌，以策安全。缺点是出渣线路需二次铺设，施工排水不方便，顶拱衬砌和开挖相互干扰，施工速度较慢。

图10-3a）是上导洞开挖的先拱后墙法衬砌，主要特点是上部（1和2）开挖后，立即进行顶拱衬砌，以后其他部分的开挖与衬砌均在混凝土顶拱的保护下进行，施工安全，但施工干扰大，衬砌整体性差。图10-3b）是上导洞开挖的先墙后拱法衬砌，主要特点是将隧道全断面挖好后，再进行衬砌，此法适用于地质条件较好的情况。

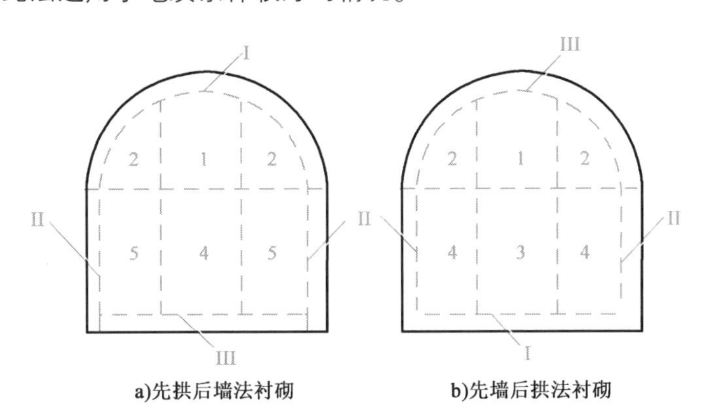

图10-3　上导洞开挖与衬砌施工顺序

1、2、3、4、5-开挖顺序；I、II、III-衬砌顺序

（2）下导洞开挖法

导洞布置在断面的下部，如图10-4所示。这种开挖方法适用于围岩稳定、洞线较长、断面不大、地下水比较多的情况。其优点是：洞内施工设施只铺设一次，断面扩大时可以利用上部岩石的自重提高爆破效果，出渣方便，排水容易，施工速度快。其缺点是：顶部扩大时钻孔比较

困难,石块依自重爆落,岩石块度不易控制。如遇不良地质条件,施工不够安全。

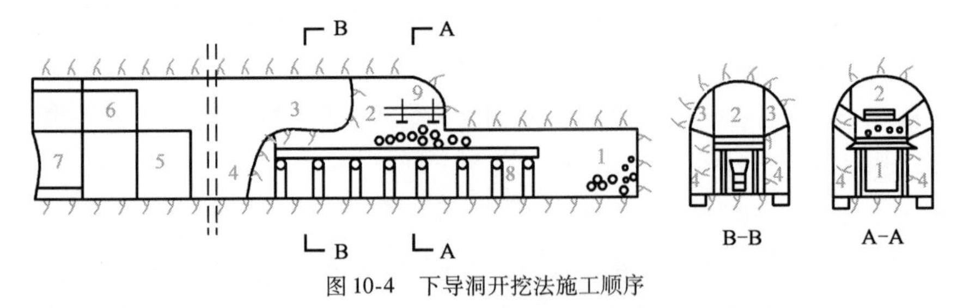

图 10-4 下导洞开挖法施工顺序

1-下导洞;2-顶部扩大;3-上部扩大;4-下部扩大;5-边墙衬砌;6-顶拱衬砌;7-底板衬砌;8-漏斗棚架;9-脚手架

(3) 中间导洞开挖法

导洞在断面的中部,导洞开挖后向四周扩大。这种方法适用于围岩坚硬,不需临时支撑,且具有柱架式钻机的场合。柱架式钻机可以向四周钻辐射炮眼,断面扩大快,但导洞与扩大部分同时并进,导洞出渣困难。

(4) 双导洞开挖法

双导洞开挖又分为两侧导洞开挖法和上下导洞开挖法两种。两侧导洞开挖法是在设计开挖断面的边墙内侧底部分别设置导洞,这种开挖方法适用于围岩松软破碎,地下水严重,断面较大,需边开挖边衬砌的情况。上下导洞开挖法是在设计开挖断面的顶部和底部分别设置两个导洞,这种方法适用于开挖断面很大,缺少大型设备,地下水较多的情况,其上导洞用来扩大开挖断面,下导洞用于出渣和排水,上下导洞之间用竖井连通。

10.1.2 钻爆作业

1) 钻孔作业

钻孔作业工作强度很大,所花时间占循环时间的 1/4 ~ 1/2,因此应尽可能采用高效钻机完成钻孔作业,以提高工程进度。常用钻孔机具有风钻和钻孔台车。风钻是用压缩空气作为动力使钻头产生冲击作用破岩成孔的,适用于开挖面积不大、机械化程度不高的情况。钻孔台车按行走装置不同分为轮胎式、轨道式和履带式三种,适用于开挖断面较大的情况,如图 10-2 所示。

2) 装药和起爆

炮孔应严格按设计要求的装药方式进行装药,炮孔的装药深度随炮孔类型而异。炮孔其余长度用黏土和砂的混合物堵塞。爆破顺序依次为掏槽孔、崩落孔、周边孔。起爆一般采用秒延发或毫秒延发电雷管起爆。隧道开挖轮廓控制应采用光面爆破技术,以保证开挖面的光滑平整,尽量减少超、欠挖。

3) 临时支护

隧道爆破开挖后,为了预防围岩产生松动掉块、塌方或其他安全事故,应根据地质条件、开挖方法、隧道断面等因素,对开挖出来的空间及时进行必要的临时支护。

临时支护可分为喷锚支护和构架支护两类。除特殊情况外,应优先选用喷锚支护。构架支护的形式，按使用材料不同分为木支撑、钢支撑、预制混凝土或钢筋混凝土支撑等几种。

（1）木支撑。木支撑具有重量轻、加工架立方便、损坏前有明显变形等优点，但它承受压力小、所占净空大、消耗材料多、费用高，因而逐渐被其他支撑材料所代替。木支撑适用于断面不大的导洞的支护，如图 10-5 所示。

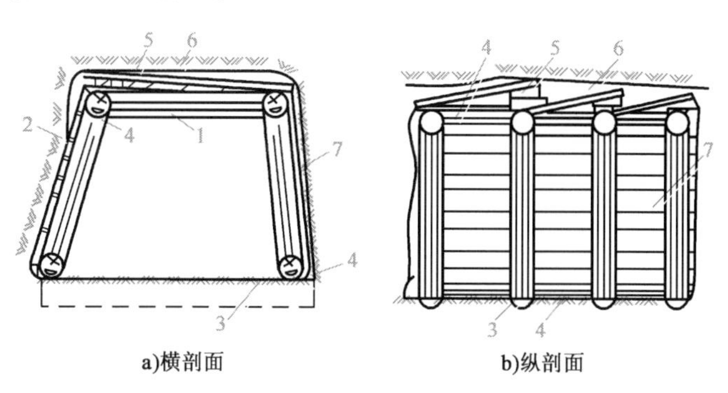

图 10-5　门框形木支撑

1-顶梁；2-立柱；3-底梁；4-纵向撑木；5-垫木；6-顶衬板；7-侧衬板

（2）钢支撑。钢支撑适用于破碎而不稳定的岩层，能承受很大的山岩压力，耐久性好，所占空间小。钢支撑可以重复使用，但耗材多，费用高，只有在不良地质段施工才采用，如图 10-6 所示。

（3）预制混凝土或钢筋混凝土支护。这种支护能承受很大的山岩压力，耐久性好，且可以留在永久性衬砌内不必拆除。但结构重量大，洞内运输、安装都不方便，应采用机械化施工。

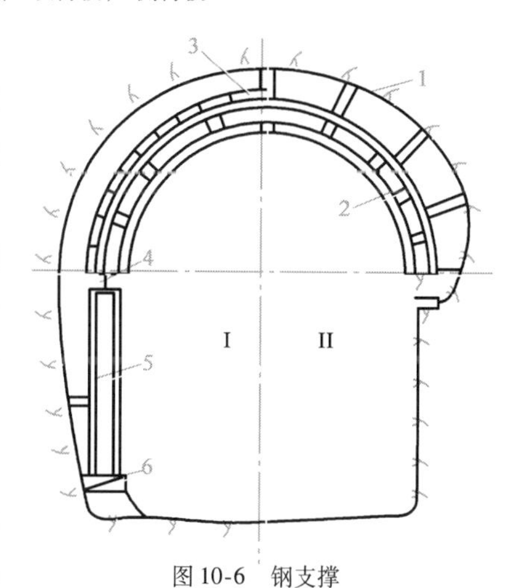

图 10-6　钢支撑

I-有立柱半截面；II-无立柱半截面

1-木撑；2-连接杆；3-支撑板；

4-工字托梁；5-立柱；6-楔块

4）装渣运输

装渣与运输是隧道开挖中最繁重的工作，所花时间约占循环时间的 50% ~60%，是影响掘进速度的关键工序。因此，应合理选择装渣运输机械，并进行配套计算，做好洞内出渣的施工组织工作，确保施工安全，提高出渣效率。

隧道出渣常见的装运方式如下：

（1）人工装斗车出渣

这种方式适用于隧道断面较小，机械化程度不高的情况。当采用下导洞开挖时，上导洞可利用漏斗棚架出渣（图 10-4）；当采用上导洞开挖时，上导洞可用活动工作平台车出渣（见图 10-7）。

（2）装岩机装渣、矿车出渣

这种出渣方式适用于开挖断面较大的情况。装岩时可采用 0.4 ~1m^3 的装岩机（图 10-8、

图 10-9),根据出渣量的大小可设置单线或双线运输。单线运输时,每隔 100～200m 应设置一错车岔道,岔道长度应够停放一列列车,如图 10-10 所示;双线运输时,每隔 300～400m 应设置一岔道,以满足调车要求,如图 10-11 所示。

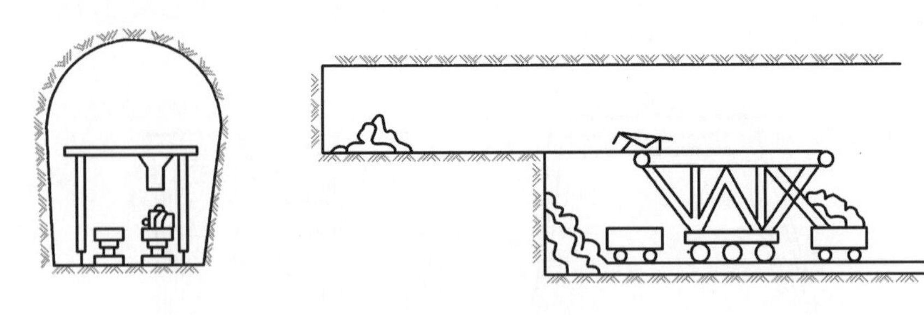

图 10-7　工作平台出渣

图 10-8　轨轮式无稳绳铲斗装岩机

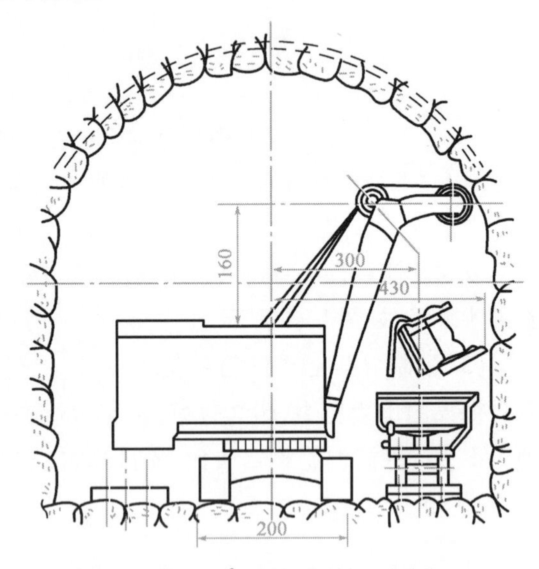

图 10-9　隧道 $1m^3$ 短臂正向铲(尺寸单位:cm)

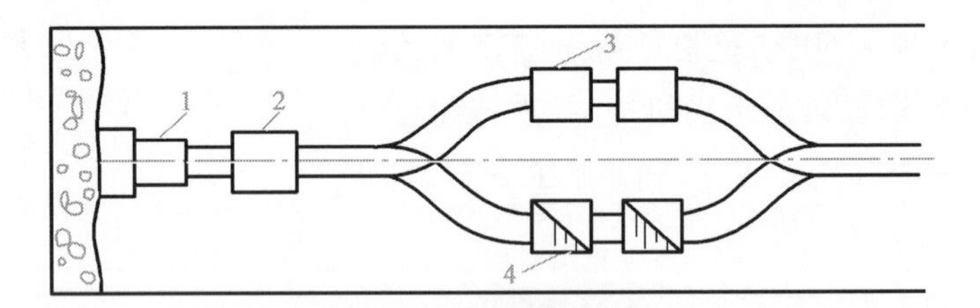

图 10-10　单线调车示意图

1-装岩机;2-正在装渣的车;3-空车;4-重车

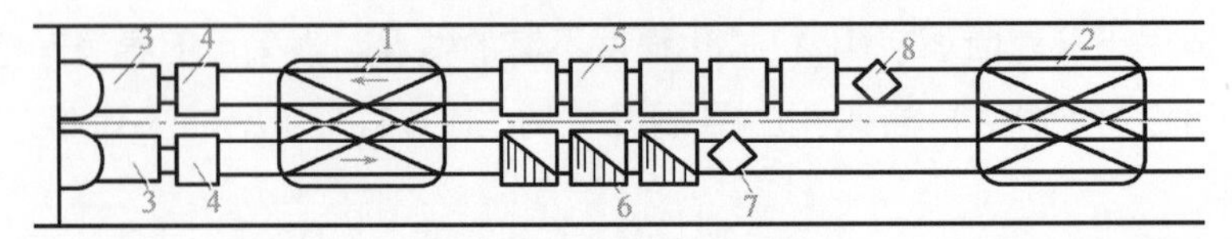

图 10-11　双线调车示意图

1-1 号道岔;2-2 号道岔;3-装岩机;4-正在装渣的车;5-空车;6-重车;7-电气机车;8-调车用的电气机车

堆渣地点应设置在洞口附近。其高程较洞口低，以便重车下坡，并可利用废渣铺设路基，逐渐向外延伸。

这种装运方式适用于大断面隧道开挖。装岩采用装载机或液压正铲，自卸汽车洞内运输宜设置双车道，如设置单车道时，每隔 200～300m 应设错车道，运输道路要符合矿山道路的有关规定。

5）辅助作业

隧道开挖的辅助作业有通风、散烟、防尘、防有害气体、供水、排水、供电照明等。辅助作业是改善洞内劳动条件，加快工程进度的必要保证。

（1）通风与防尘

通风和防尘的主要目的是为了排除因钻孔、爆破等原因产生的有害气体和岩尘，向洞内供应新鲜空气，改善洞内温度、湿度和气流速度。

①通风方式。有自然通风和机械通风两种。自然通风只有在掘进长度不超过 40m 时，才允许采用。其他情况下都必须有专门的机械通风设备。

机械通风布置方式有压入式、吸入式和混合式三种，如图 10-12 所示。压入式是用风管将新鲜空气送到工作面，新鲜空气送入速度快，可保证及时供应，但洞内污浊空气是经洞身流出洞外；吸入式是将污浊空气由风管排出，新鲜空气从洞口经洞身吸入洞内，但流动速度缓慢；混合式是在经常性供风时用压入式，而在爆破后排烟时改用吸入式，充分利用了上述两种方式的优点。

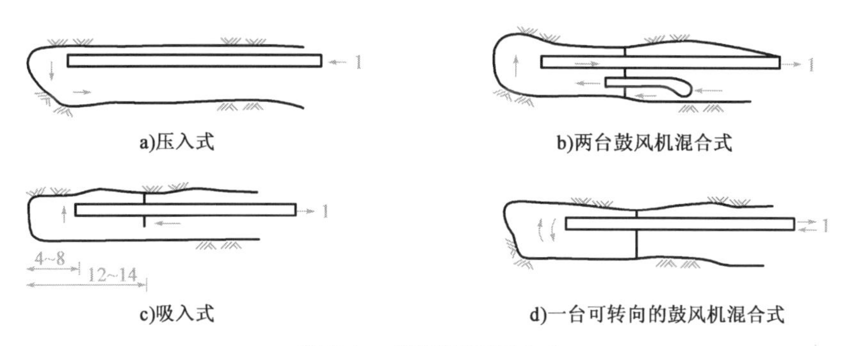

图 10-12　隧道机械通风方式

②防尘、防有害气体。除按地下工程施工规定采用湿钻钻孔外，还应在爆破后通风排烟、喷雾降尘，对堆渣洒水，并用压力水冲刷岩壁，以降低空气中的粉尘含量。

（2）排水与供水

隧道施工，应及时排除地下涌水和施工废水。当隧道开挖是上坡进行且水量不大时，可沿洞底两侧布置排水沟排水；当隧道开挖是下坡进行或洞底是水平时，应将隧道沿纵向分成数段，每段设置排水沟和集水井，用水泵将水排出洞外。

对洞内钻孔、洒水和混凝土养护等施工用水，一般可在洞外较高处设置水池，利用重力水头供水，或用水泵加压后沿洞内铺设的供水管道送至工作面。

(3)供电与照明

洞内供电线路一般采用三相四线制。动力线电压为380V,成洞段照明用220V,工作段照明用24~36V。在工作面较大的场合,也可采用220V的投光灯照明。由于洞内空间小、潮湿,所有线路、灯具、电气设备都必须注意绝缘、防水、防爆,防止安全事故发生。开挖区的电力起爆线,必须与一般供电线路分开,单独设置,以示区别。

10.2 衬砌与灌浆

10.2.1 隧道衬砌

隧道开挖后,为了使围岩不致因暴露时间太久而引起风化、松动或塌落,需尽快进行衬砌或支护。隧道衬砌是一种永久性的支护,根据使用材料的不同,可分为现浇混凝土或钢筋混凝土衬砌、混凝土预制块或块石衬砌等。这里仅介绍现浇钢筋混凝土衬砌。

1)混凝土衬砌分段与分块

由于隧道一般较长,衬砌混凝土需要分段浇筑,分段方式有以下两种。

(1)浇筑段之间设伸缩缝或施工缝

各衬砌段长度基本相同,如图10-13所示。可采用顺序浇筑法或跳仓浇筑法施工。顺序浇筑时,一段浇筑完成后,需等混凝土硬化后再浇筑相邻一段,施工缓慢,而跳仓浇筑时,是先浇奇数号段,再浇偶数号段,施工组织灵活,进度快,但封拱次数多。

(2)浇筑段之间设空档

如图10-14所示,空档长度1m左右,可使各段独立浇筑,大部分衬砌能尽快完成,但遗留空档的混凝土浇筑比较困难,封拱次数很多。当地质条件不利,需尽快完成衬砌时才采用这种方式。

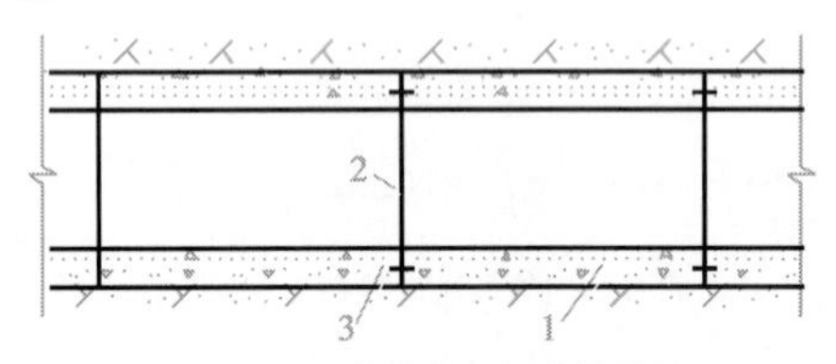

图10-13 浇筑段之间设伸缩缝

1-浇筑段;2-伸缩缝;3-止水

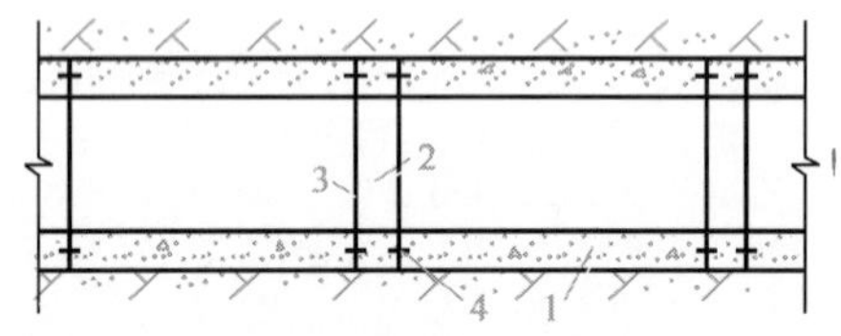

图10-14 浇筑段之间设空档

1-浇筑段;2-空档;3-缝;4-止水

混凝土衬砌,除了在纵向分段外,在横向还应分块。一般分成顶拱、边墙(边拱)、底拱四块,图10-15为圆形隧道衬砌断面分块示意图。分块接缝位置应设在结构弯矩和剪力较小的部位,同时应考虑施工方便。

2)隧道衬砌模板

隧道衬砌用的模板,随浇筑部位的不同,其构造和使用特点也不同。

(1)底拱模板

当底拱中心角较小时,可以不用表面模板,只安装浇筑段两端的端部模板。在混凝土浇筑后，用弧形样板将混凝土表面刮成弧形即可。当中心角较大时，一般采用悬吊式弧形模板，如图 10-16 所示。

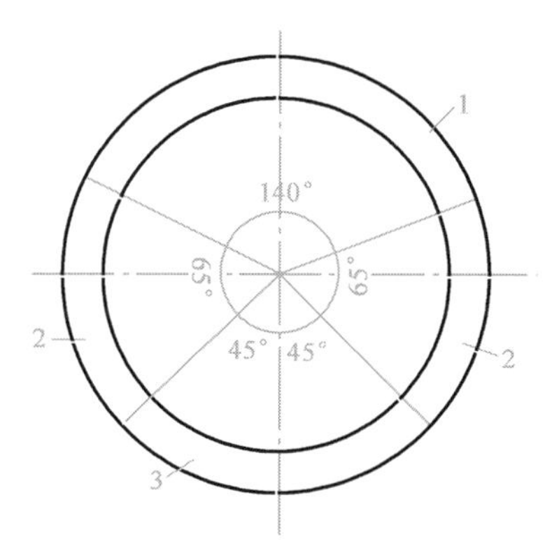

图 10-15 圆形隧道衬砌断面分块示意图

1-顶拱;2-边墙;3-底拱

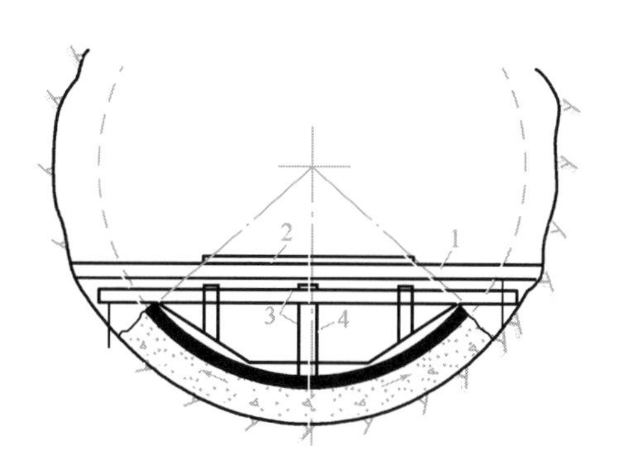

图 10-16 底拱模板

1-脚手架;2-路面板;3-模板桁架;4-桁架立柱

此外，当洞线较长时，常采用底拱托模，如图 10-17 所示，它通过事先固定好的轨道用卷扬机索引拖动，边拖动边浇筑混凝土，浇筑的混凝土在模板的保护下成型好后(控制拖动速度)才脱模。

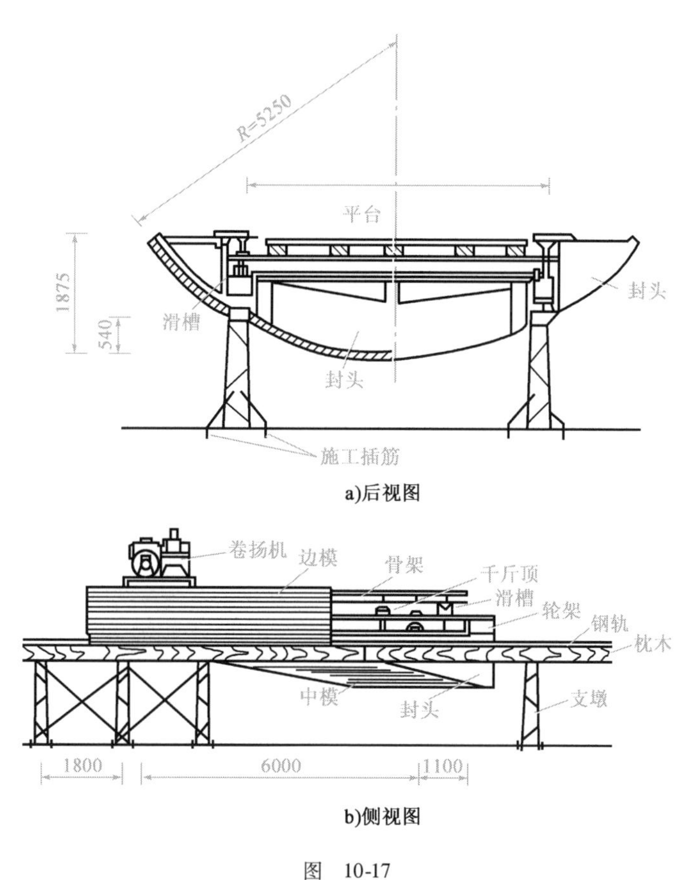

图 10-17

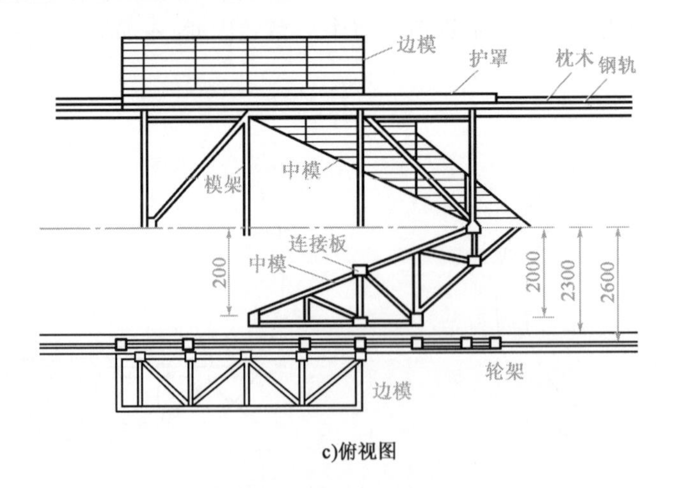

c)俯视图

图 10-17　V 形托模构造示意图(尺寸单位:mm)

(2)边墙和顶拱模板

边墙和顶拱模板有拆移式和移动式两种。拆移式模板又称为装配式模板,主要由面板、桁架、支撑及拉条组成(图 10-18)。这种模板通常在现场架立,安装时通过拉条或支撑将模板固定在预埋铁件上,装拆费时,费用也高。

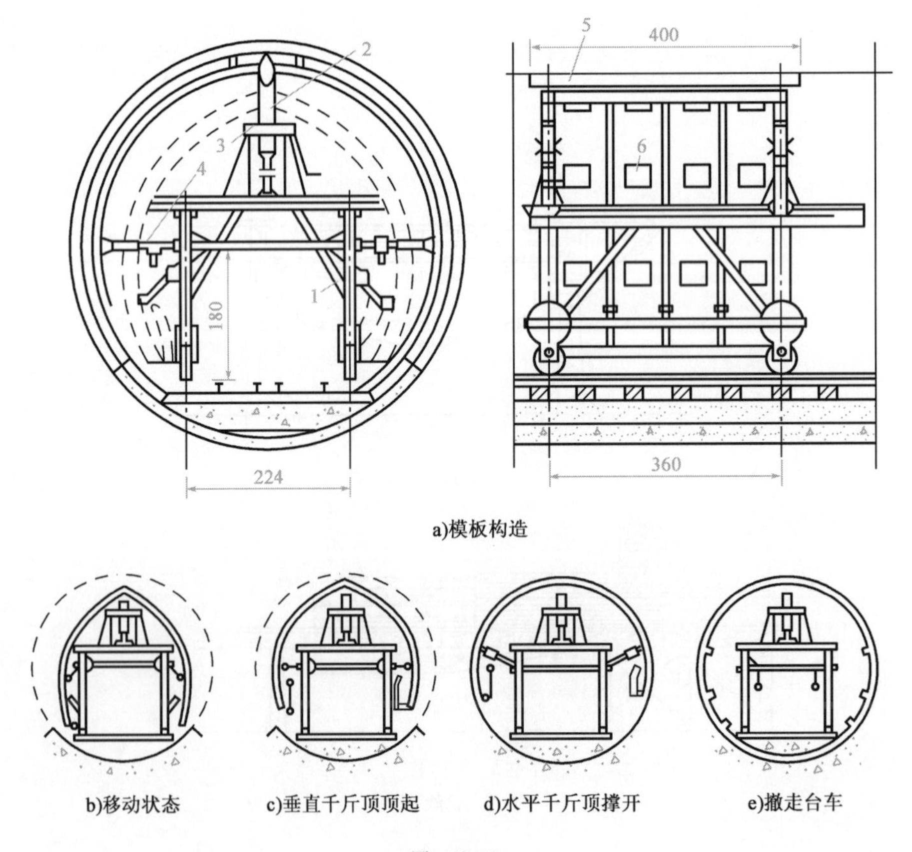

a)模板构造

b)移动状态　c)垂直千斤顶顶起　d)水平千斤顶撑开　e)撤走台车

图　10-18

f)钢模台车实物图

图10-18 钢模台车(尺寸单位:cm)

1-车驾;2-垂直千斤顶;3-水平螺杆;4-水平千斤顶;5-拼版;6-混凝土进口

移动式模板有钢模台车和针梁台车。钢模台车如图10-18f)所示,主要由车架和模板两部分组成。车架下面装有可沿轨道移动的车轮。模板装拆时,利用车架上的水平、垂直千斤顶将模板顶起、撑开或放下;当台车轴线与隧道轴线不相符合时,可用车架上的水平螺杆来调整模板的水平位置,保证立模的准确性。模板面板由定型钢模板和扣件拼装而成。

钢模台车使用方便,可大大减少立模时间,从而加快施工进度。钢模台车可兼作洞内其他作业的工作平台,车架下空间大,可以布置运输线路。

(3)针梁模板

针梁模板是较先进的全断面一次成型模板,它利用两个多段长的型钢制作的方梁(针梁),通过千斤顶,一端固定在已浇混凝土面上,另一端固定在开挖岩面上,其中一段浇筑混凝土,另一段进行下一浇筑面的准备工作(如进行钢筋施工),如图10-19所示。

图10-19 针梁模板

3)钢筋施工

衬砌混凝土内的钢筋,形状比较简单,沿洞轴线方向变化不大,但在洞中运输和安装比较困难。钢筋安装前，应先在岩壁上打孔安插架立钢筋。钢筋的绑扎宜采用台车作业，以提高工效。

4）混凝土浇筑

模板、钢筋、预埋件、浇筑面清洗等准备工作完成后，即可开仓浇筑衬砌混凝土。由于洞内工作面狭小，大型机械设备难以采用，所以混凝土的入仓运输一般以混凝土泵为主。图10-20为用混凝土泵浇筑边墙和顶拱的布置图。

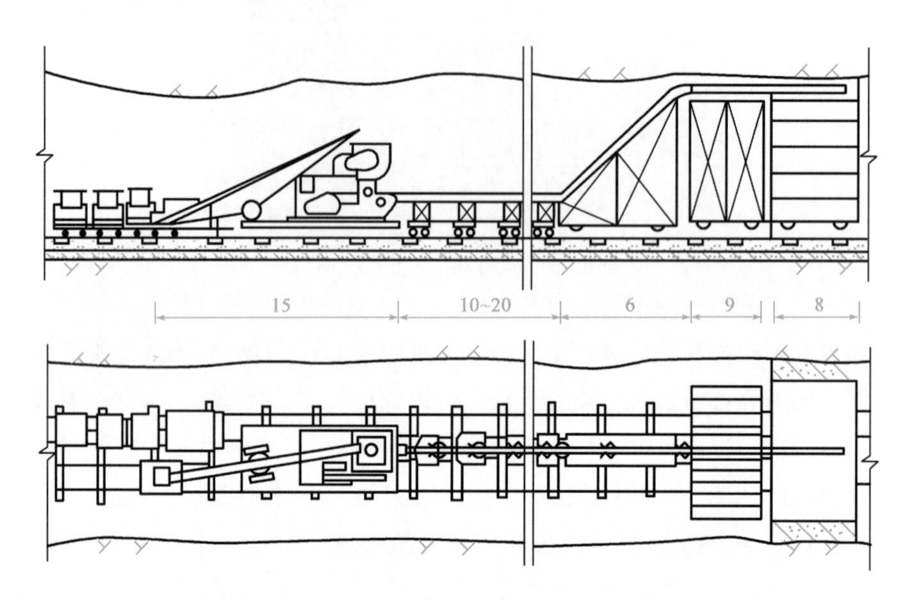

图10-20　用混凝土泵浇筑边墙和顶拱的布置图（尺寸单位：m）

10.2.2　隧道灌浆

隧道灌浆有回填灌浆和固结灌浆两种。回填灌浆的目的是填塞围岩与衬砌之间的空隙，确保衬砌对围岩的支承，防止围岩变形；固结灌浆的目的是加固围岩，提高围岩的整体性和强度。

回填灌浆孔一般只布置在拱顶中心角120°范围内。固结灌浆孔则应根据需要布置在整个断面四周。灌浆孔沿隧道轴线每2～4m布置一排，各排孔位呈梅花形布置。此外，还应根据规范要求布置一定数目的检查孔。

隧道灌浆必须在衬砌混凝土达到一定强度后才能进行。回填灌浆可在衬砌混凝土浇筑两周后安排进行，固结灌浆可在回填灌浆一周后进行。灌浆时应先用压缩空气清孔，然后用压力水清洗。灌浆在断面上应自下而上进行，以充分利用上部管孔排气；在轴线方向应采用隔排灌注、逐渐加密的方法。

10.3　喷锚支护技术

喷锚支护是喷混凝土支护、锚杆支护及喷混凝土与锚杆、钢筋网联合支护的统称。它是隧道及地下工程支护的一种形式，也是新奥地利隧道工程法（简称新奥法）的主要支护措施。喷锚支护适用于不同地层条件、不同断面大小的地下洞室工程，既可用作临时支护，也可用作永久性支护。

喷锚支护是在隧道开挖后，及时在围岩表面喷射一层厚 3～5cm 的混凝土，必要时加上锚杆、钢筋网以稳定围岩。这一层混凝土一般作为临时支护，以后再在其上加喷混凝土至设计厚度作为永久支护。这种施工方法称为新奥法。

10.3.1　锚杆支护

锚杆是为了加固围岩而锚固在岩体中的金属杆件。锚杆插入岩体后，将岩块串联起来，改善了围岩的原有结构性质，使不稳定的围岩趋于稳定，锚杆与围岩共同承担山岩压力。锚杆支护是一种有效的内部加固方式。

1) 锚杆的作用

(1) 悬吊作用

悬吊作用即利用锚杆把不稳定的岩块固定在完整的岩体上，如图 10-21a) 所示。

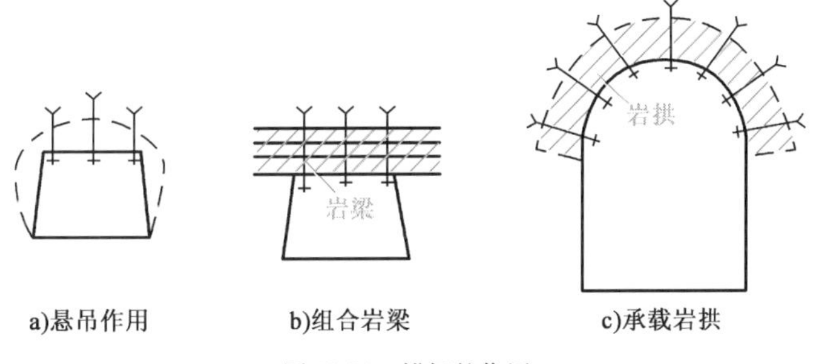

图 10-21　锚杆的作用

(2) 组合岩梁

组合岩梁是将层理面近似水平的岩层用锚杆串联起来，形成一个巨型岩梁，以承受岩体荷载，如图 10-21b) 所示。

(3) 承载岩拱

通过锚杆的加固作用，使隧道顶部一定厚度内的缓倾角岩层形成承载岩拱。但在层理、裂隙近似垂直或在松散、破碎的岩层中，锚杆的作用将明显降低，如图 10-21c) 所示。

2) 锚杆的分类

按锚固方式的不同可将锚杆分为张力锚杆和砂浆锚杆两类。前者为集中锚固，后者为全长锚固。

(1) 张力锚杆。张力锚杆有楔缝式锚杆和胀圈式锚杆两种。楔缝式锚杆由楔块、锚栓、垫板和螺母四部分组成，如图 10-22a) 所示。锚栓的端部有一条楔缝，安装时将钢楔块少许楔入其内，将楔块连同锚栓一起插入钻孔，再用铁锤冲击锚栓尾部，使楔块深入楔缝内，楔缝张开并挤压孔壁岩石，锚头便锚固在钻孔底部。然后在锚栓尾部安上垫板并用螺母拧紧，在锚栓内便形成了预应力，从而将附近的岩层压紧。

胀圈式锚杆的端部有四瓣胀圈和套在螺杆上的锥形螺母,如图 10-22b)所示。安装时将其同时插入钻孔,因胀圈撑在孔壁上,锥形螺母卡在胀圈内不能转动,当用扳手在孔外旋转锚杆时,螺杆就会向孔底移动,锥形螺母做向上的相对移动,促使胀圈张开,压紧孔壁,锚固螺杆。锚杆上的凸头的作用是当锚杆插入钻孔时,阻止锚杆下落。胀圈式锚杆除锚头外,其他部分均可回收。

(2)砂浆锚杆

在钻孔内先注入砂浆后插入锚杆,或先插锚杆后注砂浆,待砂浆凝结硬化后即形成砂浆锚杆,如图 10-23 所示。这种锚杆多用作永久支护,而张力锚杆多用作临时支护。

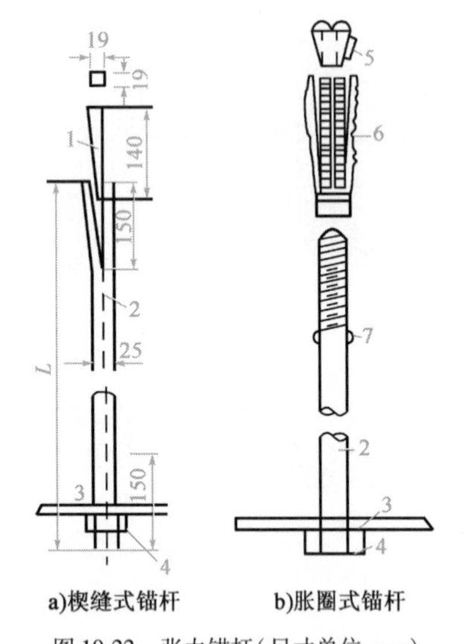

图 10-22　张力锚杆(尺寸单位:mm)

1-楔块;2-锚栓;3-垫板;4-螺母;5-锥形螺母;6-胀圈;7-凸头

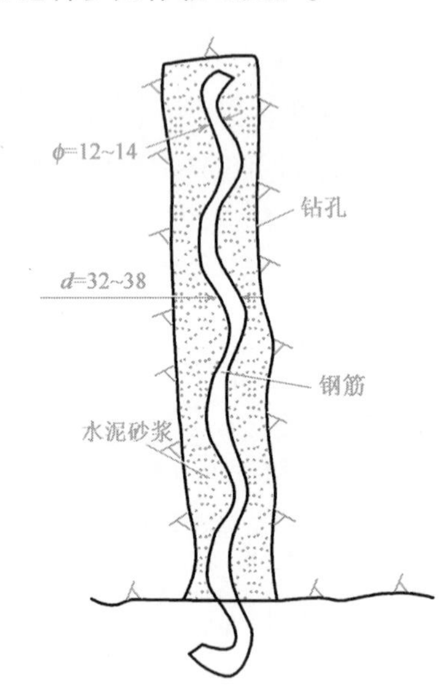

图 10-23　钢筋砂浆锚杆(尺寸单位:mm)

先注砂浆后插锚杆的施工程序一般为钻孔、清洗钻孔、压注砂浆和安插锚杆。钻孔时要控制孔位、孔径、孔向,孔深要符合设计要求。

由于向钻孔内压注砂浆比较困难(当孔口向下时更困难),所以钢筋砂浆锚杆的砂浆常采用风动压浆罐(图 10-24)灌注。灌浆时,先将砂浆装入罐内,再将罐底出料口的铁管与输料软管接上,打开进气阀,使压缩空气进入罐内,在压力作用下,罐内砂浆即沿输料软管和注浆管压入钻孔内。为了保证压注质量,注浆管必须插至孔底,确保孔内注浆饱满密实。注满砂浆的钻孔,应采取措施将孔口封堵,以免在插入锚杆前砂浆流失。

安装锚杆时,应将锚杆徐徐插入,以免砂浆被过量挤出,造成孔内砂浆不密实而影响锚固力。锚杆插到孔底后,应立即楔紧孔口,24h 后才能拆除楔块。

先设锚杆后注砂浆的施工工艺要求基本同上。注浆用真空压力法,如图 10-25 所示。注浆时,先启动真空泵,通过端部包以棉布的抽气管抽气,然后由灰浆泵将砂浆压入孔内,一边抽气一边压注砂浆，砂浆注满后，停止灰浆泵，而真空泵仍工作几分钟，以保证注浆的质量。

10.3.2 喷混凝土支护

喷混凝土就是将水泥、砂、石等干料按一定比例拌和后装入喷射机中，再用压缩空气将混合料送到喷嘴处与高压水混合，喷射到岩石表面，经凝结硬化而成的一种薄层支护结构。喷射到岩面上的混凝土，能填充围岩的缝隙，将分离的岩面黏结成整体，提高围岩的强度，增强围岩抵抗位移和松动的能力，还能封闭岩石，防止风化，缓和应力集中。

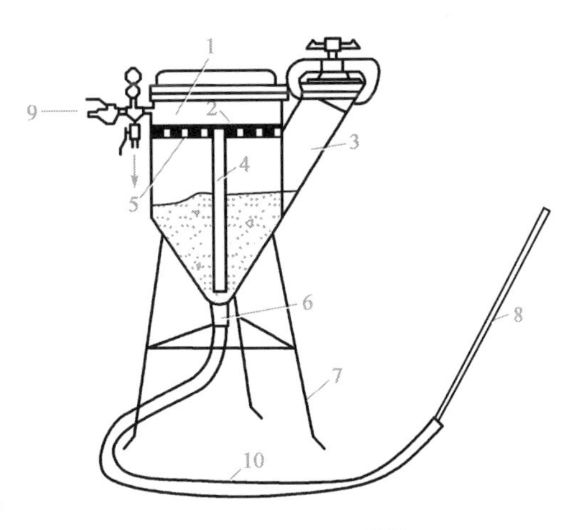

图10-24 风动压浆罐

1-储气间；2-气孔；3-装料口；4-风管；5-隔板；6-出料口；7-支架；8-注浆管；9-进气口；10-输料软管

喷混凝土支护是一种不用模板就能成型的新型支护结构，具有生产效率高，施工速度快，支护质量好的优点。

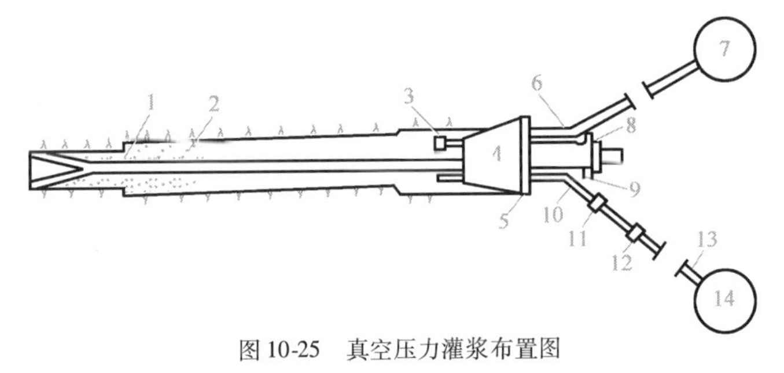

图10-25 真空压力灌浆布置图

1-锚杆；2-砂浆；3-包布；4-橡皮塞；5-垫板；6-抽气管；7-真空泵；8-螺帽；9-套筒；10-灌浆管；11-关闭阀；12-灌浆阀；13-高压软管；14-灰浆泵

1）原材料及配合比

喷混凝土原材料与普通混凝土基本相同，但在技术上有一些差别。

（1）水泥

一般采用普通硅酸盐水泥，强度等级不低于32.5MPa，以利于混凝土早期强度的快速增长。

（2）砂子

一般采用中砂或中、粗混合砂，平均粒径0.35～0.5mm。砂子过粗，容易产生回弹；过细，不仅使水泥用量增加，而且还会引起混凝土的收缩，强度降低，并在喷射时产生大量粉尘。

（3）石子

用卵石、碎石均可作喷混凝土骨料。

（4）水

喷混凝土用水与一般混凝土对水的要求相同。

(5)速凝剂

为了加快喷混凝土的凝结硬化速度,防止在喷射过程中坍落,减少回弹,增加喷射厚度,提高喷混凝土在潮湿地段的适应能力,一般要在喷混凝土中掺入2% ~4%水泥质量的速凝剂。速凝剂应符合国家标准,初凝时间不大于5min,终凝时间不大于10min。

喷混凝土配合比应满足强度和工艺要求。水泥用量一般为375 ~400kg/m^3。水泥与砂石的质量比一般为1:4 ~1:4.5,砂率为45% ~55%,水灰比为0.4 ~0.5。

2)混凝土喷射机

工程中常用的混凝土喷射机如图10-26所示。

a)SD-9混凝土喷射机

b)SW3000型混凝土喷射机

图10-26　混凝土喷射机

喷混凝土施工,劳动条件差,喷枪操作劳动强度大,施工不够安全。有条件时应尽量利用机械手操作。图10-27为混凝土机械手实物图,它适用于大断面隧道喷混凝土作业。

图10-27　混凝土机械手

3)喷混凝土施工

(1)施工准备

喷射混凝土前,应做好各项准备工作,内容包括搭建工作平台、检查工作面有无欠挖、撬除危石、清洗岩面和凿毛、钢筋网安装、埋设控制喷射厚度的标记、混凝土干料准备等。

(2)喷枪操作

喷枪操作直接影响喷射混凝土的质量，应注意对以下几个方面的控制。

①喷射角度：指喷射方向与喷射面的夹角。一般宜垂直并稍微向刚喷射的部位倾斜(约10°)，以使回弹量最小，如图10-28所示。

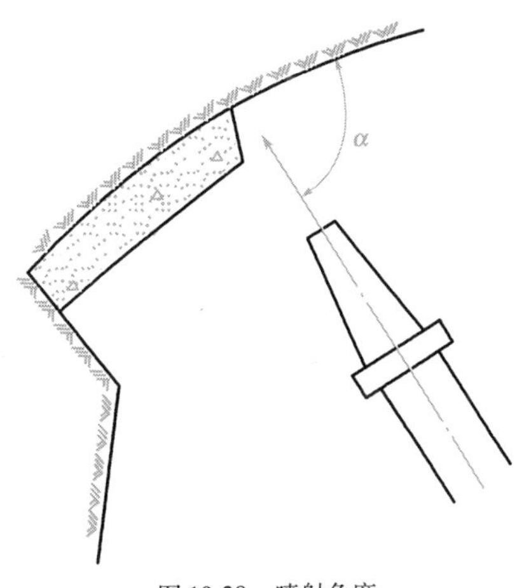

图10-28　喷射角度

②喷射距离：指喷嘴与受喷面之间的距离。其最佳距离是按混凝土回弹最小和最高强度来确定的，根据喷射试验一般为1m左右。

③一次喷射厚度：在设计喷射厚度大于10cm时，一般应分层进行喷射。

④喷射区的划分及喷射顺序：当喷射面积较大时需要进行分段、分区喷射。一般是先墙后拱，自下而上地进行。

喷射混凝土的质量要求是：表面平整，不出现干斑、疏松、脱空、裂隙、露筋等现象，喷射时粉尘少、回弹量小。

4)养护

喷混凝土单位体积水泥用量较大，凝结硬化快。为使混凝土的强度均匀增加，减少或防止不均匀收缩，必须加强养护。一般在喷射2～4h后开始洒水养护，日洒水次数以保持混凝土有足够的湿润为宜，养护时间一般不应少于14d。

10.4　盾构法

盾构法应用始于1818年，由法国工程师布鲁诺尔研究发明并取得专利，至今已有180多年的历史。我国在1957年北京的下水道工程中首次使用盾构法修建地下工程。

盾构法是以盾构为主要施工机具，在地层中修建隧道和大型管道的一种暗挖式施工方法。它是利用盾构的切口环充作临时支护，在保持开挖面及围岩稳定的条件下，进行隧道掘进开挖，同时在盾尾的掩护下拼装管片、壁后注浆，在衬砌施作完成后，用盾构千斤顶顶住拼装好的衬砌，将盾构向前方挖去土的空间推进，当盾构推进距离达到一个衬砌环的宽度后，缩回盾构千斤顶活塞杆，进行新的开挖和衬砌作业。如此交替循环，直至工程完成。

盾构法中，“盾”是指保持开挖面稳定性的刀盘和压力舱、支护围岩的盾形钢壳，“构”是指构成衬砌的管片和壁后注浆体。

10.4.1　盾构构造

盾构主要是用来开挖土砂围岩的隧道机械，由切口环、支承环及盾尾三部分组成，也称为盾构机。其构造示意图如图10-29所示。

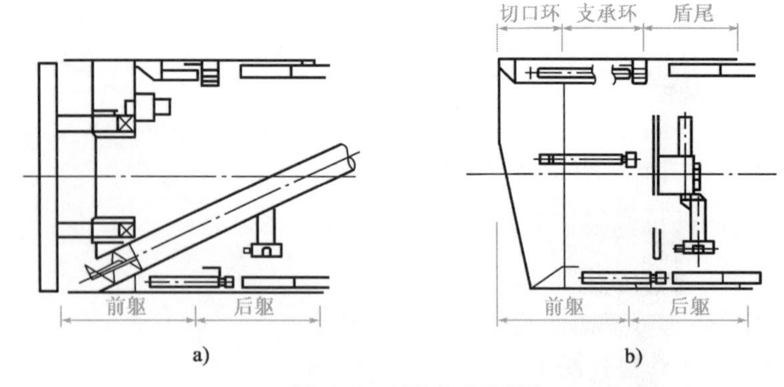

图 10-29　盾构构造示意图

(1)切口环

切口环位于盾构的最前端,其前端设有刃口,施工时切入地层,掩护了开挖作业。切口环的长度主要取决于支撑、开挖方法的挖掘机具和操作人员的回旋余地。

(2)支承环

支承环紧接于切口环后,位于盾构的中部,是一个刚性较好的圆形结构,其外沿布置有盾构推进千斤顶。地层土压力、所有千斤顶的顶力,以及切口、盾尾、衬砌拼装时传来的施工荷载均由支承环承担。

(3)盾尾

盾尾一般由盾构外壳钢板延长构成,主要用于掩护隧道衬砌的安装工作。盾尾末端设有密封装置,以防止水、土及注浆材料从盾尾与衬砌之间进入盾构内。

10.4.2　盾构分类

根据盾构头部的结构,可将其大致分为闭胸式和敞开式。闭胸式盾构又可分为土压平衡式盾构和泥水加压式盾构;敞开式盾构又可分为全面敞开式盾构和部分敞开式盾构。

(1)闭胸式盾构

闭胸式盾构通过密封隔板在隔板和开挖面之间形成压力舱,保持充满泥砂或泥水压力舱内的压力,保证开挖面的稳定。

①土压平衡式盾构,将开挖的泥砂进行泥土化,通过控制泥土的压力以保证开挖面的稳定性,由切削围岩的开挖机械,搅拌开挖土砂使其泥土化的搅拌机械,渣土的排出机械和保证开挖土具有一定压力的控制机械组成,如图 10-30 所示。

②泥水加压式盾构,给泥浆以一定的压力以保持开挖面的稳定性,并通过循环泥浆将切削土砂以流体方式输送运出,由切削围岩的开挖机械,进行泥浆循环并给泥浆施加一定压力的送排泥机械,将运出的泥浆进行分离、调整、处理以保证泥浆性能的泥水处理机械组成。

(2)敞开式盾构

敞开式盾构与闭胸式盾构的主要不同是,敞开式盾构没有设置隔板。开挖面部分或全部敞开。

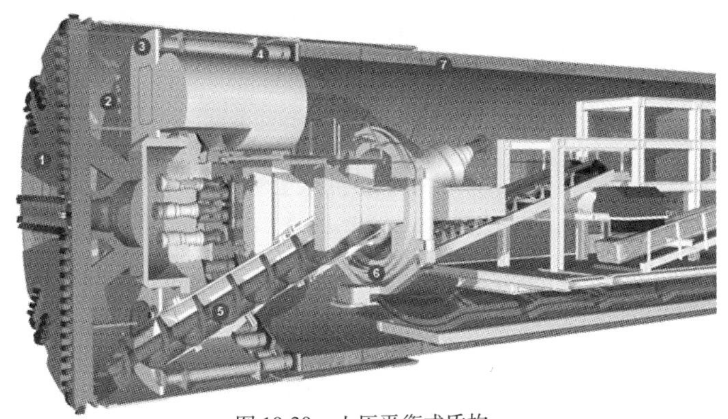

图 10-30　土压平衡式盾构

1-切削轮;2-开挖舱;3-压力舱壁;4-推进油缸;5-螺旋输送机;6-拼装器;7-管片

①全面敞开式盾构,指开挖面全部或大部分敞开的盾构形式,以开挖面能够自立稳定作为前提。对于不能自立稳定的开挖面,要通过辅助施工方法,使其能够满足自立稳定条件。

②部分敞开式盾构,指开挖面的大部分是封闭的,只在一部分设置取土口并通过调节土的流出来维持开挖面的稳定性。

10.4.3　盾构选型

盾构选型的关键是要以保持开挖面的稳定为基点,然后充分考虑施工区段的围岩条件、地面情况、断面尺寸、隧道(或管道)长度、设计线路、工期要求及施工作业的安全性和经济性等条件,选择合适的盾构断面形状、刀盘刀具、工作面支承、开挖运输等设施。

10.4.4　盾构法施工技术

盾构法施工示意图如图 10-31 所示。

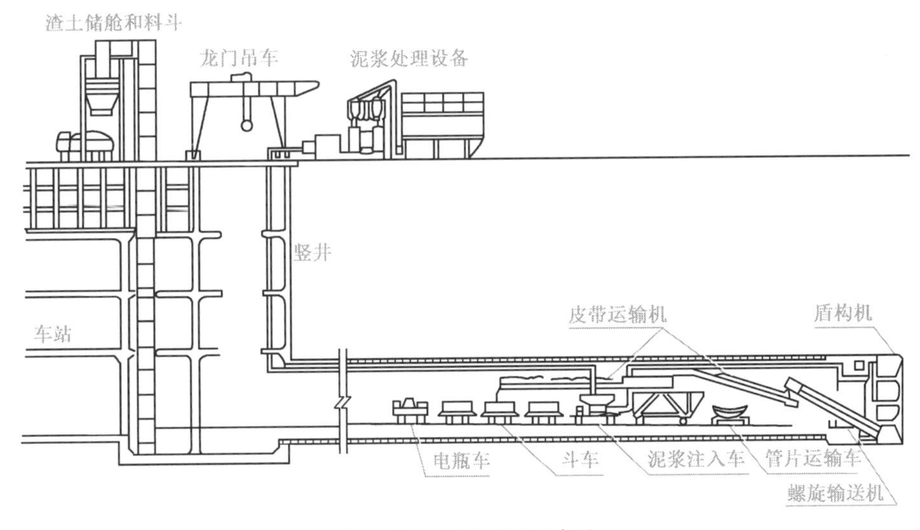

图 10-31　盾构法施工示意图

盾构法施工步骤:

(1)在盾构法隧道的起始端和综合端各建一个工作井,城市地铁一般利用于车站的端头作为始发或到达的工作井;

(2)盾构在始发工作井内安装就位;

(3)依靠盾构千斤顶推力(作业在工作井后壁或新拼装好的衬砌上)将盾构从始发工作井的墙壁开孔处推出;

(4)盾构在底层中沿着设计轴线推进,在推进的同时不断出土(泥)和安装衬砌管片;

(5)及时向衬砌背后的空隙注浆,防止地层移动并固定衬砌环位置;

(6)盾构到达工作井并被拆除,如施工需要,也可穿越工作井再向前推进。盾构掘进一般经过始发、初始掘进、转换、正常掘进、达到掘进五个阶段。

10.4.5 盾构法施工技术特点

盾构法因具有明显的优越性,而被广泛地使用

(1)在盾构的掩护下进行开挖和衬砌作业,施工作业安全;

(2)施工不受风雨等气候条件的影响;

(3)产生的振动、噪声等环境危害较小;

(4)对地面建筑物和地下管线的影响较小;

(5)地下施工不影响地面交通,穿越河道时不影响航运;

(6)机械化程度高,劳动强度低,施工速度快。

盾构法施工也存在以下缺点:

(1)施工设备投入费用较高;

(2)覆土较浅时,地表沉降较难控制;

(3)施作小曲率半径隧道或管道时掘进困难;

(4)衬砌和接缝易渗漏水,隧道或管道后期沉降过大。

【知识拓展】

盖挖法施工

盖挖法是施工地下车站和其他多层地下结构的一种方法,它以基坑围护墙和支承桩及受力柱作为垂直承重构件,将主体结构的顶板、楼板作为支撑结构(必要时加临时支撑),采取地上与地下结构同时施工或由上而下分步依次开挖和构筑地下结构体系的施工方法。

盖挖法可分为盖挖顺作法和盖挖逆作法,目前城市中施工采用最多的是后者。

盖挖顺作法的施工顺序:自地表向下开挖一定深度后先浇筑顶板,在顶板的保护下,自上二线开挖、支撑,达到设计高程后由下而上浇筑结构。施工步骤如图 10-32 所示。

盖挖逆作法的施工顺序:基坑开挖一段后先浇筑顶板,在顶板的保护下,自上而下的开挖、支撑和浇筑结构内衬。施工步骤如图 10-33 所示。

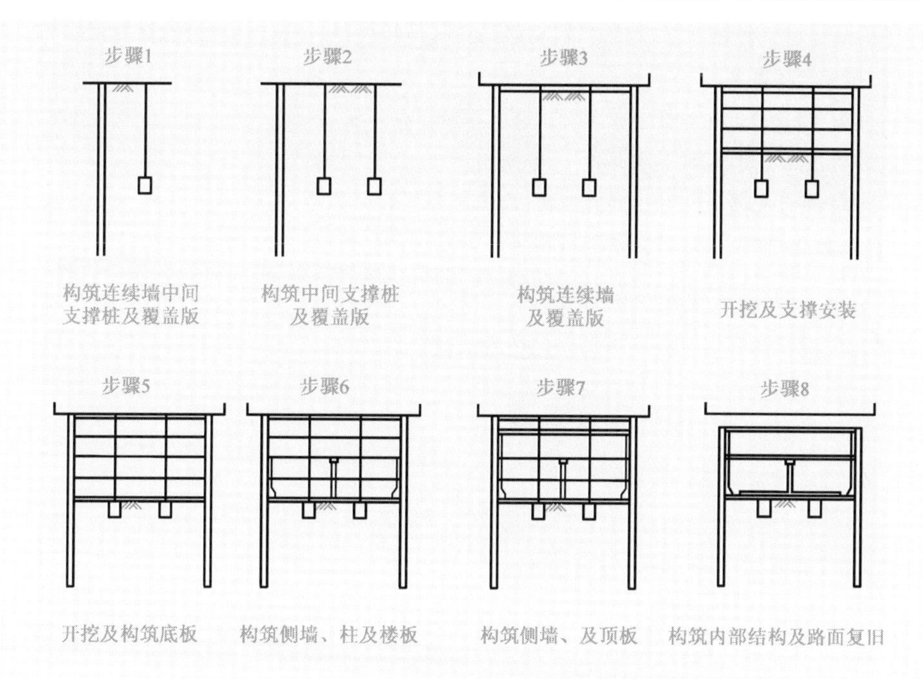

图 10-32 盖挖顺作法施工步骤

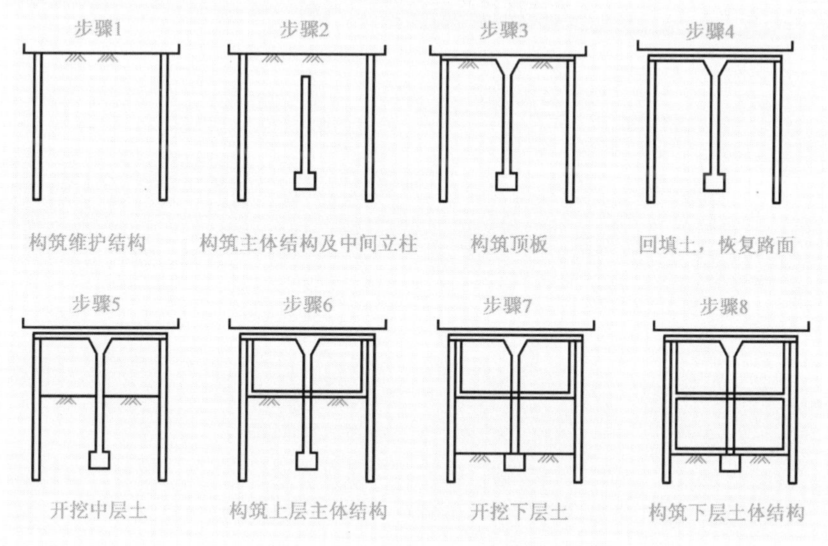

图 10-33 盖挖逆作法施工步骤

盖挖法施工,基本可分为两个阶段:第一阶段为地面施工阶段,它包括围护墙、中间支承桩、顶板土方及结构施工;第二阶段为洞内施工阶段,包括土方开挖、结构、装修施工和设备安装。

采用盖挖法施工的优点:

(1)围护结构变形小,能够有效地控制周围土体的变形和地表沉降,有利于保护临近建筑物和构筑物;

(2)基坑底部土体稳定,隆起小,施工安全;

(3)盖挖逆作法施工一般不设内部支撑或锚锭,施工空间大;

(4)盖挖逆作法施工基坑暴露时间短,用于城市街区施工时,可尽快恢复路面,对道路交通影响较小。

采用盖挖法施工的缺点:

(1)盖挖法施工时,混凝土结构的水平施工缝的处理较为困难;

(2)盖挖逆作法施工时,暗挖施工难度大,费用高。

盖挖法每次分部开挖与浇筑或衬砌的深度,应综合考虑基坑稳定、环境保护、永久结构形式和混凝土浇筑作业等因素。

思考与练习

10-1　隧道开挖方式取决于哪些因素?

10-2　隧道全断面开挖法有何特点?

10-3　隧道临时支护方式有哪些?

10-4　隧道开挖辅助作业的内容有哪些?

10-5　锚杆的作用有哪些?

10-6　盾构包括哪些基本构造?

10-7　盾构法的施工步骤有哪些?

单元 11 高速铁路工程概述

11.1 高速铁路工程简介

11.1.1 高速铁路的概念

当前,各国对高速铁路的界定标准尚不统一,但普遍认同的是:新建铁路设计运营速度达到或超过250km/h,既有线改造后使基础设施适应速度200km/h的铁路,新建客运专线铁路的速度目标值在200km/h及以上。我国把新建铁路旅客列车设计最高行车速度达到250km/h及以上的铁路,称为高速铁路。

高速铁路根据其技术不同,分为轮轨接触技术类和磁悬浮技术类。轮轨接触技术有非摆式车体和摆式车体两种,磁悬浮技术分为超导和常导两种。非摆式车体的轮轨技术是目前高速铁路的主流。

高速铁路与普通铁路的区别:一方面,高速铁路运行速度超过250km/h后,空气动力特性发生显著变化,对车辆结构和铁路基础设施提出了新的要求,表现在降低行车噪声:一方面,即修改动车头形及外轮廓设计,以改善空气流向,优化弓网关系及受电弓的位置,增加减振措施,改善车辆的密封性等。另一方面,高速运行的列车要求具备持久、高平顺性、能供列车安全舒适运行的轨下基础。

11.1.2 高速铁路的主要技术特征

高速铁路与普速铁路相比,主要有以下四个方面的技术特征:

(1)轮轨方面:持久高平顺性的轨道,轨量化、高走行稳定性的列车。

(2)弓网方面:大张力的接触网,高性能的受电弓。

(3)空气动力方面:流线型、密封的列车,较大的线间距和隧道断面。

(4)牵引与制动方面:大功率的交—直—交列车和大容量的牵引供电设施,大能力的盘形、再生、涡流列车制动系统和车载信号为主的列控模式。快速(高速度、高密度)、舒适(高平顺性、高稳定性、高环保性)、安全(高可靠性、高耐久性)是高速铁路的三大要素。

11.1.3 高速铁路的路基

1)路基组成

高速铁路路基由地基处理、基床以下路基、基床底层、基床表层、路堤边坡防护等部分组成。

2)路基面宽度

高速铁路路基面宽度随其设计时速的高低、轨道类型的不同而不同。我国最高时速300km以上的高速铁路路基面宽度详见表11-1。

高速铁路路基面宽度

表 11-1

轨道类型	设计最高速度(km/h)	线间距(m)	路基面宽度(m)	
			单线	双线
有砟轨道	300～350	5	8.8	13.8
无砟轨道	300	4.8	8.6	13.4
	350	5	8.6	13.6

3)路基填筑压实指标

高速铁路路基填筑压实检验指标有地基系数 K_{30}、动态变形模量 E_{vd}、静态变形模量 E_{v2}、孔隙率 n、压实系数 K 等,不同部位压实指标不同。路基基床表层填筑的压实指标见表 11-2。

路基基床表层填筑的压实指标

表 11-2

填料	压实标准			
	地基系数 K_{30}(MPa/m)	变形模量 E_{v2}(MPa)	动态变形模量 E_{vd}(MPa)	孔隙率 n(%)
级配碎石	≥190	≥120	≥50	<18

4)工后沉降

高速铁路对桥梁、路基、涵洞等结构物的沉降有十分严格的要求,我国对高速铁路路基工程填筑过程中及填筑后的沉降量均有严格的规定,而且在路基填筑完成后,采取堆载预压的方式加速其工后沉降。

我国高速铁路路基工程的沉降规定:有砟轨道路基工后沉降量不大于 50mm,且沉降速率应小于 20mm/年,桥台台尾过渡段路基工后沉降量不大于 30mm;无砟轨道路基工后沉降量不大于 15mm。

5)过渡段

由于组成线路的结构物(桥、隧、路基)在强度、刚度、变形、材料等方面的巨大差异,必然引起轨道的不平顺,为了保证列车平稳、舒适且不间断地运行,必须将不平顺控制在一定范围内。

在路桥之间设置一定长度的过渡段,可使轨道的刚度逐渐变化,并最大限度地减小路基与桥梁之间的沉降差,达到降低列车与线路的振动、减缓线路结构变形的目的,并能保证列车安全、平稳、舒适运行。路桥过渡段纵断面如图 11-1 所示。

11.1.4 高速铁路桥梁

高速铁路由于速度大幅提高,列车对桥梁结构的动力作用远大于普通铁路桥梁,桥梁出现较大挠度会直接影响桥上轨道的平顺性,造成结构承受很大的冲击力,旅客舒适度受到严重影响,轨道状态不能保持稳定,甚至影响列车的运行安全。

我国高速铁路线间距为 5m,车辆限界宽 3.4m,建筑限界宽 4.88m。

高速铁路桥梁具有下述几个方面的特点:

(1)刚度大。除控制挠度、梁端转角、扭转变形、结构自振频率外,还要限制预应力徐变、不均匀温差引起的结构变形。

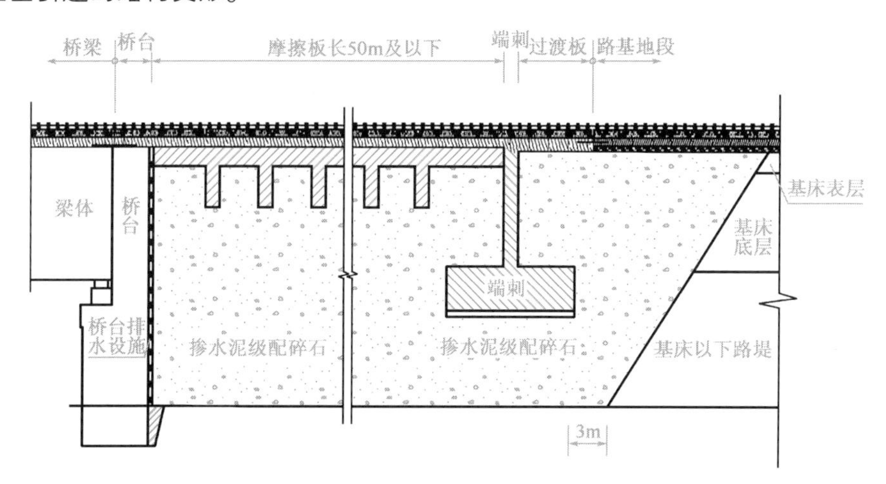

图 11-1　路桥过渡段纵断面

①高速铁路桥梁梁部结构在竖向静载作用下的竖向挠度限值见表 11-3。

高铁桥梁竖向挠度限值表　　表 11-3

跨　度	$L \leq 24m$	$24m < L \leq 80m$	$L > 80m$
单　跨	$L/1300$	$L/1000$	$L/1000$
多　跨	$L/1800$	$L/1500$	$L/1000$

②无砟轨道桥梁梁缝两侧钢轨支承点间的相对竖向位移不大于 1mm。对有纵坡桥梁尚应考虑活动支座纵向水平位移引起的梁缝两侧钢轨支承点间的相对位移。

③在列车横向力、离心力、风力和温度的作用下，梁体的水平挠度应小于或等于梁体计算跨度的 1/4000，无砟轨道桥梁相邻梁端两侧的钢轨支点横向相对位移不大于 1mm。

④简支梁的自振频率限值见表 11-4。

简支梁的自振频率限值　　表 11-4

跨度(m)	16	20	24	32	40	48	56
自振频率限值(Hz)	7.5	6	5	3.75	3	2.38	2.18

(2)耐久性要求高。主要承重结构按 100 年使用要求设计，统一考虑合理的结构布局和构造细节，强调结构易于检查维修。

(3)墩台基础沉降控制严格。均匀沉降量：有砟桥面桥梁为 30mm，无砟桥面桥梁为 20mm。相邻墩台的沉降量差限值：有砟桥梁为 15mm，无砟桥梁为 5mm。

(4)上部结构优先采用预应力混凝土结构。预应力结构刚度大、噪声低、温度变化引起的结构位移对线路结构的影响小。

(5)大跨度特殊孔跨结构多。跨越主要交通干线或通航河流大量采用钢混结合梁、连续梁、斜拉桥、钢桁拱等大跨度梁。

(6)双线整孔简支箱梁起吊、运输、架设需要大型专用施工设备。高速铁路标准跨径均采用双线简支箱梁,跨径32m双线简支箱梁重达890t,起吊、运输、架设梁体都需要专用的大型施工设备。

我国自行研发的MDGE900型箱梁提梁机见图11-2,TLC900 C1型箱梁运梁车见图11-3,SXJ900 A型箱梁架桥机见图11-4。

图11-2 MDGE900型箱梁提梁机

图11-3 TLC900 C1型箱梁运梁车

11.1.5 高速铁路无砟轨道类型

1)国外无砟轨道类型

图11-4 SXJ900A型箱梁架桥机

(1)博格板式无砟轨道(于德国纽伦堡至英尔施塔特的高速线上铺设)。其特点有:①轨道板在工厂批量生产,进度不受现场条件制约。②承轨台的精度采用计算机控制、机械打磨。③轨道板可用汽车在普通便道上运输,并通过龙门吊直接在线路上铺设。④施工现场的重要工作是水泥沥青砂浆填充层的浇注。⑤具有可修复性。⑥缺点是制造工艺复杂,成本相对较高。

(2)雷达型无砟轨道(于德国比勒菲尔德至哈姆的线路上铺设,以雷达车站而命名)。在使用中不断优化,从最初的普通型发展到现在的雷达2000型。雷达型是一种双块埋入式无砟轨道。

雷达2000型无砟轨道的特点:①与雷达普通型相比,轨顶至水硬性混凝土上表面的距离减少到473mm,轨道板各层的总厚度减少了177mm,轨枕全长由2.6m减少到2.3m,所用混凝土量大大减少。②路基、桥梁、隧道、岔区及减振区段采用统一的结构类型,技术要求、标准相对单一,施工质量容易控制,更适应于高速铁路。③两轨枕块之间用钢筋桁架连接,轨距保持稳定。

(3)旭普林型无砟轨道(于科隆至法兰克福高速铁路上铺设)。与雷达型相似,都是在水硬性混凝土承载层上铺设双块埋入式无砟轨道。其特点是:先灌注轨道板混凝土,然后将双块式轨枕安装就位,通过振动法将轨枕嵌入压实的混凝土中,直至到达精确位置。

(4)日本板式无砟轨道(于日本新干线上铺设)。分为普通A型轨道板、框架型轨道板、防振 G 型减振板、路基上使用的 RA 型轨道板等。其特点：①具有良好的线路稳定性、刚度均匀性、线路平顺性以及耐久性高的突出优点，而且框架板减少了桥梁的二次恒载。②轨道板为工厂化生产，质量容易控制，现场混凝土量少，施工进度快，道床外表美观。③凸台周围灌注强度高、弹性和耐久性好的合成树脂，板底采用灌注袋减少 CA 砂浆层的暴露面，显著提高结构的耐久性，实现无砟轨道结构少维修的设计初衷。

(5)弹性支承块型 LVT 无砟轨道(瑞士于 1966 年在隧道内首次铺设，英吉利海峡单线隧道内全部铺设独立支承块式 LVT 轨道)。弹性支承块式是在双块式轨枕(或两个独立支承块)的下部及周围设橡胶套靴，在块底与套靴间设橡胶弹性垫层，并在双块式轨枕周围及下部灌注混凝土而成型，为减振型轨道。最初由 Roger Sonneville 提出并开发，其特点有：①轨道结构的垂直弹性由轨下和块下双层弹性垫板提供，最大限度模拟了弹性支承传统碎石道床的结构承载特性，轨道纵向节点支承刚度趋于均匀一致，减振效果较好。②支承块外设橡胶套靴，提供了轨道的纵横向弹性，弥补了无砟轨道侧向刚度过大的不足，有利于减缓钢轨的侧摩。③通过双层弹性垫板的隔离，使轨道各部件的荷载传递频率得以降低，部件的制作程度大大降低，最大限度地减少了养护维修工作量。④结构简单，施工相对容易，支承块为钢筋混凝土结构，可在工厂高精度预制。⑤与刚性整体道床相比，可维修性大大提高。⑥缺点是，若用于露天，雨水容易渗入套靴，列车经过时会有污水挤出，污染道床。

2)我国目前采用的无砟轨道类型

(1)CRTS I 型板式无砟轨道(单元板式)。分为普通型和减振型两种，普通型由钢轨、扣件、预制混凝土轨道板、乳化沥青水泥砂浆填充层(简称 CA 砂浆)、混凝土凸形挡台及混凝土底座板等组成，凸形挡台周围采用树脂材料填充。减振型除在轨道板底面设置 20mm 厚橡胶垫层外，其余与普通型相同。

CRTS I 型轨道板的集中存放见图 11-5，完成填充层灌注的 CRTS I 型无砟轨道板见图 11-6，完成铺轨的 CRTS I 型无砟轨道见图 11-7。

(2)CRTS II 型板式无砟轨道(纵连板式)。CRTS II 型轨道板为先张法预应力混凝土构件，采用工厂化生产线预制；板下水泥乳化沥青砂浆填充层采用现场搅拌、现场灌注的方法，其下现场浇灌纵连式钢筋混凝土底座板或混凝土支承层，底座板下设置纵向两布一膜滑动层。

CRTS II 型轨道板构件尺寸为 6450mm × 2550mm × 200mm(长 × 宽 × 厚)，板内横向配置 60 根预应力钢筋，纵向配置 6 根纵连精轧螺纹钢筋。CRTS II 型轨道板见图 11-8，铺设完成的 CRTS II 型无砟轨道见图 11-9。

(3)双块式无砟轨道。双块式无砟轨道按其是否带承轨台，分为有承轨台式和无承轨台式两种，分别见图 11-10、图 11-11。双块式无砟轨道结构组成见图 11-12。

图 11-5　I 型轨道板集中存放

图 11-6　完成填充层灌注的 I 型无砟轨道板

图 11-7　钢轨铺设完成的 I 型无砟轨道

图 11-8　预制完成的 CRTS II 型轨道板

图 11-9　铺设完成的 CRTS II 型无砟轨道

(4)长枕埋入式无砟轨道。主要在道岔区铺设,其道床板混凝土强度等级不小于 C40,长度宜在 4000~6000mm,板间设 20mm 伸缩缝,用沥青板填充,道床板表面设置横向排水坡。长枕埋入式无砟轨道结构组成见图 11-13。

图 11-10　有承轨台双块式轨枕

图 11-11　无承轨台的双块式轨枕

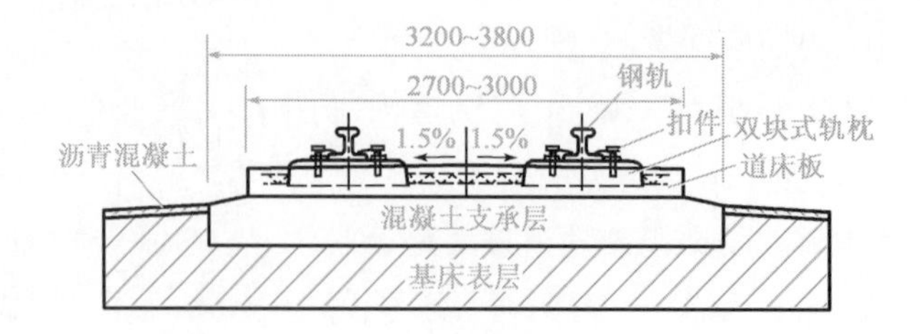

图 11-12　双块式无砟轨道结构组成(尺寸单位:mm)

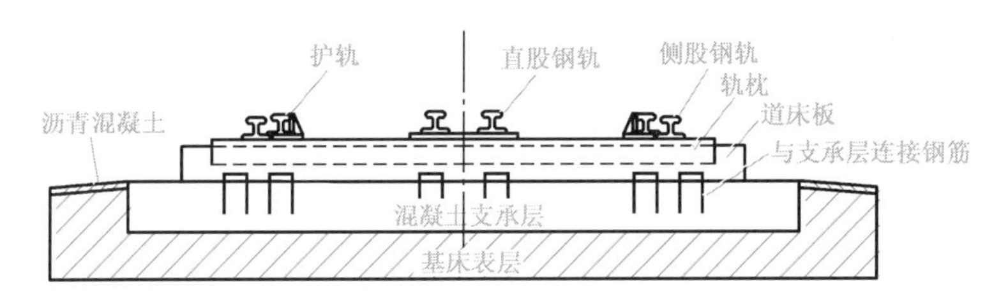

图 11-13　长枕埋入式无砟轨道结构组成

3) 无砟轨道扣件类型

目前，我国设计时速 200 ~ 350km 的高速铁路 CRTS I 型板式、CRTS I 型双块式无砟轨道采用 WJ-7 型无挡肩扣件，CRTS II 型板式、CRTS II 型双块式无砟轨道采用 WJ-8 型有挡肩扣件。

WJ-7 型无挡肩扣件见图 11-14，WJ-8 型有挡肩扣件见图 11-15。

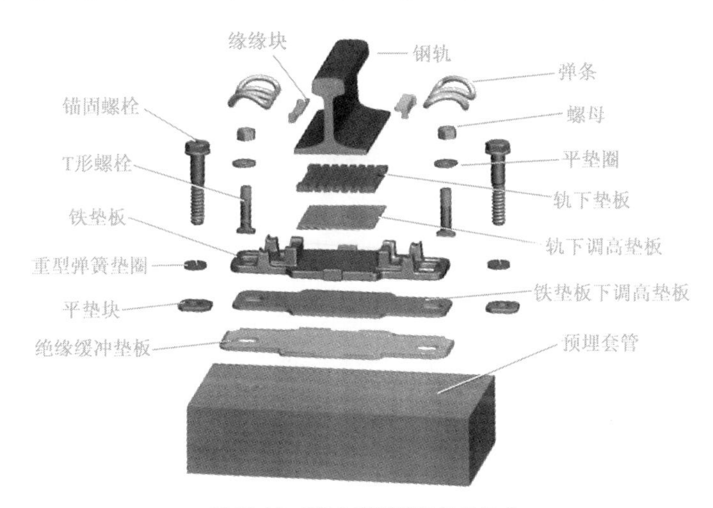

图 11-14　WJ-7 型无挡肩扣件组成

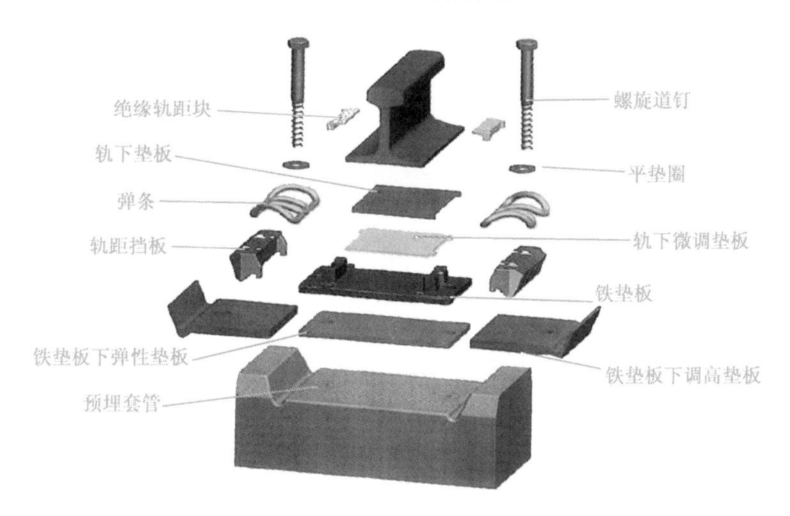

图 11-15　WJ-8 型有挡肩扣件组成

11.2 高速铁路I型板式无砟轨道施工

11.2.1 高速铁路I型板式无砟轨道结构组成

CRTS I型板式无砟轨道系统是将预制轨道板通过水泥CA砂浆填充层,铺设在现场浇注的钢筋混凝土底座上,由凸形挡台限位,适应ZPW-2000轨道电路的单元板式无砟轨道结构形式。其结构由混凝土底座板、凸形挡台及填充树脂、水泥乳化沥青砂浆填充层、轨道板、WJ-7B扣件、T-60钢轨、填充式垫板等组成,详见图11-16。

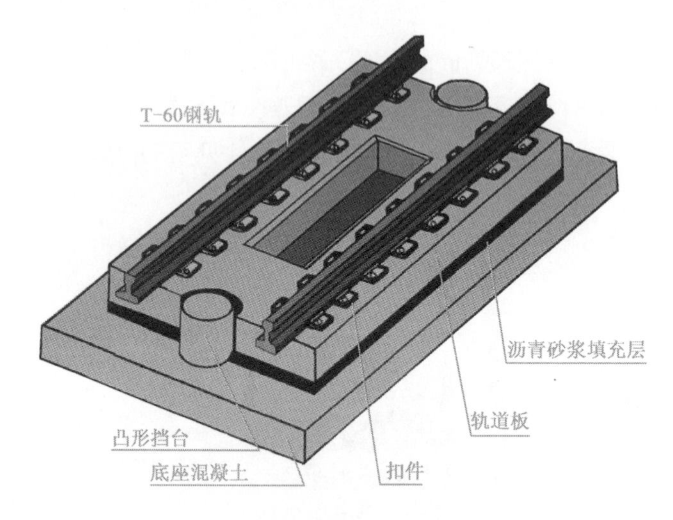

图11-16 CRTS I型板式无砟轨道组成

11.2.2 高速铁路I型板式无砟轨道施工

CRTS I型板式无砟轨道施工主要工序:CRTS I型轨道板预制→混凝土底座板及凸形挡台施工→轨道板铺设(粗铺及精调)→CA砂浆填充层施工→凸形挡台周围树脂灌注→长钢轨铺设及锁定→轨道精调。

1)CRTS I型板式无砟轨道底座板施工

施工准备:清理梁面上的杂物,保持混凝土表面的清洁。

施工测量:利用CP III控制网自由设站后方交会法,在基底面上放出模板及凸形挡台中心控制点,用红油漆做好标记,弹出侧模及端模安装边线、凸形挡台的模板定位线。

钢筋绑扎:钢筋宜在钢筋加工场加工,分类捆绑好后运往工地。在工地附近用胎具绑扎钢筋网片,垫好混凝土保护层垫块。

模板安装:根据弹出的模板边线,安装侧模板、结构缝端模板。模板与混凝土接触面必须清理干净,并涂刷隔离剂。底座板模板见图11-17。

混凝土浇筑:混凝土采用泵车进行现场垂直、水平运输,机械振捣密实。混凝土浇筑后,及时将其表面收平压实。混凝土初凝前进行横向拉毛,拉毛深度1mm,两侧宽度20cm范围内设3%的排水坡,覆盖养护不少于7d。

凸形挡台施工：底座板混凝土拆模，混凝土养护 24h 后，方可进行凸形挡台的施工。凸形挡台施工前应精确测定位置，并对底座板表面凸形挡台范围内混凝土进行凿毛处理。凸形挡台位置及外形尺寸应符合规定。凸形挡台施工时，对模板先进行粗调平，然后通过专用测量工装定位及精确调平。凸形挡台顶面混凝土高度应高出轨道板 1cm。

桥梁跨中的圆形凸台见图 11-18，梁端的半圆形凸台见图 11-19。

图 11-17　底座板模板

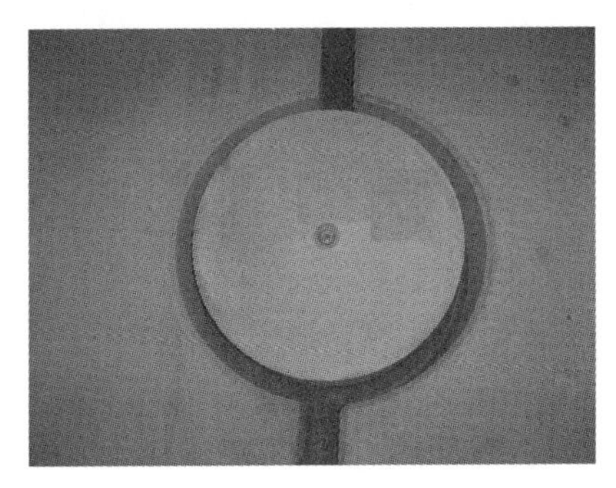

图 11-18　圆形凸台

2）CRTS Ⅰ 型轨道板粗铺施工

轨道板粗铺前，先放出轨道板粗铺位置，可直接利用已经测设完成的 CP Ⅲ 控制网点进行轨道板粗铺位置放样，也可在每个凸形挡台上测设加密基桩中心点位，直线地段安装 GRP 标钉，预埋曲线地段预埋 GRP 钢棒。凸台曲线段钢棒设置见图 11-20。

图 11-19　半圆形凸台

图 11-20　凸台曲线段钢棒设置

轨道板铺设前，应复测底座、凸形挡台平面位置及高程，并将轨道板底面和底座板表面清理干净。预先在两凸形挡台间的底座表面放置 4 ~ 6 处支撑垫木（50mm × 50mm × 300mm）。落板时应防止轨道板撞击凸形挡台，并保证轨道板中心线与两凸台中心线基本吻合，使轨道板距两端凸形挡台的距离差小于 5mm（轨道板与凸形挡台设计间距为 40mm）。

3）CRTS Ⅰ 型轨道板精调

轨道板的精调是利用全站仪通过 CP Ⅲ 控制网点，观测每块轨道板上的精调标架，确定其粗铺位置，然后与设计的轨道板平面坐标及高程进行比较，确定每块轨道板的粗铺与设计位置的偏差值，然后利用两向或三向千斤顶移动轨道板，使轨道板精确安装在设计位置的一种方法。目前，多使用双向千斤顶进行轨道板的精调，双向或三向千斤顶及其安装位置见图 11-21、图 11-22，轨道板精调作业见图 11-23。为了防止填充层灌注过程中轨道板上浮，在轨道板侧边对称设置压紧装置，扣压装置详见图 11-24、图 11-25。

图 11-21　双向千斤顶

图 11-22　三向千斤顶

图 11-23　轨道板的精调

图 11-24　直线段轨道板扣压装置

图 11-25　曲线段轨道板扣压装置

4）CRTS I 型板式无砟轨道 CA 砂浆填充层灌注施工

（1）水泥乳化沥青砂浆灌注袋铺设

灌注袋铺设前，将底座板顶面的杂物、积水等清理干净。根据砂浆灌注厚度选择合适的砂浆灌注袋。直线段灌注口朝轨道外侧，曲线段灌注口均朝曲线内侧。灌注袋应平整地铺设在混凝土底座上，灌注袋的 U 形边切线应与轨道板边缘齐平，偏差小于 10mm，并用木楔将灌注袋的四个角固定在轨道板下方。

（2）水泥乳化沥青砂浆灌注

水泥乳化沥青砂浆的主要组成材料有乳化沥青、干粉料、消泡剂、引气剂等。根据选用的各种原材料确定水泥乳化沥青砂浆的初始配合比，再通过线下填充层试验对初始配合比进行现场验证，据其成果确定水泥乳化沥青砂浆的施工配合比。我国某条高速铁路的水泥乳化沥青砂浆的施工配合比见表 11-5。我国线下、线上水泥乳化沥青砂浆搅拌作业车分别见图 11-26、图 11-27。

水泥乳化沥青砂浆搅拌后，现场进行扩展度、流动度、含气量、温度等四项性能指标检测，合格后将砂浆注入中转罐中，再用吊车将其吊运至灌注作业点，控制好灌注时间将砂浆徐徐注入灌注袋中，最后封堵灌注口。待砂浆强度达到要求后，拆除千斤顶，凿除灌注袋口多余的砂浆，采用专用毡布将灌浆口封堵。

水泥乳化沥青砂浆的施工配合比 表 11-5

原材料	乳化沥青	干粉料	引气剂	消泡剂	水
初始配合比(kg/m^3)	504	946	3.95	79	44

图 11-26 线下水泥砂浆搅拌车

图 11-27 线上水泥砂浆搅拌车

11.3 高速铁路 CRTS II 型板式无砟轨道施工

11.3.1 高速铁路 CRTS II 型板式无砟轨道结构组成

CRTS II 型板式无砟轨道由 P60 钢轨、WJ-8 型弹性扣件、有挡肩(或无挡肩)预制轨道板、水泥乳化沥青砂浆填充层、混凝土支承层(或钢筋混凝土底座板)、聚脲防水层(桥梁上)等组成。

路基段 II 型板式无砟轨道组成见图 11-28,桥梁段 II 型板式无砟轨道组成见图 11-29。

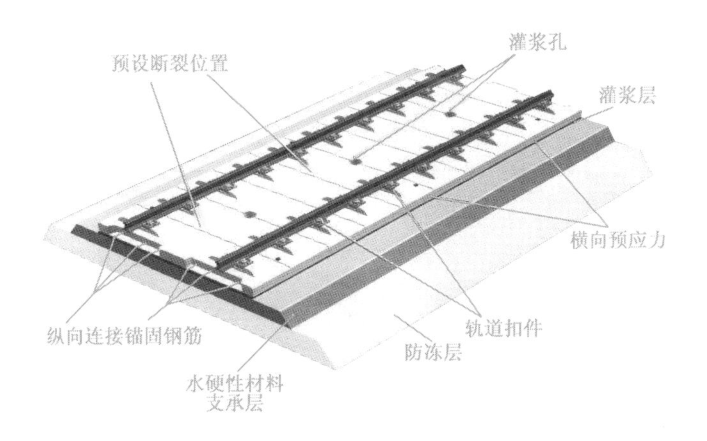

图 11-28 路基段 II 型板式无砟轨道组成

11.3.2 CRTS II 型板式无砟轨道施工

CRTS II 型无砟轨道施工工艺复杂,工序多,施工控制难度大。CRTS II 型无砟轨道施工时,重点从 CP III 控制网的测设、底座板混凝土浇筑、轨道板精调、水泥乳化沥青砂浆填充层灌注、轨道精调方面控制好施工质量。特别是底座板施工时,混凝土浇筑必须选择适宜的作业时间(宜选择一天中气温最低时段施工),计算好底座板纵连张拉长度,避免底座板纵连后,因环境温度的变化导致底座板拱起或拉裂。

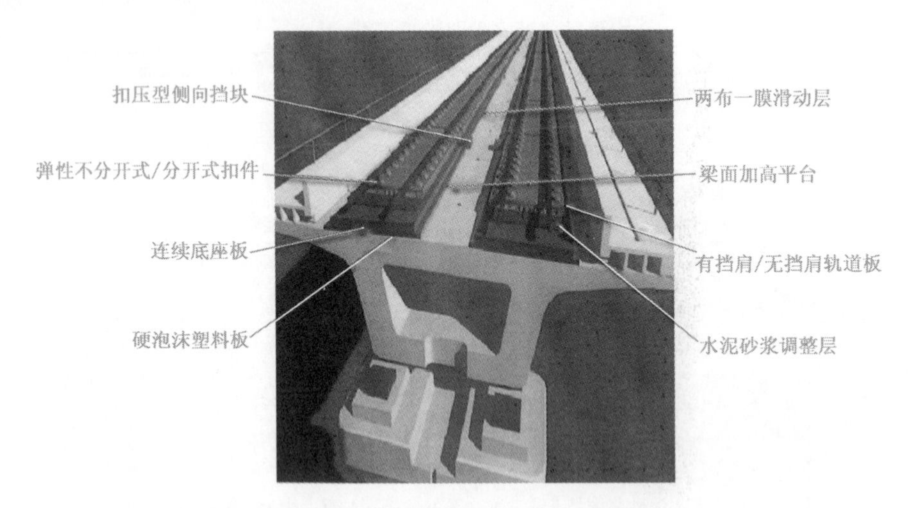

图 11-29　桥梁段 II 型板式无砟轨道组成

CRTS II 型无砟轨道施工工艺流程:施工准备→CP III 控制网测设→ 梁面滑动层铺设→底座板(支承层)施工→GRP 点测设→轨道板粗铺→轨道板精调→轨道板封边、扣压→轨道板灌浆→轨道板纵连→无缝钢轨铺设→轨道精调→验收移交。

1)梁面打磨与防水层施工

在桥梁段 CRTS II 型无砟轨道施工中,为了消除轨道纵向内力对桥梁结构造成的破坏,需在无砟轨道与梁面间设置滑动层,减小桥墩所受的水平力作用。因此,CRTS II 型无砟轨道对箱梁顶面的平整度有着非常严格的要求,箱梁在预制时,由于预制工艺的限制,梁面平整度达不到 CRTS II 型无砟轨道的要求,因此在喷涂聚脲防水层前,必须对梁面进行打磨处理,确保梁面平整度满足 3mm/4m 的要求。为了保证防水层与梁面的黏结质量,在涂刷底涂(底涂是涂装在混凝土表面,起封闭针孔、排除气体、增加聚脲与基层附着力的一种涂层材料)前,采用抛丸机对梁面进行抛丸处理,保证梁面粗糙均匀,消除梁面浮浆、超砂,增强防水材料的附着力。

抛丸是指通过机械方法把丸料(钢丸或钢砂)以很高的速度和一定的角度抛射到工作面上,让丸料冲击工作表面,然后在机器内部通过配套的吸尘器的气流清洗作用,将丸料和清理下来的杂质分别收回,并且使丸料可以再次利用的技术。抛丸机配有除尘器,提供内部负压以及分离气流,做到无尘、无污染施工。

使用抛丸处理的混凝土表面具有如下特点:

(1)表面粗糙均匀,不会破坏原基面结构和平整度;

(2)完全去除浮浆和起砂,形成 100%“刨面”;

(3)露骨,但同时不会造成骨料的松动和微裂纹;

(4)一次性施工,不需要清理,没有环境污染;

(5)提前暴露混凝土缺陷;

(6)同时达到宏观纹理和微观纹理要求,适合各种防水涂装、铺装工艺;

(7)增强防水材料在表面的附着力,并提供一定的渗透效果。

梁面平整度验收见图11-30,梁面抛丸处理工艺见图11-31,喷涂聚脲防水层作业见图11-32。

图11-30　梁面平整度验收

图11-31　梁面抛丸处理

2)CRTS Ⅱ型无砟轨道梁面滑动层施工

桥梁上CRTS Ⅱ型无砟轨道滑动层由两布一膜组成(下层土工布+一层土工膜+上层土工布)。铺设下层土工布前,先在梁面上涂一层封闭底胶,防止梁体混凝土中的水分蒸发使防水层起包,然后胶粘下层土工布,铺设中间土工膜,最后铺设上层土工布。滑动层铺设见图11-33。

图11-32　喷涂聚脲防水层

图11-33　滑动层铺设

3)CRTS Ⅱ型无砟轨道底座板施工

(1)底座板施工段划分

CRTS Ⅱ型无砟轨道施工前,首先要进行施工单元划分,一般情况下每4~5km为一个施工单元,每个施工单元又划分为临时(或永久)端刺区和常规区,临时端刺区位于常规区的两端,临时端刺区一般每3~5孔梁为一个区段,其长度约为800m(即130m+130m+100m+220m+220m)。

(2)底座板(支承层)钢筋、模板、混凝土施工

桥梁上无砟轨道底座板可采用单线或双线同时施工,底座板钢筋采用工厂化加工、现场安装钢筋网片,模板采用可调高钢模板,混凝土采用泵车进行浇注。

底座板模板形式见图11-34,钢板连接器后浇带见图11-35,钢板连接器纵连见图11-36。

图 11-34 底座板模板

图 11-35 底座板钢板连接器后浇带

CRTS Ⅱ型无砟轨道在路基段采用素混凝土支承层，支承层施工时，可采用模筑法或滑模法作业。目前，我国高速铁路施工中多采用模筑法浇筑低强度等级混凝土支承层。国外一些高速铁路采用水泥砂石混合料支承层时，采用专用滑模摊铺机进行滑模摊铺法作业。

支承层模筑法施工见图 11-37，滑模法施工见图 11-38。

图 11-36 底座板钢板连接器纵连

图 11-37 支承层模筑法施工

4）CRTS Ⅱ型轨道板铺设与精调

CRTS Ⅱ型轨道板在桥梁段采用专用悬臂龙门吊进行铺设，由龙门吊从桥下或运板车上直接将板起吊，运至线上铺设位置后，人工辅助将板铺设在底座板上；在路基段采用专用无悬臂龙门吊从运板车上起吊轨道板，人工辅助铺板至支承层上的设计位置。CRTS Ⅱ型轨道板由于每一块板的线路参数（平曲线、竖曲线参数、平面坐标等）具有唯一性，因此 CRTS Ⅱ型轨道板在线路上的位置具有唯一性的特点。

悬臂式铺板龙门吊见图 11-39。

图 11-38 支承层滑模法施工

图 11-39 悬臂式铺板龙门吊

轨道板的精调采用自由设站后方交会 CP III 点定向，得到全站仪的最佳设站效果后，精确测量安置在承轨槽上测量标架上的棱镜，然后通过精调软件实时解算实测值与设计值的偏差值，来指导轨道板的定位，最后通过精调装置对轨道板进行三向精确调整，直至符合要求。

CP III 点位图见图 11-40，轨道板的精调作业见图 11-41。

图 11-40　CP III 点位

图 11-41　轨道板精调作业

轨道板精调合格后，在轨道板与底座板之间灌注水泥乳化沥青砂浆填充层，轨道板的侧向封边采用角钢配合土工布，板侧及板端中部设置 6 ~ 8 处扣压装置，防止灌浆时轨道板移位，确保轨道板的铺设质量。轨道板的侧向封边见图 11-42。

轨道板与底座板间水泥乳化沥青砂浆填充层强度满足《水泥乳化沥青砂浆填充层质量验收补充标准》中的相关要求后，方可进行轨道板纵连作业。施工时，必须从纵连区段的中部开始依次向两端进行纵连。

5) CRTS II 型无砟轨道钢轨铺设与精调

(1) 钢轨铺设

轨道板纵连，其宽窄缝混凝土强度满足要求后，开始进行钢轨的铺设作业。500m 长钢轨采用工厂化焊接，由轨道平板车将长钢轨运至施工现场，采用拖轨车同时拖拉两根钢轨铺设作业，然后进行长轨条的现场焊接，形成跨区间无缝线路，环境温度满足轨道设计锁定轨温时，进行钢轨锁定。轨道锁定后，铺轨作业完成。

长轨运输平板轨道车见图 11-43，铺轨拖轨车见图11-44，铺轨作业见图 11-45。

图 11-42　轨道板的侧向封边

图 11-43　长轨运输平板轨道车

(2) 轨道精调

轨道精调是通过采用轨道几何状态测量仪测量锁定后的钢轨的平面、高程等各项轨道几何状态指标，通过软件调整，对轨道进行系统、全面的模拟调整，将轨道几何尺寸调整到允许范围内，再根据模拟调整结果进行现场实际调整，将轨道线形进行优化调整，合理控制轨距、水平、轨向、高低等变化率，使轨道精度能满足高速行车要求。

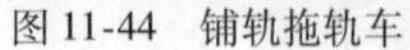

图 11-44　铺轨拖轨车　　　图 11-45　铺轨作业

轨道几何状态五大要素是轨距、方向、高低、水平、轨底坡。五大不平顺是扭曲、高低、水平、轨距、方向。

轨道精调包括静态调整和动态调整两个阶段，静态调整合格后，再进行轨检车及动车组检测和动态调整。轨道静态调整方法有相对调整法和绝对调整法两种。

11.4 高速铁路双块式无砟轨道施工

无砟轨道双块式轨枕的预制需要在施工现场建设大型预制工厂，常采用机组流水法生产，其蒸汽养护工艺和通道式结构采用 4×1 联轨枕钢模。

CRTS I 型有承轨台双块式轨枕见图 11-46，CRTS I 型无承轨台双块式轨枕见图 11-47，CRTS II 型双块式轨枕见图 11-48。

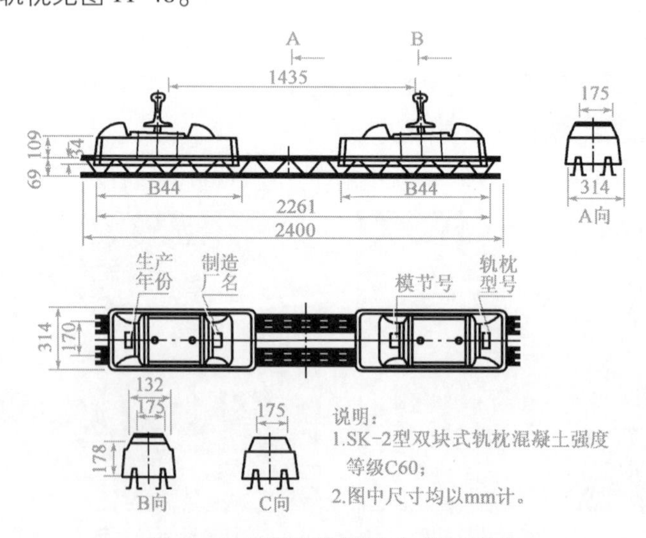

图 11-46　CRTS I 型有承轨台双块式轨枕

双块式无砟轨道由支承结构、现浇道床板、钢轨和扣件系统组成。支承结构路基上为水硬性支承层，桥梁上为混凝土保护层（含凸台），隧道内为混凝土垫层，道床板为 C40 钢筋混凝土结构。

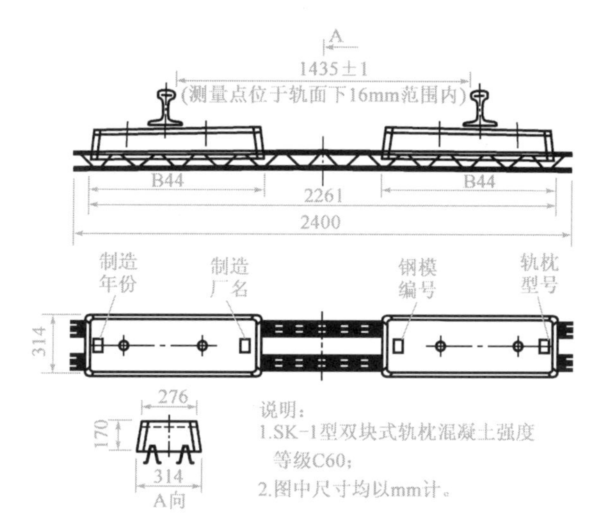

图 11-47　CRTS Ⅰ型无承轨台双块式轨枕

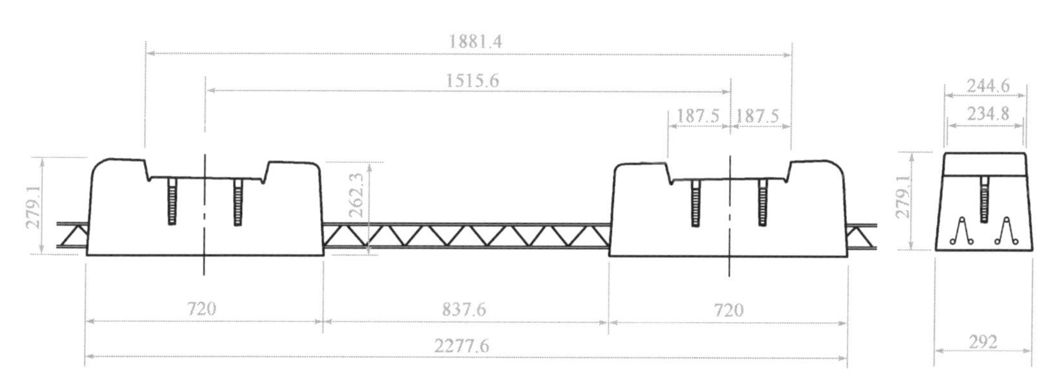

图 11-48　CRTS Ⅱ型双块式轨枕(尺寸单位:mm)

目前,我国正在应用的 CRTS Ⅰ型双块式轨枕和 CRTS Ⅱ型双块式轨枕,两者的预制方法基本相同,但铺设方法不同,CRTS Ⅰ型双块式轨枕铺设方法有机组法、排架法、轨排框架法三种,轨排框架法适用于隧道内双块式无砟轨道施工,而 CRTS Ⅱ型双块式轨枕仅有框架法一种。

CRTS Ⅰ型双块式轨枕轨排框架法施工见图 11-49。

CRTS Ⅰ型双块式无砟轨道机组法施工工艺流程:施工准备→支承结构施工→底层钢筋绑扎→铺设工具轨、组装轨排、安装托盘→粗调机粗调→上层钢筋绑扎→模板安装→轨道精调→道床混凝土浇注→轨排稳定保护→混凝土养护→拆除模板及调节器→轨道状态复测→拆除工具轨→无缝线路铺设→轨道精调→验收移交。

图 11-49　CRTS Ⅰ型双块式轨枕排框架法施工

CRTS Ⅰ型双块式无砟轨道排架法施工工艺流程:施工准备→支承结构施工→底层钢筋绑扎、布枕、组装轨排→ 轨排就位、安装螺杆调整器底板、锚固销钉→检查轨枕间距、安装螺杆调节器、安装工具轨→粗调轨排、绑扎钢筋网→模板安装→精调轨排、轨排固定→道床混凝土浇注→拆除模板及调节器、放松扣件、放散温度应力、混凝土养护→拆除工具轨、模板→无缝线路铺设→轨道精调→验收移交。

CRTS Ⅱ 型双块式无砟轨道框架法施工工艺流程:施工准备→支承结构施工→ 安装支脚→ 安装钢模板轨道→钢筋绑扎、支脚精调→混凝土浇注→安装横梁→安装轨枕框架、轨枕振动嵌入道床混凝土中→道床→混凝土养护→拆除固定架、横梁→回收支脚模板轨道→无缝线路铺设→轨道精调→验收移交。

【知识拓展】

CRTS Ⅰ型、Ⅱ型轨道板生产技术

1)CRTS Ⅰ 型轨道板生产技术

CRTS Ⅰ 型轨道板为双向后张法预应力混凝土大型构件,其结构尺寸有 4962mm × 2400mm × 190mm、4856mm × 2400mm × 190mm、5218mm × 2400mm × 190mm、3685mm × 2400mm × 190mm(长 × 宽 × 厚)等四种规格。按照国家有关规定,CRTS Ⅰ 型轨道板参照铁路大型构件的生产模式,建立大型自动化、机械化、信息化程度较高的预制工厂,并经国家工业产品生产许可主管部门审查合格,发放生产许可证后,方可组织批量生产。CRTS Ⅰ 型轨道板模板见图 11-50。

CRTS Ⅰ 型轨道板的预制工厂包含两大部分:一是生产区,分为混凝土搅拌区、钢筋加工区、轨道板预制区、张拉封锚区、水养区、成品检验区、存板区、蒸汽供应站及供电配电室等辅助区;二是办公生活区。

CRTS Ⅰ 型轨道板的生产工艺流程:施工准备→模型制作及检测修整、涂刷脱模剂→ 预埋件安装→ 钢筋骨架制作及安装、预应力钢棒安装→合模及钢棒预紧→钢筋骨架绝缘性检测→混凝土浇注→混凝土蒸汽养护→脱模→轨道板张拉→张拉锚穴封锚→水中养护→成品检查→轨道板运至存板区临时存放→出厂检验。

图 11-50　CRTS Ⅰ 型轨道板模板

CRTS Ⅰ 型轨道板生产的关键工序是预埋套筒安装、环氧涂层修补及绝缘检测、合模及预应力钢棒预紧、预应力张拉封锚等。

2)CRTS Ⅱ 型轨道板生产技术

我国高速铁路施工中,为了保证大型预制构件的施工质量,正在大力推行工厂化生产,大量先进施工机械应用于高速铁路的施工作业中。

预制 CRTS Ⅱ 型轨道板,必须建设大型高度自动化的预制工厂,建成后经国家工业产品生产许可主管部门审查合格,发放生产许可证后,方可组织批量生产。

CRTS Ⅱ 型轨道板预制厂一般包括以下几个组成区域:轨道板生产区、钢筋加工区、轨道板打磨区、混凝土搅拌区、轨道板存放区、砂石料存放区、辅助生产区、现场办公区、施工人员生活区等,图 11-51 为某高速铁路轨道板厂平面效果图。

CRTS Ⅱ 型轨道板的生产线数量由其所承担的生产数量确定,目前,采用先张法预应力生产线,每条生产线可一次生产 27 块轨道板毛坯板。毛坯板经磨床打磨后即成为成品轨道板。毛坯板存放时承轨台向下堆码存放,成品板存放时承轨台向上堆码存放,轨道板存放必须采用三点支承法水平存放,防止其变形。CRTS Ⅱ 型轨道板生产打磨技术是高速铁路轨道结构中唯一利用大型精密磨床技术,对轨道板的承轨台进行精确打磨

的技术。打磨前,由设计人员利用轨道设计布板软件计算出每块轨道板的打磨参数,再由轨道板生产厂技术人员将打磨参数输入磨床控制电脑中,最后由大型数控磨床对每块轨道板的承轨台进行精确打磨,打磨出每块轨道板所对应的线路平曲线及竖曲线参数。

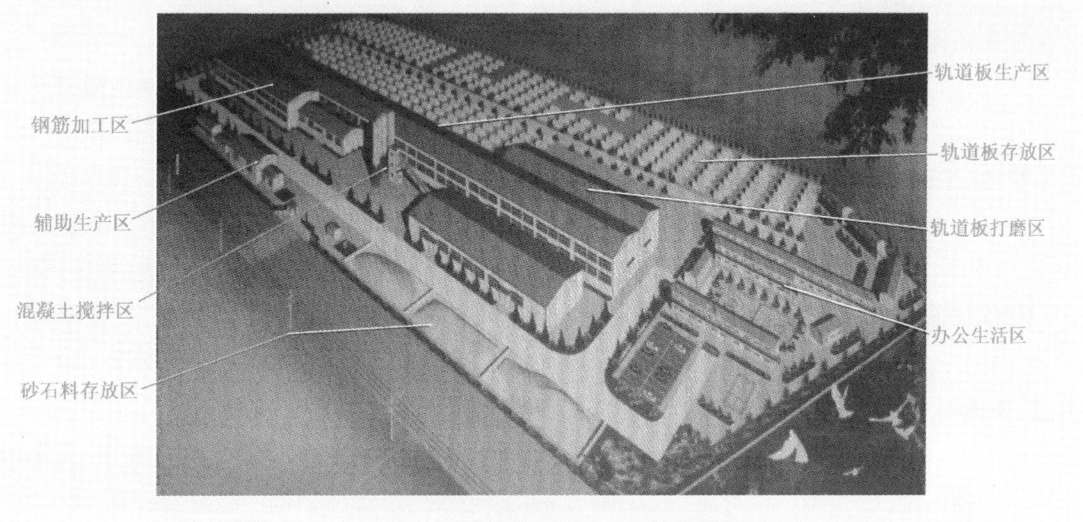

图 11-51　某高速铁路轨道板厂平面效果图

CRTS Ⅱ型无砟轨道板预制生产线见图 11-52,CRTS Ⅱ型轨道板毛坯板打磨前翻转作业见图 11-53, CRTS Ⅱ型轨道板打磨作业见图 11-54。

图 11-52　CRTS Ⅱ型轨道板预制生产线

图 11-53　CRTS Ⅱ型轨道板翻转作业

图 11-54　CRTS Ⅱ型毛坯轨道板打磨作业

思考与练习

11-1 简述高速铁路桥梁工程的特点。

11-2 我国高速铁路无砟轨道有哪几种类型,各有何特点?

11-3 简述 CRTS I 型无砟轨道的施工方法。

11-4 简述 CRTS II 型无砟轨道的施工方法。

11-5 简述轨道精调原则、要素、目标。

11-6 简述双块式无砟轨道的铺设方法。

单元12　施工组织概论

12.1 建筑产品及其生产的特点

建筑产品是固定的，生产是流动的，施工组织的任务就是将各项施工活动在空间上进行优化布置及在时间上进行有序安排。现代建筑施工是十分复杂的。

12.1.1　建筑产品在空间上的固定性及其生产的流动性

建筑产品根据建设单位的要求，在满足城市规划的前提下，在指定地点进行建造。这就要求建筑产品及其生产活动需要在该产品固定的地点进行生产，形成了建筑产品在空间上的固定性。建筑生产的流动性则是由建筑产品的固定性和整体难分的特点所决定的。

12.1.2　建筑产品的多样性与生产的单件性

建筑产品不但要满足各种使用功能的要求，还要达到某种艺术效果，体现出地区特点、民族风格以及物质文明与精神文明的特色，同时也受到材料、技术、经济、地区、自然条件等多种因素的影响和制约，使得其产品类型多种多样、变化纷繁。产品的固定性和多样性又决定了产品生产的单件性。

12.1.3　建筑产品的庞大性与生产的综合性

建筑产品，与一般的产品相比，其形体庞大，建造时耗用的人工、材料、机械设备等资源众多，需要业主、设计、施工、监理、构配件生产、材料供应、运输等各个方面以及各个专业施工单位之间的相互配合，综合各方力量共同完成，如图12-1所示。

12.1.4　生产周期长，受自然条件的影响大

建筑产品体形庞大、复杂多样，这决定了建筑产品的生产周期一般比较长。首先，建筑生产所需的人员和工种众多，所用物资和机械设备种类繁杂，从而所需的施工准备时间长。其次，因建筑产品的整体性和工艺顺序的要求，也限制了工作面的全面展开，从而延长了工期。

建筑产品的生产多为露天作业。尽管随着建筑工业化水平的不断提高，构件逐步转入工厂化生产，但也不可能从根本上改变这一状况，因此建筑施工不可避免地要受到自然条件的影响。

图12-1　火力发电厂施工全景

12.2 施工组织的基本原则

12.2.1　认真贯彻国家的建设法规和制度，严格执行建设程序

国家有关建设的法律法规是规范建筑活动的准绳，

我国在多年来的改革与管理实践中逐步建立了施工许可制度、从业资格管理制度、招标投标制度、总承包制度、承发包合同制度、工程监理制度、安全生产管理制度、工程质量责任制度、竣工验收制度等制度。这些制度加强了对建筑活动的实施与管理，为规范建筑行业提供了重要的法律依据。

建设程序是指建设项目从决策、设计、施工到竣工验收整个建设过程中各个阶段及其先后顺序。上一阶段的工作为开展下一阶段的工作创造条件，而下一阶段的实践，又检验上一阶段的设想，前后、左右、上下之间有着不容分割的联系，但不同的阶段有着不同的内容，既不能相互代替，也不许颠倒或跳越。

12.2.2 合理安排施工程序和顺序

施工程序和顺序是指各分部分项工程之间先后进行的次序以及在建筑产品生产过程中其本身所遵循的客观规律。从时间先后顺序来看，建筑产品生产时，前面的工作不完成，后面的工作就不能开始；在空间上，可组织立体交叉、搭接施工，如图 12-2 所示。

建筑施工程序和顺序是随着工程项目的规模、施工条件与建设要求的不同而变化的，但其共同遵循的客观规律是存在的。通常应遵循以下几个原则：先准备，后施工；先地下，后地上。地下工程又应先深后浅；先主体，后装饰；先土建，后设备等。

12.2.3 提高机械化施工水平

建筑业是劳动密集型产业，机械化施工可加快工程进度、减轻劳动强度、提高生产率、改善工程质量、降低工程成本。为此，在组织施工时，应充分利用机械设备，使大型机械设备和中小型机械设备相结合，机械化和半机械化相结合，扩大机械施工范围，实现施工综合机械化，以提高机械化施工程度，如图 12-3 所示。

图 12-2 体育场屋盖与看台结构的立体交叉施工

图 12-3 秦山核电二期 4 号反应堆穹顶吊装

12.2.4 采用先进科学技术

采用先进的施工技术可提高劳动生产率，改善工程质量、加快施工速度、降低工程成本。因此，在组织施工时，必须注意结合具体的施工条件，广泛地采用国内外先进的施工技术，吸收先进工地和先进工作者在施工方法、劳动组织等方面所创造的经验。阿联酋“哈利法塔”（原名迪拜塔）高 828m，采用了一系列新技术、新工艺，如 GPS 控制建筑垂直度，如图 12-4 所示。

12.2.5　确保工程质量和施工安全

图 12-4　GPS 卫星定位技术控制建筑垂直度

建筑产品质量的好坏，直接影响到建筑物的使用安全和人民生命财产的安全。每一个施工人员应以对建设事业负责的态度，严肃认真地按设计要求组织施工，确保工程质量。安全施工，不仅是顺利施工的保障，也体现党和国家对人民生命财产的关怀。一旦施工中发生质量或安全事故，不仅直接影响工期，造成巨大浪费，有时还会造成无法弥补的损失。

施工过程中的质量、安全教育必不可少，规章、制度必须健全。质量、安全检查和管理要经常进行，做到以预防为主。

12.2.6　加快施工进度，缩短工期

加快施工进度，缩短工期，是提高效益的重要措施。在施工过程中，合理使用人工、机械设备，节约材料，在最短工期内完成任务，提高工效是关键。值得注意的是，加快施工速度应与保证工程质量、保证施工安全、降低施工成本兼顾，否则再短的工期也毫无意义。

12.2.7　加强季节性施工措施，确保全年连续施工

为了确保全年连续、均衡地施工，减少季节性施工的技术措施费用，在组织施工时，应充分了解当地的气象条件和水文地质条件。尽量避免把土方工程、地下工程、水下工程安排在雨期和洪水期施工，把防水工程、外装饰工程安排在冬期施工；高空作业、结构吊装则应避免在大风期间施工。对那些必须在冬雨期施工的项目，则应采用相应的技术措施，以确保工程质量和施工安全。

图 12-5　电厂 150m 高双曲线冷却塔施工现场

12.2.8　合理安排施工现场

精心地规划、合理地布置施工现场，是提高施工效率、节约施工用地，实现文明施工，确保安全生产的重要环节。布置现场时，应尽量利用原有建筑物、已有设施、正式工程、地方资源为施工服务，减少暂设工程费用，节约施工用地，文明施工。图 12-5 为某电厂 150m 高双曲线冷却塔施工现场。

12.3　施工准备工作

施工准备工作是指施工前为了保证整个工程能够按计划顺序施工，事先必须做好的各项准备工作。为拟建工程的施工创造必要的技术、物资条件，统筹安排施工力量和部署施工现场，确保工程施工顺利进行，是施工组织工作中的一个重要内容。

其基本任务是：调查研究各种有关工程施工的原始资料、施工条件以及业主要求，全面合

理地部署施工力量，从计划、技术、物资、资金、劳力、设备、组织、现场以及外部施工环境等方面为拟建工程的顺利施工建立一切必要的条件，并对施工中可能发生的各种变化做好应变准备。认真细致地做好施工准备工作，对充分发挥劳动资源的潜力，合理安排施工进度，提高工程质量和降低施工成本都起着十分重要的作用。

施工前的准备工作内容很多，主要包括以下几个方面。

12.3.1 原始资料调查

原始资料是工程设计、施工组织设计、施工方案选择的重要依据之一，为了形成符合实际情况并切实可行的最佳施工组织设计方案，在进行施工准备时应有目的地进行技术经济调查，以获得建筑生产所需的自然条件和技术经济条件等有关资料。

原始资料调查包括自然条件资料和技术经济条件资料两大部分。它不仅仅是对资料简单地进行收集，重要的是对收集的资料进行细致的分析和研究，找出它们之间的规律和与施工的关系，作为确定施工方案的参考依据。

1）自然条件资料

自然条件包括地形资料、工程地质资料、水文地质资料、气象资料四个大的方面。

（1）地形资料

地形资料调查的目的在于通过了解建设地区的地形和特征，正确地选择施工机械，布置施工平面图，同时还可作为确定基础工程、道路和管道工程的参考依据。其调查的主要内容有：建设区域地形图和建设工地及相邻地区的地形图。

（2）工程地质资料

收集工程地质资料的目的在于确定建设地区的地质构造、人为的地表破坏现象和土壤特征、承载能力等，查明建设地区的工程地质条件和特征。应提供的资料有建设地区钻孔布置图，工程地质剖面图，土壤物理力学性质，土壤压缩试验和承载力的报告，古墓、溶洞的探测报告等。根据这些资料可拟定特殊地基的施工方法和技术措施，复核设计规定的地基基础与当地地质情况是否相符，并确定土方开挖深度和基坑护壁措施等。

（3）水文地质资料

水文地质资料的调查包括地下水和地面水两部分。

地下水调查的目的在于确定建设地区的地下水在不同时期内的变化规律，作为地下工程施工的依据。调查的主要内容有：地下水位的高度以及在不同时期内的变化规律，地下水的流向、流速和流量、水质情况，地下水对建筑物下部或附近土壤的冲刷情况等。

地面水调查的目的在于了解建设地区河流，湖泊的水文情况，用以确定对建设地点可能产生的影响并确定所采取的措施。

（4）气象资料

收集气象资料的目的在于确定建设地区的气候条件。主要内容有：

①气温资料。气温资料包括最低温度及持续天数、绝对最高温度和最高月平均温度，用以

制定冬期、暑期的施工技术措施。

②雨雪量资料。雨雪量资料包括每月平均降雨量、年降雨量和最大降雨量、降雪量及降雨集中的月份。根据这些资料可以制定雨期施工措施、冬期施工措施，预先拟定临时排水设施，以免在暴雨后淹没施工地区，还可以在安排施工进度计划时，将有些项目适当避开雨期施工。

③风资料。风资料包括常年风向、风速、风力和每个方向刮风次数等，以确定临时设施的位置以及高大起重机械的稳定措施等。

2）技术经济条件资料

建设地区技术经济条件资料调查，目的在于查明建设地区地方工业、交通运输、动力资源和生活福利设施等地区经济因素，获取建设地区技术经济条件资料，以便在施工组织中，尽可能利用地方资源和生活福利设施为工程建设服务。主要内容如下：

（1）地方建材工业资料

这部分资料可通过查询互联网上市场信息、政府有关部门信息或供货商获得，包括有无采料场及建筑材料、构配件生产企业；企业的规模、位置；产品名称、规格、价格，生产、供应能力；产品运往工地的方法及运费等。

（2）地方资源资料

当地有无可利用的石灰石、石膏石、块石、卵石、河砂、矿渣、粉煤灰等地方资源，能否满足建筑施工的要求，开采、运输和利用的可能性及经济合理性。

（3）供水、供电情况

当地有无水厂、发电站和变压站，管网线路的负荷能力，可供施工利用的程度，电信设备的情况等。

（4）交通运输情况

铁路、公路、航运情况，车站、码头的位置，运输部门的设施及能力等。

12.3.2 技术准备

1）施工图纸审查和技术交底

建设单位应在开工前向有关规划部门送审初步设计文件及施工图。初步设计文件审批后，根据批准的年度基建计划，组织进行施工图设计。

施工图纸审查涉及的内容有很多方面，主要包括：审查施工图纸是否完整齐全，以及设计图纸和资料是否符合国家规划、方针和政策；审查施工图纸与说明书在内容上是否一致，以及施工图纸与其各组成部分之间有无矛盾和错误；审查建筑与结构施工图在几何尺寸、高程、说明等方面是否一致，技术要求是否正确；审查施工图纸中工程复杂、施工难度大和技术要求高的分部分项工程或新结构、新材料、新工艺；明确现有施工技术水平和管理水平能否满足工期和质量要求，找出施工的重点、难点；明确建设期限，分期分批投产或交付使用的顺序和时间；明确建设单位可以提供的施工条件等。

施工图纸审查的程序通常分为有审图资质的审图单位审核阶段、施工单位自审阶段、建设各方会审阶段和现场签证阶段。

在施工图纸审查的基础上,应按施工技术管理程序,在单位工程或分部分项工程施工前逐级进行技术交底。

2)施工预算的编制

施工预算的编制,是根据施工图纸、施工图预算、施工组织设计或施工方案、施工定额等文件和资料,计算工程量、汇总工程量,填写预算单价,计算直接工程费、间接费、利润、税金和进行工料分析,并编写施工预算说明书。它是施工企业内部控制各项费用支出、考核用工、签发施工任务单、限额领料、进行经济核算的依据,也是进行工程分包的依据。

3)施工组织设计

施工组织设计是施工准备工作的重要组成部分,也是指导施工现场全部生产活动的技术经济文件。建筑施工生产活动的全过程是非常复杂的物质财富再创造的过程,为了正确处理人与物、主体与辅助、工艺与设备、专业与协作、供应与消耗、生产与储存、使用与维修以及他们在空间布置、时间排列之间的关系,必须根据拟建工程的规模、结构特点和建设单位的要求,在原始资料调查分析的基础上,编制出一份能切实指导该工程全部施工活动的施工组织设计方案。

12.3.3 物资准备

物资准备是保证施工顺利进行的基础。施工所需的物资有各种建筑材料、构配件、施工机械和施工机具等,种类繁多,规格、型号复杂,做好物资准备是一项复杂而细致的工作,图12-6为物资准备工作程序。

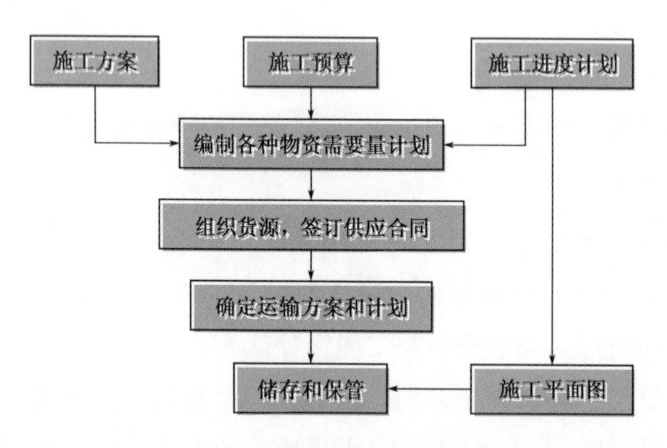

图12-6 物资准备工作程序图

12.3.4 施工现场准备

施工现场是施工的活动空间,其准备工作是为工程的施工创造有利的施工条件和物资保证。

1)做好施工场地的控制网测量

按照建筑总平面图及给定的永久性坐标控制网和水准控制基桩,进行场区施工测量

（图 12-7），设置场区的永久性坐标桩、水准基桩，建立场区工程测量控制网。

图 12-7　平面控制网测量

2）搞好“三通一平”

“三通一平”是指路通、水通、电通和场地平整。

（1）路通

施工现场的道路是组织物资运输的动脉，工程开工前，必须按照施工总平面图的要求，修好施工现场的永久性道路（包括场区铁路、公路）以及必要的临时性道路，形成完整通畅的运输道路网，为物资进场和堆放创造有利条件。

（2）水通

水是施工现场的生产和生活所不可缺少的。开工前，必须按照施工总平面图的要求，接通施工用水和生活用水的管线，使其尽可能与永久性的给水系统结合起来，同时做好地面排水系统，为施工创造良好的环境。

（3）电通

电是施工现场的主要动力能源。开工前，要按照施工组织设计的要求，接通电力和电信设施，并做好其他能源的供应，确保施工现场动力设备和通信设备的正常运行。

（4）场地平整

按照建筑施工总平面图的要求，首先拆除地上妨碍施工的建筑物或构筑物，然后根据建筑总平面图规定的高程，确定平整场地的施工方案，进行场地平整工作。

3）做好施工现场的补充勘探

为进一步明确地下状况或有特殊需要时，应及时做好现场的补充勘探，以便拟定相应施工方案或处理方案，消除隐患，确保施工的顺利进行。

4）建造临时设施

按照施工总平面图的布置，建造临时设施，为正式开工准备好生产、办公、居住和仓储等临时用房，以及设置消防保安设施。

5）施工机具进场

按照施工机具需要量计划，组织施工机具进场，并根据施工平面图要求，将施工机具安置在规定的地点或仓库。对于固定的机具要进行就位、组装、保养和调试等工作，对所有施工机具都必须在开工之前进行检查和试运转。

6）建筑材料进场

按照建筑材料、构（配）件和制品的需要量计划组织进场，根据施工总平面图规定的地点和指定的方式进行储存和堆放。

7）提出建筑材料的试验申请计划

建筑材料进场后，及时提出建筑材料的试验申请计划。如钢材的机械性能试验，混凝土或砂浆的配合比试验等。

8)做好冬雨期施工准备

按照施工组织设计的要求,认真落实冬期、雨期施工项目的临时设施和技术措施。

9)进行新技术项目试验

按照设计图纸和施工组织设计的要求,认真进行新技术项目试验。

12.3.5 施工场外准备

施工准备除了施工现场内部的准备工作外,还有施工现场外部的准备工作。

1)材料的加工和订货

建筑材料、构(配)件和建筑制品大部分都必须外购,需根据需要量计划与建材加工、设备制造部门或单位签订供货合同,保证及时供应。

2)施工机具租赁或订购

根据施工机具需要量计划,对缺少的施工机具,应与有关单位或部门签订订购合同或租赁合同。

3)做好分包工作,签订分包合同

由于施工单位本身的力量和施工经验所限,有些专业工程的施工,如大型土石方工程、结构安装工程以及特殊构筑物工程的施工分包给有关单位,效益可能更佳。这就需要在施工准备工作中,选定理想的协作施工单位,与其签订分包合同,确保工程按时按质按量完成。

4)向上级主管部门提交开工申请报告

在施工准备工作基本上能够保证开工并在开工后能连续施工时,可及时地填写开工申请报告,并报上级主管部门审批。

12.3.6 劳动组织准备

劳动组织准备按其准备对象、范围大小有不同的划分,这里仅以单位工程为例,说明劳动组织准备工作的内容。

1)建立施工项目经理部

施工项目经理部的建立应根据工程的规模、结构特点和复杂程度,确定施工项目管理机构的形式(图12-8)、名额和人选;坚持合理分工与密切协作相结合的原则;把有施工经验、有开拓精神、工作效率高的人选入领导机构;认真执行因事设职、因职选人的原则。

2)建立精干的施工队组

按施工组织方式的要求,认真考虑专业工种的合理配合,建立合理、精干的混合施工队组或专业施工队组。

3)集结施工力量,组织劳动力进场

按照开工日期和劳动力需要量计划,组织工人进场,并安排好职工的生活。同时要进行安全、防火和文明施工等方面的教育。

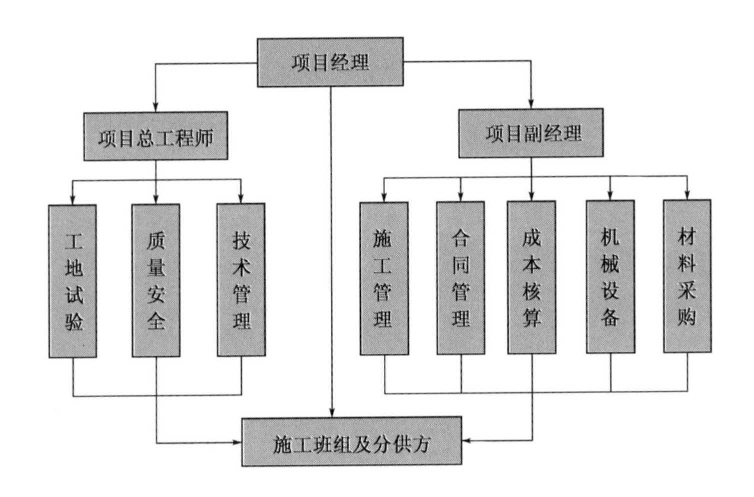

图 12-8 直线职能制项目经理部示意图

4)向施工队组、工人进行计划与技术交底

计划与技术交底的目的是把拟建工程的设计内容、施工计划和施工技术等要求,详尽地向施工队组和工人讲解说明。这是落实计划和技术责任制的必要措施。

交底应在单位工程或分部分项工程开工前进行。内容通常包括:工程的施工进度计划、月(旬)作业计划;施工工艺、质量标准、安全技术措施、降低成本措施和施工验收规范的要求;新结构、新材料、新技术和新工艺的实施方案和保证措施;有关部位的设计变更和技术核定等事项。

交底工作应该按照管理系统逐级进行,由上而下直到队组工人。交底后,队组人员要认真进行分析研究,弄清工程关键部位、质量标准、操作要领和安全措施,必要时也进行示范练习,明确任务,做好分工协作安排,同时建立、健全岗位责任制和保证措施。

5)建立、健全各项工地管理制度

完备健全的工地管理制度是施工活动顺利进行的保证。其内容包括:施工图纸学习与会审制度、技术责任制度、技术交底制度、工程技术档案管理制度、材料及主要构配件和制品的检查验收制度、材料出入库制度、机具使用保养制度、职工考勤和考核制度、安全操作制度、工程质量检查与验收制度、工地及班组经济核算制度等。

12.4 施工组织设计

12.4.1 施工组织设计的作用

施工组织设计是用系统的思想并遵循技术经济规律,对拟建工程的各阶段、各环节以及所需的各种资源进行统筹安排的计划管理行为。它是指导工程投标与签订承包合同、指导施工准备和施工全过程的全局性的技术经济文件,也是对施工活动的全过程进行科学管理的重要依据。

通过施工组织设计，可以根据具体工程的特定条件，拟定施工方案，确定施工顺序、施工方法、技术组织措施；可以确定施工进度，控制工期；可以合理地部署施工现场，确保文明施工，安全施工；可以有序地组织材料、机具、设备、劳动力需要量的供应和使用；可以分析施工中可能产生的风险和矛盾，以便及时研究解决问题的对策、措施；可以将工程的设计与施工、技术与经济、施工组织与施工管理、施工全局规律与施工局部规律、土建施工与设备安装、各部门之间、各专业之间有机的结合，相互配合，统一协调。

12.4.2 施工项目的划分

1）建设项目

建设项目是在一个总体设计范围内，由一个或多个单项工程组成，经济上统一核算，具有独立组织形式的建设单位。一座完整的工厂、矿山或一所学校、医院都可以是一个建设项目。

2）单项工程

单项工程是指具有独立的设计文件，竣工后能独立发挥生产能力或投资效益的工程。如工业建筑的一条生产线、市政工程的一座桥梁，民用建筑中的医院门诊楼、学校教学楼等。

3）施工项目

施工项目是承包商自投标开始到保修期满为止的全过程完成的项目。施工项目的范围是由承包合同界定的，施工项目的管理主体是承包商。施工项目可以是一个建设项目（总承包模式），也可以是一个单项工程或单位工程。

4）单位工程

单位工程是指具备单独设计条件、可独立组织施工，能形成独立使用功能但完工后不能单独发挥生产能力或投资效益的建（构）筑物。如一栋建筑物的建筑与安装工程为一个单位工程，室外给排水、供热、煤气等又为一个单位工程，道路、围墙为另一个单位工程。

5）分部工程

分部工程是按专业性质、建筑部位划分确定。一般建筑工程可划分为九大分部工程。即地基与基础、主体结构、装饰装修、屋面、给排水及采暖、电气、智能建筑、通风与空调、电梯。分部工程较大或较复杂时，可按专业及类别划分为若干子分部工程，如主体结构可划分为混凝土结构、砌体结构、钢结构、木结构、网架或索膜结构等。

6）分项工程

分项工程是按主要工种、材料、施工工艺、设备类别进行划分。如混凝土结构可划分为模板、钢筋、混凝土、预应力、现浇结构及装配式结构；砌体结构可划分为砖砌体、混凝土小型空心砌块砌体、石砌体、填充墙砌体、配筋砖砌体等。

7）检验批

分项工程由一个或若干个检验批组成，检验批可根据施工及质量控制和专业验收需要按楼层、施工段、变形缝等进行划分。

12.4.3　施工组织设计的分类

施工组织设计按编制对象范围的不同可分为施工组织总设计、单位工程施工组织设计、分部分项工程施工组织设计(或施工方案)。

1)施工组织总设计

施工组织总设计是以整个建设项目为对象编制的。它是对整个建设工程的施工进行全面规划,统筹安排,并据此确定建设总工期、各单位工程开展的顺序及工期、主要工程的施工方案、各种物资的供需计划、全工地性暂设工程及准备工作、施工现场的布置,编制年度施工计划。可见,施工组织总设计是总的战略部署,是指导全局性施工的技术、经济纲要。

2)单位工程施工组织设计

单位工程施工组织设计是以单位工程(如一幢工业厂房公共建筑、住宅、一座桥等)为对象进行编制的,用以指导其施工全过程的各项施工活动的综合性技术经济文件。在施工组织总设计的指导下,由直接组织施工的单位根据施工图设计进行单位工程施工组织编制,并作为施工单位编制分部作业和月、旬施工计划的依据。根据工程规模、技术复杂程度不同,其编制内容的深度和广度亦有所不同,对于简单单位工程,一般只编制施工方案并附以施工进度和施工平面图,即“一案、一图、一表”。

3)分部分项工程施工组织设计(或施工方案)

分部分项工程施工组织设计(或施工方案)又称分部分项工程作业设计(或专项施工方案),以分部分项工程为编制对象,由单位工程的技术人员负责编制,用以具体实施分部分项工程施工全过程的各项施工活动的技术、经济和组织的综合性文件。它是针对某些特别重要的、技术复杂的,或采用新工艺、新技术施工的分部分项工程,如深基坑开挖、无黏结预应力混凝土、特大构件的吊装、冬雨期施工等,其内容具体、详细,可操作性强,是直接指导分部分项工程施工的依据。

12.4.4　施工组织设计的内容

对于不同种类的施工组织设计,其编制的内容也有所不同,编制时,要结合工程的特点、施工条件和技术水平进行综合考虑,做到切实可行、经济合理。对于各种施工组织设计,其主要内容一般均包含如下几个方面。

1)工程概况

工程概况主要概括地说明工程的性质、规模、建设地点、结构特点、建筑面积、施工期限、合同要求;本地区地形、地质、水文和气象情况;劳动力、机具、材料、构件等供应情况;施工环境及施工条件等。

2)施工方案的选择

施工方案的选择应根据工程情况,结合人力、材料、机械设备、资金、施工方法等条件,全面安排施工顺序,对拟建工程可能采用的几个施工方案,进行定性、定量的分析,通过技术经济评价,选择最佳方案。

3)施工进度计划

施工进度计划反映了最佳施工方案在时间上的安排,确定出合理可行的计划工期,并使工期、成本、资源等通过计算和调整达到优化配置,符合目标的要求;使工程有序地进行,做到连续和均衡施工。据此,编制相应的人力和时间安排计划、资源需要计划、施工准备计划。

4)施工平面图

施工平面图是施工方案及进度计划在空间上的全面安排。它把投入的各项资源、材料、构件、机械、运输、工人的生产生活的活动场地及各种临时工程设施合理地布置在施工现场,使整个现场能有组织地进行文明施工,如图12-9所示。

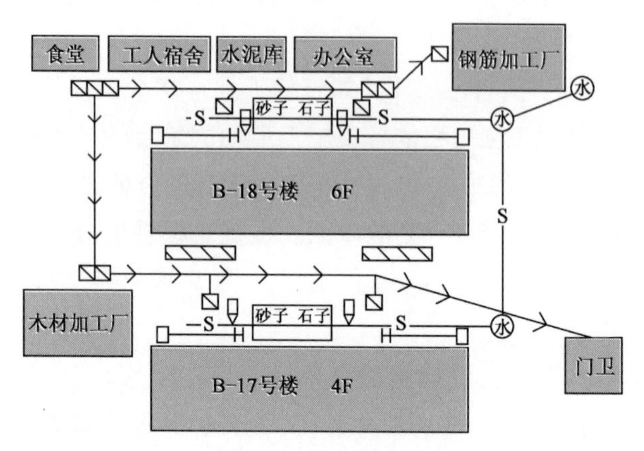

图12-9 施工平面图

5)保证质量、安全、文明施工及环境保护等技术组织措施

建筑工程常常处于城镇区域,因而必须在施工组织设计中详细安排好质量、文明、安全生产施工和环境保护等措施,把对社会、环境的干扰和不良影响降至最低程度。

6)主要技术经济指标

技术经济指标用以衡量组织施工的水平,它是对施工组织设计文件的技术经济效益进行全面的评价。一般用施工周期、劳动生产率、质量、成本、安全、机械化程度、工厂化程度等方面指标表示。

12.4.5 施工组织设计的贯彻、检查与调整

施工组织设计的编制只是为实施拟建工程施工提供了一个可行的理想方案。这个方案的正确与否,必须通过实践去检验。因此,要在开工前组织有关人员熟悉和掌握施工组织设计的内容,逐级进行交底,提出对策措施,保证施工组织设计的贯彻执行;要建立和完善各项管理制度,明确各部门的职责范围,保证施工组织设计的顺利实施;要加强动态管理,及时处理和解决施工中的突发事件和出现的主要矛盾;要不断地对施工组织设计进行检查、调整和补充,适应变化的、动态的施工活动,以达到控制指标的要求。

施工组织设计的贯彻、检查和调整,是一项经常性的工作,必须随着工程的进展不断地反复进行,并贯穿于拟建工程项目施工活动的始终。

【知识拓展】

施工管理信息化技术

1. 施工管理信息化技术的概念及意义

所谓施工管理信息化就是利用计算机信息处理功能，将施工过程所发生的目标控制（工程、技术、物资、质量、安全、进度、费用等）和生产要素（人力、材料、机械、资金等）信息有序地存储，并科学地综合利用，以部门之间信息交流为中心，以岗位解决施工管理者从数据采集、信息处理与共享到决策生成等环节的信息化，以及时准确的量化指标，为高效优质管理提供依据。

利用该技术可以方便、快捷、高效地协同工作，提高管理水平；使施工各方的信息共享，便于资料文献存档保管；节省建筑项目的成本。

2. 国内外建筑企业管理信息化技术的发展概况

从国外建筑企业信息技术应用上来看，大体经历着 3 个过程。

1) 单项业务应用

单项业务应用主要体现在企业管理与办公室自动化、招投标、施工管理与技术、质量与安全等方面。项目中人员的沟通比传统手段（电话、传真与会议）增加了 E-mail 和 Web 网站。

2) 网上虚拟协同施工以及电子商务

该业务方式是对每一个工程项目建设提供专用于该项目的一个网站，其生命周期同于该项目的建设周期。该网站具有业主、设计、施工、监理等分系统（门户），通过电子商务连接到建筑部件、产品、材料供应商，同时具有该项目全体参与者协同工作的管理功能模块，包括工作流程、安全运行机制、信息交换协议与众多分系统接口。该项目建设过程中所生成的信息，如合同法律文本、CAD 图纸、订货合同、施工进度、监理文件等均保存在该网站上，还提供施工现场实时图像。项目完工后对各种资料文档存档保存。

3) 全集成与自动化的项目处理系统（FIAPP）

FIAPP 系统的思路是研究支持集成与协同工作环境的 IT 模型，该模型支持工程项目的全生命周期。以此模型为基础，完成工程项目建设集成与自动化。主要采用的 IT 技术有三维模型与模拟现实、数据交换标准化、数据中心设计与构建、全生命周期的数据管理、工程应用（含电子商务）、基于 internet 的 Web。

目前，国内建筑企业信息化正处在国外的第一和第二个过程，而且偏重第一个过程。这就造成了企业信息化形式重于内容，结果重于过程，应用重于基础，在信息资源的研究、分析上没有得到很好的开发，在基础工作上没有进行很好的研究，在建设过程中的总结没有得到很好的保障。

3. 国内建筑企业管理信息化的发展趋势

1) 影响国内建筑行业管理信息化的七大发展趋势

(1) 寻求规范管理模式。

(2) 改变传统管理方法。

(3) 构建虚拟经营系统。

(4) 企业业务流程再造。

(5) 通过软件固化管理。

(6) 强调信息系统的完整性。

(7) 力求与国际接轨。

2) 建筑业技术发展的方向

敢于创新和实践，虚拟现实仿真技术从概念设计应用发展到施工应用；GPS（全球定位系统）定位从航天信息科技发展到工程施工、测量应用；信息科技用于施工机械和综合管理已成为建筑业技术发展的方向。

3）我国建筑企业信息化的研究方向

我国建筑企业信息化将会在信息资源的综合开发和利用、基础编码体系以及标准化建设、电子商务三方面进行探索和研究，发展迅速并能取得一定的应用成效。

思考与练习

12-1　建筑施工的突出特点有哪些？

12-2　简述组织施工的基本原则。

12-3　施工准备工作的主要内容有哪些？

12-4　简述技术准备工作的内容。

12-5　简述施工组织设计分类。

12-6　施工组织设计的基本内容有哪些？

12-7　如何进行施工组织设计的检查和调整？

参考文献

[1] 重庆大学,同济大学,哈尔滨工业大学. 土木工程施工[M]. 北京:中国建筑出版社,2009.

[2] 应惠清. 土木工程施工[M]. 2 版. 北京:高等教育出版社,2009.

[3] 刘宗仁. 土木工程施工[M]. 北京:高等教育出版社,2009.

[4] 陈金洪. 土木工程施工[M]. 武汉:武汉理工大学出版社,2009.

[5] 丁克胜. 土木工程施工[M]. 武汉:华中科技大学出版社,2007.

[6] 石海均,马哲. 土木工程施工[M]. 北京:北京大学出版社,2009.

[7] 李惠玲. 土木工程施工技术[M]. 大连:大连理工大学出版社,2009.

[8] 张梅,等. 客运专线铁路无砟轨道施工手册[M]. 北京:中国铁道出版社,2009.

[9] 张思梅. 室外排水管道施工[M]. 合肥:合肥工业大学出版社,2010.

[10] 白建国. 市政管道工程施工[M]. 北京:中国建筑工业出版社,2007.

[11] 程和美. 管道工程施工[M]. 北京:中国建筑工业出版社,2009.

[12] 金亚凡,宋梅. 管道工程施工[M]. 北京:高等教育出版社,2007.

[13] 巩玉发. 管道工程施工速学手册[M]. 北京:中国电力出版社,2010.

[14] 阎西康. 土木工程施工[M]. 北京:中国建材工业出版社,2005.

[15] 穆静波,孙震. 土木工程施工[M]. 北京:中国建筑工业出版社,2009.

[16] 李建峰. 现代土木工程施工技术[M]. 北京:中国电力出版社,2008.

[17] 张国联,王凤池. 土木工程施工[M]. 北京:中国建筑工业出版社,2005.

[18] 钟汉华,刘宁. 土木工程施工概论[M]. 北京:中国水利水电出版社,2008.

[19] 张原. 土木工程施工[M]. 北京:中国建筑工业出版社,2008.